国家骨干高职院校建设重点专业
浙江省高校"十三五"优势专业

信息通信工程概预算

高　华　主编
范雪庆　主审

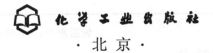

·北京·

本书主要结合国家工业和信息化部2016年所颁布的、新的通信建设工程概预算编制办法和相关定额，并结合通信工程概预算文件编制的实际过程和实例，详细介绍了通信工程概预算编制相关的项目管理、概预算、定额、工程量计算和统计等方面的相关概念，以及常见类型通信建设工程施工工程量的计算和统计、定额查询和套用、通信工程概预算表格的编制、通信工程概预算软件的使用等概预算编制相关的基本方法和技能。

考虑到通信工程概预算编制的初学者在学习过程中，有可能会参阅2008年版定额的概预算编制资料，本书附录二通过扫描二维码形式，给出了2008年版定额和2016年版定额的详细对比，并附上了2016年版的费用定额，方便读者对相关费用概念的查阅和理解。

书中内容是作者多年教学和实践经验的总结，内容深入浅出、实用性强。本书既可作为高职院校通信工程专业的教材，又可供通信领域相关技术人员参考。

图书在版编目（CIP）数据

信息通信工程概预算/高华主编. —北京：化学工业出版社，2019.8（2025.2重印）
ISBN 978-7-122-34567-7

Ⅰ.①信… Ⅱ.①高… Ⅲ.①信息工程-通信工程-概算编制②信息工程-通信工程-预算编制 Ⅳ.①TN91

中国版本图书馆CIP数据核字（2019）第127984号

责任编辑：刘丽宏	文字编辑：陈　喆
责任校对：张雨彤	装帧设计：王晓宇

出版发行　化学工业出版社（北京市东城区青年湖南街13号　邮政编码100011）
印　　装　北京盛通数码印刷有限公司
787mm×1092mm　1/16　印张19　字数457千字　2025年2月北京第1版第4次印刷

购书咨询：010-64518888　　　　　　　　　售后服务：010-64518899
网　　址：http://www.cip.com.cn
凡购买本书，如有缺损质量问题，本社销售中心负责调换。

定　　价：59.80元　　　　　　　　　　　　　　　　版权所有　违者必究

前言

  在信息通信工程建设过程中，概预算的编制、使用和管理是控制工程建设成本、保证工程效益的重要手段之一。因此，熟悉信息通信工程概预算的编制和管理就成为信息通信工程建设相关的设计、施工、监理等岗位人员必备的知识和技能之一。

  本书是主要针对高职院校信息通信工程概预算相关课程的教学，以及信息通信工程概预算编制的自学人员编写的，考虑到高职院校学生的学习特点和人们的认识规律，本书以信息通信工程概预算编制的实际工作过程为主线，以具体信息通信工程概预算的编制为载体，采用项目化的形式组织相关内容，既方便高职院校课程的项目化教学，也方便企业相关人员的自主学习。

  全书共划分为七个教学项目。项目一主要是对信息通信工程概预算的总体了解和熟悉，以便为后继任务的完成建立一些基本概念；项目二主要是信息通信工程设计和施工图纸的识读；项目三主要是信息通信工程施工工程量的计算和统计；项目四主要是信息通信工程概预算定额的查询；项目五主要完成相关概预算表格的编制；项目六主要是"概预算编制说明"文档的编写；项目七提供了数个概预算编制的实际案例，供读者自行学习和检验学习效果。通过上述各教学项目的完成，读者可以完整地体验到信息通信工程概预算编制的全部过程。

  考虑到通信工程概预算编制的学习，本书附录二通过扫描二维码的形式，给出了 2008 版定额和 2016 版定额的详细对比，并附上了 2016 年版的费用定额，以方便读者对相关费用概念的查阅和理解。

  本书作为高职院校相关课程的配套教材，以讲解信息通信工程概预算编制的基础知识、尽量适合高职院校学生自主学习为主要目的，至于信息通信工程概预算编制的一些实际经验和技巧，则需要读者在熟悉本书基本内容的基础上自行通过实际工作过程不断积累和总结。

  本书为校企合作编写完成，由浙江交通职业技术学院高华副教授担任主编和统稿，浙江省邮电工程建设有限公司杭州公司的范雪庆高级工程师负责本书的审稿工作，浙江长征职业技术学院丁慧琼老师为本书编写、校对等做了大量工作。本书在编写过程中也得到了浙江交通职业技术学院智慧交通分院领导和通信技术教研室老师的支持和配合，在此一并表示感谢！

  由于编者水平有限，书中不足之处在所难免，恳请广大读者批评指正。

编者

教材课件

目录

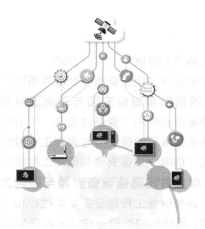

项目一
信息通信工程概预算的初步熟悉 **001**

任务一 认识信息通信工程概预算的概念和作用 / **002**
　内容一　什么是信息通信工程概预算？ / 002
　内容二　为什么要编制信息通信建设工程项目的概预算？ / 002
　内容三　如何划分概预算类型？ / 004

任务二 熟悉信息通信建设工程概预算编制的基本过程 / **005**
　内容一　信息通信建设工程概预算编制的基本依据 / 005
　内容二　信息通信工程概预算文件的主要内容 / 006
　内容三　信息通信建设工程概预算编制的基本过程 / 007
　内容四　引进设备安装工程概预算的编制 / 008
　内容五　如何提高信息通信建设工程概预算的编制效率 / 008

任务三 了解信息通信建设工程概预算文件的使用和管理 / **009**

项目二
信息通信工程图纸的识读 **016**

任务一 初步认识信息通信建设工程图纸 / **017**
　内容一　信息通信工程图纸及其组成 / 017
　内容二　信息通信工程图纸的相关规范 / 018

任务二 了解通信工程图纸识读的基本技巧和方法 / **028**

任务三 信息通信工程图纸读图示例 / **029**

项目三
信息通信建设工程的工程量计算和统计 **032**

任务一 了解工程量及其统计原则 / **033**

内容一　什么是"工程量"？　/　033
　　内容二　工程量统计过程应遵循哪些基本原则？　/　033
任务二　掌握通信电源设备安装与调测工程量的计算和统计　/　034
　　内容一　通信电源系统的主要组成设备　/　034
　　内容二　通信电源常见设备安装与调测工程量统计的主要内容　/　035
　　内容三　常见通信电源设备安装与调测工程量的计算和统计方法　/　036
任务三　掌握常见有线通信设备安装与调测工程量的计算和统计　/　042
　　内容一　有线通信设备工程建设的基本过程和主要内容　/　042
　　内容二　机架、缆线和辅助设备安装工程量的计算和统计　/　043
　　内容三　光纤数字传输设备安装与调测工程量的计算和统计　/　048
　　内容四　常见数据通信设备安装与调测工程量的计算和统计　/　053
　　内容五　常见视频监控设备安装与调测工程量的计算和统计　/　055
任务四　掌握常见无线通信设备安装与调测工程量的计算和统计　/　056
　　内容一　移动通信网络施工的主要内容　/　056
　　内容二　移动通信设备安装与调测工程量的统计　/　057
　　内容三　无线局域网安装与调测工程量的统计　/　063
任务五　掌握通信管道工程量的计算和统计　/　064
　　内容一　通信管道的基本施工过程和施工工艺　/　064
　　内容二　通信管道工程量的计算和统计　/　067
　　内容三　工程量统计结果的整理　/　077
任务六　掌握架空通信线路工程量的计算和统计　/　078
　　内容一　架空通信线路的主要施工内容　/　078
　　内容二　架空通信线路主要工程量的计算和统计　/　078
　　内容三　架空通信线路工程量的统计整理　/　084
任务七　掌握其他通信线路形式工程量的计算和统计　/　085
　　内容一　直埋通信线路工程量的计算和统计　/　085
　　内容二　墙壁光电缆工程量的计算和统计　/　092

项目四　信息通信工程概预算定额的查询和套用　094

任务一　定额基本知识的了解　/　095
　　内容一　什么是定额？　/　095
　　内容二　定额的特性　/　095
　　内容三　定额是如何编制出来的？　/　096
　　内容四　信息通信工程建设过程中为什么要使用概预算定额？　/　098
任务二　熟悉我国现行的信息通信工程概预算定额　/　098
　　内容一　我国通信工程概预算定额的发展历程　/　098
　　内容二　我国现行信息通信工程概预算定额的组成　/　100
任务三　信息通信工程概预算定额的使用方法　/　106

任务四　了解信息通信工程概预算定额使用过程中应注意的主要事项　/　107

项目五
信息通信工程概预算表格的编制　110

任务一　信息通信工程概预算相关信息的确定　/　111
内容一　工程项目管理的基础知识了解　/　111
内容二　需要确定的概预算基本信息　/　114
内容三　概预算相关信息的确定　/　116
内容四　概预算基本信息确定举例　/　121

任务二　建筑安装工程量概（预）算表（表三甲）的编制　/　122
内容一　了解建筑安装工程量概（预）算表（表三甲）基础知识　/　122
内容二　表三甲的填写方法　/　124
内容三　表三甲的手工填写举例　/　125
内容四　使用概预算软件填写表三甲　/　128

任务三　建筑安装机械使用费概、预算表（表三乙）和仪器仪表使用费概、预算表（表三丙）的编制　/　133
内容一　表三乙和表三丙概述　/　133
内容二　表三乙和表三丙的主要内容　/　135
内容三　表三乙和表三丙的填写方法　/　136
内容四　表三乙和表三丙填写的注意事项　/　137
内容五　表三乙和表三丙的填写举例　/　137

任务四　器材/设备概预算表（表四）的编制　/　140
内容一　器材/设备概预算表（表四）概述　/　140
内容二　器材/设备概预算表（表四）的编制　/　142
内容三　表四填写示例　/　144

任务五　建筑安装工程费概预算表（表二）的编制　/　155
内容一　建筑安装工程费概预算表的初步了解　/　155
内容二　建筑安装工程费概预算表（表二）的填写　/　158
内容三　利用计算机概预算软件填写表二　/　164

任务六　工程建设其他费概预算表（表五）的编制　/　166
内容一　表五的初步熟悉　/　166
内容二　表五的填写　/　169

任务七　通信单项工程概预算总表（表一）和项目费用汇总表的填写　/　173
内容一　表一和项目费用汇总表的基本概念　/　173
内容二　表一的填写　/　175

项目六
"概预算编制说明"文档的编写　179

任务一　"概预算编制说明"文档的初步了解　/　180

内容一 "概预算编制说明"文档及其作用 / 180
内容二 "概预算编制说明"文档所包含的主要内容 / 180
内容三 概预算编制说明文档实例 / 180

项目七 信息通信建设工程概预算编制案例 183

案例一 ××移动通信铁塔安装工程施工图预算 / 184
案例二 ××移动通信基站设备安装工程施工图预算 / 197
案例三 通信电源设备安装工程设计预算案例 / 211
案例四 传输设备安装单项工程 / 226
案例五 通信管道工程设计预算案例 / 247
案例六 通信线路 PDS 工程设计预算案例 / 265
附录一 信息通信建设工程费用定额 / 278
附录二 2016 版定额和 2008 版定额的比较 / 292

参考文献 293

项目一
信息通信工程概预算的初步熟悉

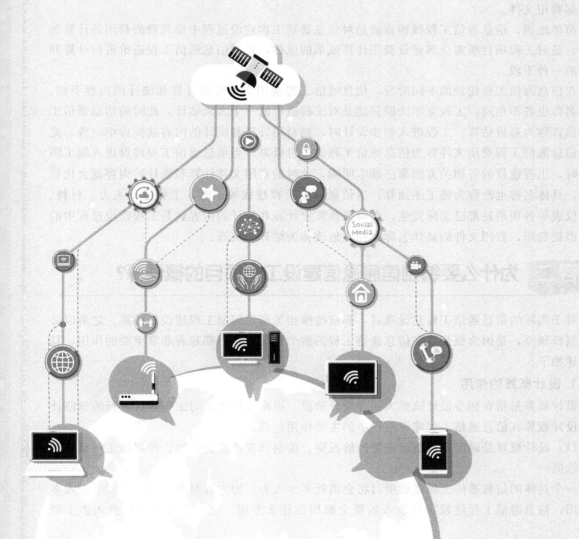

任务一 认识信息通信工程概预算的概念和作用

内容一 什么是信息通信工程概预算？

信息通信工程概预算是信息通信工程文件的重要组成部分，它是根据各个不同设计阶段的深度和建设内容，按照国家主管部门颁发的概预算定额，设备、材料价格，编制方法、费用定额、费用标准等有关规定，对通信建设项目、单项工程按实物工程量法预先计算和确定的全部费用文件。

简单地说，信息通信工程概预算就是对信息通信工程建设过程中要花费的费用的计算和统计，是对工程项目所需全部建设费用计算成果的统称，是对信息通信工程造价进行计算和控制的一种手段。

在信息通信工程建设的不同阶段，信息通信工程费用文件所需计算和统计的内容不同，具体名称也各不相同：工程立项阶段只能是对工程造价的一个大致估计，此时的信息通信工程概预算称为造价估算；工程进入初步设计时，则费用计算和统计的内容就要详细一些，此时的信息通信工程费用文件称为信息通信工程的造价概算；当信息通信工程建设进入施工图设计时，工程建设的各相关方面都已基本明确，此时的费用文件计算和统计的内容就会比较详细，具体名称也改称为施工图预算；当信息通信工程建成竣工时，工程建设人力、材料、机械仪表等各项消耗都已实际发生，此时概预算要计算和统计的内容就是工程建设过程中的实际消耗费用，费用文件的具体名称也相应地改称为结算或决算。

内容二 为什么要编制信息通信建设工程项目的概预算？

对于实际的信息通信工程建设项目，都应按照相关规定编制工程建设概预算。之所以必须编制概预算，是因为概预算在信息通信工程的整个建设过程中都起着非常重要的作用，具体分述如下。

1. 设计概算的作用

设计概算是指在初步设计或扩大初步设计阶段，根据设计要求对工程造价进行的概略计算。设计概算在信息通信工程建设过程中的主要作用包括：

（1）设计概算是确定和控制固定资产的投资、编制和安排投资计划、控制施工图预算的主要依据

一个具体的信息通信工程建设项目将会消耗多少人力、物力和财力，该项目需要投入多少费用，信息通信工程建设项目投入的资金都用在什么方面，每一方面又应该投入多少资

金，即一个信息通信工程建设项目的投资总额及其构成正是通过编制设计概算来确定的，也就是说，设计概算是确定工程投资总额及其构成的基本依据。同时，设计概算也是确定年度建设计划和年度投资额的基本依据，只有以正确编制的设计概算为依据去确定投资额度和年度投资计划，才能既满足工程建设的需要，又尽可能地节约投资资金。

（2）设计概算是核定贷款额度的主要依据

信息通信工程建设需要的资金量往往较大，尤其是对于覆盖范围较大的通信网络建设，单纯依靠企业的自有资金常常难以满足信息通信工程建设的资金需求，因此信息通信工程的建设大都需要向银行进行贷款。信息通信工程建设的造价概算则是银行核定贷款额度的主要依据。建设单位根据批准的设计概算总投资额办理建设贷款，安排投资计划，控制贷款规模。如果建设项目投资额突破设计概算，应查明原因后由建设单位报请上级主管部门调整或追加设计概算总投资额。

（3）设计概算是考核工程设计技术经济合理性的主要依据

为了在保证使用性能的情况下尽可能节约工程投资，信息通信建设项目在立项过程中，通常同时设计多种方案进行比选，以找出一种性价比较高的建设方案。在进行不同信息通信工程建设方案比选时，方案的技术经济合理性是通常考虑的一个重要因素，而设计概算就是项目建设方案（或设计方案）经济合理性的反映，可以用来对不同的建设方案进行技术和经济合理性比较，以便选择最佳的建设方案或设计方案，因此，设计概算是考核工程设计方案技术经济合理性的主要依据，同时也是确定整个信息通信工程造价的主要依据。

（4）设计概算是筹备设备、材料和签订订货合同的主要依据

当设计概算经主管部门批准后，建设单位即可开始按照设计提供的设备、材料清单，对多个生产厂家的设备性能及价格进行调查、询价，按设计要求进行比较，在设备性能、技术服务等相同的条件下，选择最优惠的厂家生产的设备，签订订货合同，进行建设准备工作。

（5）概算在工程招标承包制中是确定标底的主要依据

根据我国工程建设管理的相关规定，信息通信工程施工单位的选定应采用招投标的方式，建设单位在按设计概算进行工程施工招标发包时，须以设计概算为基础编制标底，以此作为评标、决标的依据。

2. 施工图预算的作用

当信息通信工程进入施工图设计阶段后，就需编制施工图预算。施工图预算是设计概算的进一步具体化，它是根据施工图计算出的工程量、依据现行预算定额及取费标准，签订的设备材料合同价或设备材料预算价格等，进行计算和编制的工程费用文件。施工图预算在信息通信工程的建设过程中同样起着非常重要的作用，主要表现为以下方面。

（1）施工图预算是考核工程成本，确定工程造价的主要依据

确定工程的成本造价是进行信息通信工程建设考核的一个重要内容，而工程造价是根据工程的施工图纸计算出其实物工程量，然后按现行工程预算定额、费用标准等资料，计算出工程的施工生产费用，再加上上级主管部门规定应计列的其他费用而计算出来的，即信息通信工程的工程成本或工程造价是根据施工图预算而得到的。因此，施工图预算是考核工程成本、确定工程造价的主要依据，只有正确地编制施工图预算，才能合理地确定工程的预算造价，并据此落实和调整年度建设投资计划。

当然，根据国家主管部门规定和施工图纸编制的工程预算文件所确定的工程预算造价，

只是信息通信工程建设的预计价格，施工企业还必须以此为依据进行经济核算，以最少的人力、物力和财力消耗完成施工任务，降低工程成本。

（2）施工图预算是签订工程承、发包合同的依据

建设单位与施工企业的经济费用往来，是以双方签订的承、发包合同为依据的，而施工图预算正是确定合同价格的主要依据。

对于实行施工招标的工程，施工图预算是建设单位确定标底的主要依据之一，对于不实行施工招标的工程，建设单位和施工单位双方以施工图预算为基础签订工程承包合同，明确双方的经济责任。实行项目建设投资包干，也可以以施工图预算为依据进行包干。即通过建设单位、施工单位协商，以施工图预算为基础，再按照一定的系数进行调整，作为合同价格由施工承包单位"一次包死"。

（3）施工图预算是工程价款结算的主要依据

项目竣工验收点交之后，除按概算、预算加系数包干的工程外，都要编制项目结算，以结清工程价款。结算工程价款是以施工图预算为基础进行的，即以施工图预算中的工程量和单价，再根据施工中设计变更后的实际施工情况，以及实际完成的工程量情况编制项目结算。

（4）预算是考核施工图设计技术经济合理性的主要依据

施工图预算要根据设计文件的编制程序编制，它对确定单项工程造价具有特别重要的作用。施工图预算的工料统计表列出的各单位工程对各类人工和材料的需要量等，是施工企业编制施工计划、做施工准备和进行统计、核算等不可缺少的依据。

内容三 如何划分概预算类型？

通常所说的工程概预算是工程建设费用文件的统称，具体又可细分为工程概算、预算、结算和竣工决算等不同的类型，那么什么时候应该编制工程概算，什么时候又应该编制预算呢？也即工程的概预算编写应如何划分呢？这和信息通信工程的设计阶段划分有关。

根据我国的相关规定和信息通信工程规模的大小、技术的复杂程度以及是否有设计经验、主管部门的要求等实际情况，我国信息通信工程的设计过程可分为三阶段设计、两阶段设计、一阶段设计三种情况：凡是重大的工程项目，技术要求严格、工艺流程复杂、设计又缺乏经验的情况下，为保证设计质量，设计过程采用初步设计、技术设计和施工图设计三个阶段的三阶段设计；而技术成熟的中小型工程，为了简化设计步骤，缩短设计时间，通常采用扩大初步设计和施工图设计两个设计阶段的两阶段设计；技术既简单又成熟的小型工程或个别生产车间可以采用一次完成施工图设计的一阶段设计方式。

对于不同的设计方式，信息通信工程概预算的划分如下。

① 三阶段设计时，初步设计阶段编制设计概算；技术设计阶段编制修订概算；施工图设计阶段编制施工图预算。

② 两阶段设计时，初步设计编制设计概算；施工图设计编制施工图预算。

③ 一阶段设计时（一般指小型或较为简单的工程）编制施工图预算，按单项工程处理，反映工程费、工程建设其他费和预备费、建设期利息，即反映全部概算费用。

任务二
熟悉信息通信建设工程概预算编制的基本过程

　　如上所述，信息通信工程概预算是对信息通信工程投资的计算和统计，在信息通信工程的建设过程中起着非常重要的作用，那么又应该如何编制信息通信工程的概预算呢？这主要牵涉两个大的方面的内容：一是概预算编制的依据是什么，即我们应该根据什么来编制信息通信工程的概预算，其结果才是准确、可信的？二是编制信息通信工程概预算我们具体要完成哪些工作？又要按照怎样的过程来完成这些工作？即概预算文件的内容组成和编制过程。针对上述两方面的内容分述如下。

内容一　信息通信建设工程概预算编制的基本依据

　　如前所述，信息通信工程概预算不仅是信息通信工程的建设方控制工程造价的基本依据，也是主管部门对信息通信工程立项的依据，以及银行核定贷款规模、工程招投标等方面的依据，因此信息通信工程概预算编制时的依据必须要得到信息通信工程建设相关的投资方、施工方、贷款银行、主管部门等相关方面的认可，这就要求信息通信工程概预算编制的依据必须可靠、充分。对于我国来说，信息通信工程概预算编制的最主要依据是中华人民共和国工业和信息化部 2016 年 12 月所颁布的工信部通信［2016］451 号文件，即"关于印发《信息通信建设工程预算定额、工程费用定额以及工程概预算编制规程》的通知"，该文件规定了信息通信工程概预算编制的基本方法和相关定额，也规定了信息通信工程概预算编制的主要依据，具体如下。

　　设计概算编制的依据主要包括以下方面。

　　① 批准的可行性研究报告。可行性研究报告中论述了项目的立项背景、项目概况、基本建设内容等相关内容，这些信息是工程概算编制过程中需要用到的一些工程基本信息，因此，可行性研究报告是设计概算编制的一个依据。

　　② 初步设计图纸及有关资料。工程的设计图纸规定了信息通信工程建设的基本内容和施工要求，从而也确定了工程建设过程中应完成的主要工程量的多少，是影响工程造价的最主要因素，当然应该是信息通信工程概预算编制的主要依据之一。实际信息通信工程概算的编制正是通过对工程设计图纸中所反映的工程量来计算和统计工程建设费用消耗的。

　　③《信息通信建设工程预算定额》（目前信息通信工程用预算定额代替概算定额编制概算）、《信息通信建设工程费用定额》、《信息通信建设工程概预算编制规程》及有关文件。信息通信工程的设计和施工图纸只反映了信息通信工程建设过程中施工内容和工程量的大小，并没有直接反映出工程建设过程中人力、材料、机械仪表等方面的相应消耗量，而信息通信工程概预算的结果是以货币形式反映工程造价的，因此还必须将工程图纸反映的工程量大小

转换为货币形式表示的工程在人、材、物方面的消耗量，这个转换过程就必须依据国家主管部门颁布的相关定额，因此国家主管部门所颁布的相关定额就是信息通信工程概算编制的另一个最重要的依据。

④ 国家相关管理部门发布的有关法律、法规、标准规范。由于相关管理部门颁布的有关法律、法规、标准规范规定了信息通信工程概预算编制过程中相关费用的计取方式，比如国家计委、建设部 2002 年联合发布的《工程勘察设计收费管理规定》就规定了工程勘察设计费的计取方式，因此这些相关的法律、法规、标准规范也是信息通信工程概算编制的依据之一。

⑤ 建设项目所在地政府发布的土地征用和赔补费等有关规定。这些相关规定中规定了信息通信工程建设过程中综合赔补费等相关费用的计取方法，因此也是信息通信工程概算编制的依据。

⑥ 有关合同、协议等。信息通信工程建设相关各方所签订的相关合同、协议等文件常常约定了信息通信工程建设过程中应考虑的因素和不要求考虑的因素、应计取的费用和不要求考虑的费用等以及应考虑费用的计取方法，因此也是信息通信工程概算编制的主要依据。

与工程概算的编制依据相类似，施工图预算编制的依据主要包括以下方面。

① 批准的初步设计概算及有关文件。

② 施工图、标准图、通用图及其编制说明。

③ 国家相关管理部门发布的有关法律、法规、标准规范。

④《信息通信建设工程预算定额》（目前信息通信工程用预算定额代替概算定额编制概算)、《信息通信建设工程费用定额》及有关文件。

⑤ 建设项目所在地政府发布的土地征用和赔补费等有关规定。

⑥ 有关合同、协议等。

内容二 信息通信工程概预算文件的主要内容

根据我国工信部通信［2016］451 号文件的相关规定，我国信息通信工程的概预算文件主要由概预算表格和编制说明两大部分组成。

1. 概预算表格

概预算表格是对信息通信工程建设过程中各项费用进行计算和统计的表格。根据我国工信部通信［2016］451 号文件的相关规定，现行的信息通信工程概预算表格主要包括如下十张表格：

① 建设项目总____算表（汇总表）；

② 工程____算总表（表一）；

③ 建筑安装工程费用____算表（表二）；

④ 建筑安装工程量____算表（表三）甲；

⑤ 建筑安装工程机械使用费____算表（表三）乙；

⑥ 建筑安装工程仪器仪表使用费____算表（表三）丙；

⑦ 国内器材____算表（表四）甲；

⑧ 引进器材____算表（表四）乙；

⑨ 工程建设其他费＿＿＿算表（表五）甲；
⑩ 引进设备工程建设其他费用＿＿＿算表（表五）乙。

2. 编制说明

编制说明是对概预算编制依据、计算和统计结果等相关方面进行简要说明的文档，具体内容通常包括以下方面。

① 工程概况、概预算总价值。
② 编制依据及采用的取费标准和计算方法的说明。
③ 工程技术经济指标分析：主要分析各项投资的比例和费用构成，分析投资情况，说明设计的经济合理性及编制中存在的问题。
④ 其他需要说明的问题。

内容三 信息通信建设工程概预算编制的基本过程

信息通信工程概预算的编制是一个具有复杂性、系统性的工作，为了保证概预算结果的准确可靠，信息通信工程概预算编制一般要经过如下过程。

（1）收集资料，熟悉图纸

这是编制信息通信工程概预算的基础性工作，因为只有根据相关资料读懂设计和施工图纸，才能清楚该信息通信工程具体的施工内容和施工要求。此时主要了解工程概况、真正理解图纸中每一个线条和符号的含义和图纸上每一项说明的含义，为后继的工程量计算打下基础。

（2）计算工程量

计算工程量就是根据设计和施工图纸及相关说明要求，列出工程建设过程中所要进行的各项工程施工内容，并计算和统计每项施工内容工程量的多少。工程量的计算和统计应做到不重复、不遗漏，并使工程量统计的条目名称及单位和相关定额保持一致，以便接下来查询相关定额，计算各项费用。

（3）套用定额，选用价格

工程量计算和统计完成之后，接下来要做的工作是查询和套用相关定额，得到每项施工内容在人力、材料以及机械、仪表方面的消耗量，同时还要根据市场调查或参考价格选定工程所用各项材料的价格，查询相应的费用定额，选定人工工日价格以及所用机械、仪表的台班价格，以便为后继费用计算做好相应准备。

（4）计算各项费用，填写相应概预算表格

此步骤主要是根据前面所得到的工程在人力、材料、机械仪表等方面消耗量的大小和选定的消耗单价，并参照国家主管部门发布的相关规定以及相关各方签订的合同、协议中各项应计取费用及相应计取方法，计算信息通信工程建设过程中所需的各项费用，完成信息通信工程概预算各项费用的计算和统计，并将计算出的各项费用填入相应的概预算表格中。

如前所述，我国现行的信息通信工程概预算表格共有十张（分别是项目费用汇总表以及单项工程的表一、表二、表三甲、表三乙、表三丙、表四甲、表四乙、表五甲、表五乙），这十张表格的填写顺序如图1-1所示。

（5）复核

主要对初步完成的概预算计算和统计结果进行检查和核对，以检查计算和统计过程中有

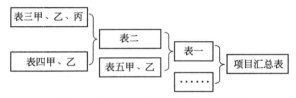

图 1-1 概预算表格填写顺序示意图

无漏算、错算或者重复计算,从而尽量保证概预算结果的准确、可靠。

(6) 编写编制说明

主要在概预算表格的填写全部完整后,根据相关要求编写说明文档对工程的基本情况、概预算的计算结果、各项费用的统计和计算依据等相关情况进行说明,并根据概预算计算结果对工程的主要经济指标进行简要分析。

(7) 审核出版

上述工作全部完成经审核无误后,就可将编制完成的信息通信工程概预算文件印刷出版,用以指导信息通信工程的施工建设及竣工验收。

内容四 引进设备安装工程概预算的编制

有从国外引进设备的工程建设除需按照上述过程和方法编制工程概预算外,根据国家主管部门相关规定,对于引进设备安装工程的概预算编制还应注意以下几点。

① 引进设备安装工程概算、预算的编制依据,除参照前述依据外,还应依据国家和相关部门批准的引进设备工程项目订货合同、细目及价格,以及国外有关技术经济资料和相关文件等。

② 引进设备安装工程的概算、预算,除必须编制引进国的设备价款外,还应按引进设备的到岸价的外币折算成人民币的价格,依据本办法有关条款进行概预算编制。引进设备安装工程的概算、预算应用两种货币表现形式,其外币表现形式可用美元或引进国货币。

③ 引进设备安装工程的概算、预算除应包括本办法和费用定额规定的费用外,还应包括关税、增值税、工商统一税、海关监管费、外贸手续费、银行财务费和国家规定应计取的其他费用,其计取标准和办法应参照国家或相关部门的有关规定。

④ 引进设备安装工程的概算、预算的组成除应包括项目五规定的内容外,概预算的表格还应包括《引进器材概算、预算表》(表四乙)、《引进设备工程建设其他费概算、预算表》(表五乙)。

内容五 如何提高信息通信建设工程概预算的编制效率

如前所述,信息通信工程概预算的编制主要是工程量的计算统计和概预算相关表格的填写,其中工程量的计算牵涉工程设计和施工图纸的理解和识读,需要发挥概预算编制人员的经验和智慧,而表格的填写则主要是定额条目的查询和大量的关联、统计计算,且工作量大、计算烦琐,人工填写概预算表格不仅耗费时间长,而且容易出错。但是众所周知,数据的查询和计算正是计算机的强项,如果能够编写一套计算机程序,让计算机帮助我们完成定额的查询和各相关费用的计算,则无疑可以大大提高信息通信工程概预算编制的效率和正确率,幸运的是,这种能够一定程度上自动完成概预算编制的计算机软件已经被许多的公司编制出来并在实际中大量使用,比如用得较多的盛发信息通信工程概预算软件、超人信息通信工程概预算软件、成捷迅信息通信工程概预算软件等。信息通信工程概预算软件的应用为信息通信工程概预算的编制带来了极大的便利，主要包括以下方面。

① 提高了直接经济效益。前面已经提到，工程概预算的编制和管理是一项非常复杂和烦琐的工作，需要大量的人力和时间。计算机概预算软件的应用，不仅把概预算人员从脑力劳动中解放出来，还大量地节省了人力、物力、财力，缩短了工期，提高了劳动生产率，可以直接提高单位的经济效益。

② 促进管理方法的改进。计算机的应用使信息处理手段实现了自动化，缩短了管理周期，使一贯滞后的管理逐步走向实时管理，提高了管理效率。

③ 保证概预算的可靠性。应用专门的计算机概预算编制软件后，信息处理的准确性、可靠性、及时性都有很大的提高，使概预算编制过程中的分析、计算更加细致，减少了主观随意性和人为错误，使投资的确定与控制更加准确有效。

任务三 了解信息通信建设工程概预算文件的使用和管理

由于信息通信工程的概预算在整个信息通信工程建设过程中起着非常重要的作用，对于概预算的编制、审查、审批、出版、修改等相关方面必须加以严格管理，这样才能保证概预算结果的正确性和严肃性。前面已经对信息通信工程概预算的编制做了简单介绍，下面再来了解一下概预算管理相关的审查和审批。

1. 概预算的审查总则

项目设计概预算是一项非常重要的工作，为了把工程概预算的审查工作做好，审查时应坚持以下原则。

（1）实事求是

审查工程概预算的目的是合理核实工程概预算的造价，在审核工程概预算的过程中，要严格按照国家有关工程项目建设的方针、政策和规定对费用实事求是地逐项核实。对高估冒算或不合理项的投资，该削减则削减；对低估少算或漏项而少计投资，应如实调整，该增则增。

（2）量、价、费与设计标准同审

目前，在设计中技术质量偏高，随之变更提高设计标准的现象较为普遍。因此，在审查工程概预算时，除了审查量、价、费之外，同时还应加强对工程设计技术标准的审查，使工程设计达到技术先进、经济合理、坚固实用。

（3）充分协商定案

由于工程涉及面广，计价依据繁多，情况复杂，参加工程概预算审查的各方有时会对审查中的某个或某些问题看法不一。对此，参加工程概预算审查的各方应进行充分的协商，本着摆清事实、讲透道理、以理服人的精神，统一看法后定案。

2. 项目设计概预算的审查形式

多年来经过对建设项目设计概预算进行审查的实践，已总结出一些行之有效的审查形式，主要有以下 3 种。

(1) 会审（联审）

会审，即由建设单位或其主管部门牵头，邀请设计、施工等有关单位，共同组成会审小组，对项目设计概预算文件进行审查。会审的优点是由于有多方代表参加，技术力量强，审查中可以展开充分的讨论，因此审查进度较快，质量较高，便于定案，效果较好。会审的缺点是牵涉单位多，在一定时间内集中各有关单位的技术人员比较困难，且受时间限制。因此，会审通常用于规模大、工艺复杂的重大和重点工程项目。

目前，有的实行由主管部门负责，抽调设计部门、建设单位、施工单位概预算人员，组成联审办公室，对建设项目设计概预算文件进行审查。

(2) 单审（分头审）

单审，即由建设单位、设计部门、施工企业等主管概预算工作的部门分别单独进行审查，然后再与编制概预算的单位充分协商，实事求是地修改设计概预算文件后定案。单审不受时间的严格限制，比较灵活。目前，各地区对一般建设项目设计概预算文件的审查广泛采用此种形式。

(3) 委托中介机构审查

目前，我国多数地区设有中介的概预算审查机构，配有相关专业的人员，专业配套，人员稳定，资料齐全，便于积累经验，统一掌握标准，提高审查质量，同时还可根据工程项目的大小、难易程度和时间要求的缓急，统一调配、合理安排审查力量。因此，这种形式既可保证审查质量又可及时完成审查任务。委托有相应资质的经济鉴证机构进行概预算审查，是适应社会主义市场经济运行机制的必然趋势，也是同国际接轨的规范性审查形式。

3. 项目设计概预算的审查方法

由于建设项目的性质、规模大小、繁简程度不同，设计、施工单位的情况也不同，所编工程概预算的繁简和质量水平也就有所不同。因此，对项目概预算的审查，应进行全面分析之后确定审查方法。常用的审查方法主要有以下几种。

(1) 全面审查法

全面审查法是指按全部设计图纸的要求，结合有关概预算定额、取费标准，对概预算书的工程量计算、定额的套用、费用的计算等，逐一地全部进行审查。其具体的计算方法和审查过程与编制概预算时的计算方法和编制过程基本相同。

全面审查法，由于审查的全面、细致，所以审查中容易发现问题并便于纠正，经审查过的工程概预算质量较高，差错较少。但此审查法的工作量太大，费工、费时。

对某些已定型的标准设计，适于进行全面审查法。因为审查了一个就等于审查了一批，即使有些设计变更，有了全面审查的基础再把设计变更部分作出合理估算加以适当增减也比较方便。对于采用标准图的工程，其基础做法不同时，此部分的概预算仍需另行审查。

(2) 重点审查法

重点审查法是指抓住工程概预算中的重点事项进行审查，具有省时省力、使用较广的优点。通常重点事项是指以下几种。

① 工程量大、造价高，对工程概预算造价有较大影响的部分。如电信设备安装工程应

重点审查设备价格及相关的运杂费等；省际埋式光缆工程应重点审查土石方量及光缆长度和单价；室外管道工程应重点审查各种管道的长度和土方工程量。对单价高的工程，因其计算的费用额较大，也应重点审查。

② 临时定额。在编制工程概预算时，遇到定额缺项，须根据有关规定编制临时定额。概预算审核人员应把临时定额进行重点审查，主要审查临时定额的编制依据和方法是否符合规定，材料用量和材料预算价格的组成是否齐全、准确、合理，人工工日或机械台班计算是否合理等。凡相关定额项目可以套用的工作内容，不应编制临时定额。临时定额只能一次性使用。

③ 各项费用计取。由于工程性质和地区等不同，国家和各地区有关部门分别规定了不同的应取费用项目、费用标准以及费用计算方法。但在编制工程概预算时，有时会在费用标准、计算基础、计算方法等方面发生差错。因此，应根据本地区的费用标准、有关文件规定等对各项计取费用进行认真审查，看是否符合当地规定，有否遗漏，有否规定以外取费项。

(3) 分解对比审查法

在一个地区或一个城市范围之内，对于用途、建筑结构、建筑标准都相同的单位工程，其概预算造价也应基本相同，特别是在一个城市内采用标准图纸或复用图纸的单位工程更是如此。这样便可通过全面审查某种定型设计的工程概预算，审定后把它分解为直接费与间接费（包括所有应取费用）两部分，再把直接费分解为各工种工程和分部工程概预算，分别计算出它们的每平方米概预算价格，作为审核其他类似工程概预算的对比标准。将拟审的同类工程的概预算造价，与上述审定的工程概预算造价进行对比，如果出入不大，便可认可；如果出入较大，超过或低于已审定的标准设计概预算的某百分数（根据本地区要求）以上时，再按分部分项工程进行分解，边分解边对比，发现哪里出入较大，就进一步审核该部分工程的概预算造价。

(4) 标准指标审查法

此法是利用各类不同性质、不同建筑结构的工程造价指标和有关技术经济指标，审查同类工程的概预算造价。只要被审工程概预算文件中的技术经济指标和造价与同类工程基本相符，即可认为本工程概预算为编制质量合格。如果出入较大，则需进行全面审查或通过分析对比找准重点进行审查。

此法审查速度快，适于规模小、结构简单的工程，尤其适用于一个地区或一个建筑区域采用标准图纸的工程，事前可细编这种标准图纸的概预算造价指标等作为标准。凡是用标准图纸的工程就以此标准概预算为准，进行对照审查，有局部设计变更的部分单独审查。

4. 设计概算的审批

为保证建设项目设计概算文件的质量，发挥概算的作用，应严格执行概算审批程序。

(1) 设计概算审批权限划分的原则

大型建设项目的初步设计和总概算，按隶属关系，由国务院主管部门或省、自治区、直辖市建委提出审查意见，报国家计委批准。技术设计和修正总概算，由国务院主管部门或省、自治区、直辖市审查批准。

中型建设项目的初步设计和总概算，按隶属关系，由国务院主管部门或省、自治区、直辖市审批，批准文件抄送国家计委备案。

小型建设项目的设计内容和审批权限，由各部门和省、自治区、直辖市自行规定。

初步设计和总概算批准后，建设单位要及时分送给各设计单位。设计单位必须严格按批准的初步设计和总概算进行施工图设计。如果原初步设计主要内容有重大变更，或总概算需要突破批准的《可行性研究报告》中的投资额，必须提出具体的超出投资部分的计算依据并说明原因，经原批准单位审批同意。未经批准不得变动。

通常建设单位、建设监理单位、概算编制单位、审计单位、施工单位等，都应参与概算的审查工作。

设计概算全面、完整地反映了建设项目的投资数额和投资构成内容，是控制投资规模和工程造价的主要依据。因此要加强设计概算的审批管理。

关于设计概算审批权限的具体划分，以工程实施时相关主管部门的有关规定为准。

（2）设计概算审批的意义

要使概算文件切实发挥其应有的作用，必须加强对项目设计概算的审查工作，审核项目设计概算的准确性和可靠性，维护项目概算编制的严肃性，提高其编制质量和编制结果的准确性，使其更加符合或接近工程建设客观实际的需要，保证建设投资的分配更加合理，从而也保证了项目建设财务信用活动，在更加合理可靠的基础上开展工作。这对正确确定工程造价、控制项目投资额和建设规模、正确分配和合理使用建设资金、加强固定资产投资管理与监督工作、提高项目投资的经济效益具有重要意义。

如果建设项目设计概算编制得偏高，以此为依据编制的建设投资计划就会浪费建设资金；反之，如果项目设计概算编制得偏低，由于资金不足，则会影响项目建设计划的完成，不能按期形成生产能力，造成影响投资的经济效益。所以，做好项目设计概算审查工作，不仅可提高项目概算的准确性，使工程造价更加准确可靠；还可考查设计方案的经济合理性，保证全面发现发挥项目设计概算的作用。

（3）设计概算的审查内容

审查项目设计概算是一件政策性、技术性强而又复杂细致的工作。通常概算审查包括以下主要内容。

① 设计概算编制依据的审查。审查设计概算的编制是否符合初步设计规定的技术经济条件及其有关说明，是否遵守国家规定的有关定额、指标价格取费标准及其他有关规定等，同时应注意审查编制依据的适用范围和时效性。

② 工程量的审查。工程量是计算直接费的重要依据。直接工程费在概算造价中起相当重要的作用。因此，审查工程量，纠正其差错，对提高概算编制质量，节约项目建设资金很重要。审查时的主要依据是初步设计图纸、概算定额、工程量计算规则等。审查工程量时必须注意以下几点。

◆ 有否漏算、重算和错算，定额和单价的套用是否正确。

◆ 计算工程量所采用的各个工程及其组成部分的数据，是否与设计图纸上标注的数据及说明相符。

◆ 工程量计算方法及计算公式是否与计算规则和定额规定相符。

③ 对使用相关定额计费标准及各项费用的审查。主要审查内容包括：

◆ 直接套用定额是否正确。

◆ 定额对项目可否换算，换算是否正确。

◆ 临时定额是否正确、合理、符合现行定额的编制依据和原则。

◆ 材料预算价格的审查。主要审查材料原价和运输费用，并根据设计文件确定的材料耗用量，重点审查耗用量较大的主要材料。

◆ 间接费的审查。审查间接费时应注意以下几点：间接费的计算基础所取费率是否符合规定，是否套错；间接费中的项目应以工程实际情况为准，没有发生的就不要计算；所用间接费定额是否与工程性质相符，即属于什么性质的工程，就执行与之配套的间接费定额。

◆ 其他费用的审查。主要审查计费基础和费率及计算数值是否正确。

◆ 设备及安装工程概算的审查。根据设备清单审查设备价格、运杂费和安装费用的计算。标准设备的价格以各级规定的统一价格为准；非标准设备的价格应审查其估价依据和估价方法等；设备运杂费率应按主管部门或地方规定的标准执行；进口设备的费用应按设备费用各组成部分及我国设备进口公司、外汇管理局、海关等有关部门的规定执行。对设备安装工程概算，应审查其编制依据和编制方法等。另外，还应审查计算安装费的设备数量及种类是否符合设计要求。

◆ 项目总概算的审查。审查总概算文件的组成是否完整，是否包括了全部设计内容，概算反映的建设规模、建筑标准投资总额等是否符合设计文件的要求，概算内投资是否包括了项目从筹建至竣工投产所需的全部费用，是否把设计以外的项目挤入概算内多列投资，定额的使用是否符合规定，各项技术经济指标的计算方法和数值是否正确，概算文件中的单位造价与类似工程的造价是否相符或接近，如不符且差异过大时，应审查初步设计与采用的概算定额是否相符。

5. 施工图预算的审查

（1）施工图预算的审批权限

① 施工图预算应由建设单位审批。

② 施工图预算需要修改时，应由设计单位修改，超过原概算应由建设单位报主管部门审批。

（2）审查施工图预算的意义

工程实行监理时，建设监理工程师应对施工图预算认真进行审查，以保证或提高施工图预算的准确性，这对降低工程造价、提高投资的经济效益具有良好作用。

① 做好施工图预算审查，有利于科学合理地使用项目建设资金。通过审查施工图预算，可查出重算、多算或漏算、少算现象。对重算、高估冒算等不正当提高工程预算造价的现象应消除，对漏算少算的要调整过来给予补足。因此，做好施工图预算审查工作，有利于合理地使用和节约项目建设资金，有利于建设项目的投资控制。

② 做好施工图预算审查，有利于促进施工企业改善经营管理。通过做好施工图预算审批，使建筑安装产品的价值与施工所需的社会必要劳动时间和活劳动消耗、物化劳动消耗的价值相符合。这既可以避免过低的施工图预算，而使施工企业的施工消耗得不到应有的补偿和不能获得应有的合理盈利，还可以避免过高的施工图预算，而使施工企业获得不合理的高额利润。所以做好施工图预算审查，调整预算中的不合理现象，使工程预算造价符合工程耗用，这有利于促使施工企业改善和提高企业经营管理水平，加强经济核算，提高生产效率，降低各种消耗，提高企业经济效益。

③ 做好施工图预算审查，有利于积累技术经济数据提高设计水平。通过认真做好施工图预算审查，科学合理地核实施工图预算造价，通过审查积累不同设计的各项技术经济指

标，为设计工作提供科学合理的、准确的技术经济数据，有利于提高设计工作的整体设计水平。

(3) 施工图预算的审查步骤

① 备齐有关资料熟悉图纸。审查施工图预算，首先要做好审查预算所依据的有关资料的准备工作。如施工图纸、有关标准、各类预算定额、费用标准、图纸会审记录等，同时要熟悉施工图纸，因为施工图纸是审查施工图预算各项数据的依据。

② 了解工程施工现场情况。审查施工图预算的人员在进行审查之前，应亲临施工现场了解施工现场的三通一平、场地运输、材料堆放等条件（有施工组织设计者应按施工组织设计进行了解）。

③ 了解预算所包括的范围。根据施工图预算编制说明，了解预算包括哪些工程项目及工程内容（如配套设施、室外管线、道路及图纸会审后的设计变更等），是否与施工合同所规定的内容范围相一致。

④ 了解预算所采用的定额。任何预算定额都有其一定的适用范围，都与工程性质相联系，所以，要了解编制本预算所采用的预算定额是否与工程性质相符合。

⑤ 选定审查方法对预算进行审查。由于工程规模大小、繁简程度不同，编制施工图预算的单位情况也不一样，使工程预算的繁简程度和编制质量水平也不同，因而需根据预算编制的实际情况，选定合适的审核方法。

⑥ 预算审查结果的处理与定案。审查工程预算应建立完整的审查档案，做好预算审查的原始记录，整理出完备的工程量计算书。对审查中发现的差错，应与预算编制单位协商，做相应的增加或核减处理，统一意见后，对施工图预算进行相应的调整，并编制施工图预算调整表，将调整结果逐一填入作为审核定案。

(4) 施工图预算的审查内容

审查施工图预算时，应重点对工程量、定额套用、定额换算、补充单价及各项计取费用等进行审查。

① 工程量的审查。工程量的审查应检查预算工程量的计算是否遵守计算规则和预算定额的分项工程项目的划分，是否有重算、漏算及错算等。例如：审核土方工程，应注意地槽与地坑是否应该放坡、支挡土板或加工作面，放坡系数及加宽是否正确，挖土方工程量计算是否符合定额计算规定和施工图纸标示尺寸，地槽、地坑回填土的体积是否扣除了基础所占体积，运土方数是否扣除了就地回填的土方数。

② 套用预算定额的审查。审查预算定额套用的正确性，是施工图预算审查的主要内容之一。如错套预算定额就会影响施工图预算的准确性，审查时应注意以下几点。

◆ 审核预算中所列预算分项工程的名称、规格、计量单位与预算定额所列的项目内容是否一致，定额的套用是否正确，有否套错。

◆ 审查预算定额中，已包括的项目是否又另列而进行了重复计算。

③ 临时定额和定额换算的审查。对临时定额应审核其是否符合编制原则，编制所用人工单价标准、材料价格是否正确，人工工日、机械台班的计算是否合理；对定额工日数量和单价的换算应审查换算的分项工程是否是定额中允许换算的，其换算依据是否正确。

④ 各项计取费用的审查。费率标准与工程性质、承包方式、计取基础是否符合规定。计划利润和税金应注意审查计取基础和费率是否符合现行规定。

【任务总结】

本任务主要是了解信息通信工程概预算编制的相关基础知识，为后继信息通信工程概预算的编制打下基础，主要内容包括以下方面。

(1) 信息通信工程概预算的基本概念；
(2) 信息通信工程概预算在信息通信工程建设过程中的主要作用；
(3) 信息通信工程概预算编制的基本依据；
(4) 信息通信工程概预算的主要内容和基本编制过程；
(5) 信息通信工程概预算的管理。

【思考与练习】

1. 填空题

(1) 信息通信工程初步设计或扩大初步设计阶段应编制_____算。
(2) 我国现行的信息通信工程概预算文件主要由_____和_____两大部分组成。

2. 选择题

(1) 在信息通信工程施工图设计阶段编制的费用文件称为_____。
A. 概算   B. 预算   C. 结算   D. 决算
(2) 下列_____项不能作为信息通信工程概预算编制的主要依据。
A. 工程的设计和施工图纸
B. 工程投资方和施工方
C. 国家主管部门颁布的信息通信工程概预算定额
D. 工程主要材料的市场价格

3. 简答题

(1) 简述施工图预算在信息通信工程建设中的作用。
(2) 简述施工图预算编制的主要依据。
(3) 简述我国现行十张信息通信工程概预算表格的填写顺序。

项目二
信息通信工程图纸的识读

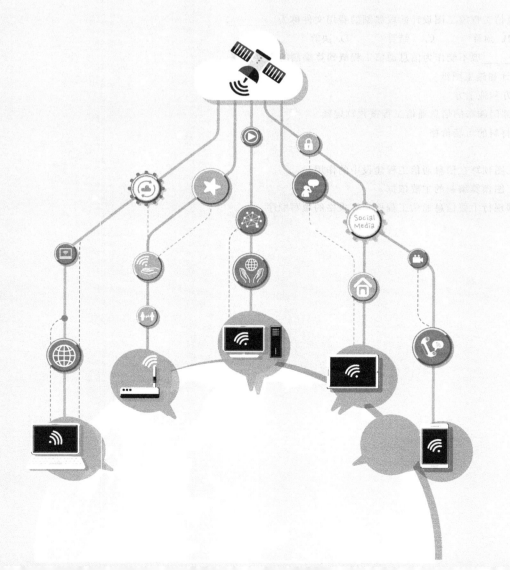

项目二 信息通信工程图纸的识读

任务一 初步认识信息通信建设工程图纸

内容一 信息通信工程图纸及其组成

信息通信工程图纸是根据管道线路、架空线路、通信设备安装等不同的通信专业要求，采用一定的图形及文字符号、标注、文字说明等要素对信息通信工程的工程规模、建设施工内容、施工技术要求等相关方面的一种图纸化表达。信息通信工程图纸是指导信息通信工程建设施工的重要资料，也是编制信息通信工程概预算的基本依据。

图 2-1 所示就是一幅简单的信息通信工程图纸。

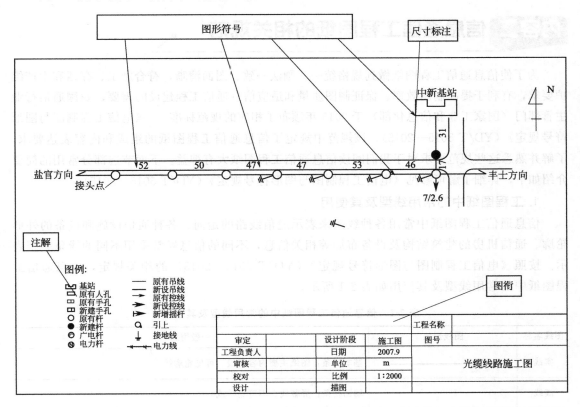

图 2-1 信息通信工程设计图纸组成实例

从图 2-1 中可以看出，信息通信工程图纸一般包含如下组成部分：

① 图形符号。如图 2-1 所示，信息通信工程图纸中常常采用各种形状各异的符号来表

示信息通信工程中的各种设备和建筑、设施。如传输、交换、接入等各种功能的通信设备，以及机房内的配线架、空调、走线桥架等辅助设施；也常用相应的图形符号来表示通信线路工程中的通信管道、人手孔、架空通信线路中的线杆、吊线、拉线等设施。总之，图形符号是信息通信工程图纸中表示工程施工内容的最主要手段，也是信息通信工程图纸中占据图纸幅面最多的一个组成部分。信息通信工程图纸中使用的各种图形符号常称为图纸绘制的图例。

② 尺寸标注。标注是信息通信工程图纸中的另一个重要组成部分，主要用来在信息通信工程图纸中表示各种设备或设施的空间位置、大小尺寸以及缆线规格等。如：通信设备的外轮廓尺寸、通信设备在机房布局中的相关定位尺寸、通信线路各段的距离、所用光缆或电缆的规格等。

③ 注解。注解主要指信息通信工程图纸中的文字说明部分，用来对图形符号不便表达的信息通信工程设计或施工要求进行说明。信息通信工程图纸绘制时采用的非通用图例也常采用注解的方式在图纸中进行说明，以方便其他相关人员对图纸的理解和阅读。

④ 图衔。图衔通常又称为图纸的标题栏，也是图纸的一个重要组成部分，图衔中一般包含了信息通信工程图纸的图纸名称、图纸编号、图纸设计单位名称，以及单位主管、部门主管、总负责人、单项负责人、设计人、审核人等相关人员姓名等相关信息。

内容二 信息通信工程图纸的相关规范

为了使信息通信工程图纸做到规格统一、画法一致、图面清晰，符合施工、存档和生产维护要求，有利于提高制图效率、保证制图质量和适应信息通信工程建设的需要，我国通信行业主管部门（国家工业和信息化部）于 2015 年颁布了相应的规范标准——《电信工程制图与图形符号规定》（YD/T 5015—2015），该规范中规定了信息通信工程图纸的组成和内容表达要求，了解并熟悉这些规范要求对于我们阅读信息通信工程图纸大有裨益。下面节选部分常用的简要介绍如下，详细了解可参见《电信工程制图与图形符号规定》（YD/T 5015—2015）。

1. 工程图纸中的常用线型及其使用

信息通信工程图纸中常用各种线条来表示通信线路的走向、各种通信设施和设备的外形轮廓、通信机房的建筑结构及设备布局等相关信息，不同的信息经常采用不同的线条类型表示。按照《电信工程制图与图形符号规定》（YD/T 5015—2015）的相关规定，信息通信工程图纸中的常用线型及其使用如表 2-1 所示。

表 2-1 信息通信工程图纸中的常用线型及其使用

图线名称	图线形式	一般用途
实线	——————	基本线条：图纸主要内容用线、可见轮廓线
虚线	------------	辅助线条：屏蔽线、不可见导线
点划线	— · — · — · —	图框线：表示分界线、结构图框线、功能图框线、分级图框线
双点划线	— ·· — ·· —	辅助图框线：表示更多的功能组合或从某种图框中区分不属于它的功能部件

并且有如下要求。

① 通常一幅图纸中只使用两种宽度的图线。
② 指引线、尺寸标注线均使用细实线。
③ 一般用粗实线表示新建、细实线表示原有设施,用虚线表示规划预备部分。

2. 信息通信工程图纸中的常见图例

信息通信工程图纸中的图形符号常被称作图纸绘制的图例。显而易见,了解这些图例所表示的含义是阅读和理解信息通信工程图纸的基础,下面对通信功能图纸中的常用图例作一介绍。

由于不同信息通信工程的施工内容相差较大,常将信息通信工程根据其施工内容的特点分成不同的工程类型,如:通信电源设备安装工程、有线通信设备安装工程等,不同类型的信息通信工程图纸所使用常用图例也各不相同,具体详见我国工业和信息化部 2015 年颁布的相关标准《电信工程制图与图形符号规定》(YD/T 5015—2015),下面摘取部分予以介绍。

(1) 部分电源设备安装工程常用图例(表 2-2)

表 2-2 部分电源设备安装工程常用图例

名称	图例	名称	图例
发电站的一般符号	□	UPS	UPS
熔断器的一般符号	┤├	蓄电池/原电池或蓄电池组/直流电源功能的一般符号	─┤├─
双绕组变压器的一般符号	⊗	接地的一般符号	⏚
交流发电机	Ⓖ	功能性接地	⏚
直流发电机	Ⓖ	保护接地	⏚
稳压器	VR	直流	════
桥式全波整流器	◇	交流	∼

(2) 传输设备安装工程部分常用图例(表 2-3)
(3) 无线设备安装工程常用图例

随着现在移动通信的快速发展,无线通信设备的安装在信息通信工程建设过程中日益增多。无线通信设备安装工程部分常用图例如表 2-4 所示。

表 2-3　传输设备安装工程部分常用图例

名称	图例	说明	名称	图例	说明
传输设备节点基本符号	✳	图例中心的，表示节点传输设备的类型，可以为 P, S, M, A, W, O, F 等。其中 P 表示 PDH 设备, S 表示 SDH 设备, M 表示 MSTP 设备, A 表示 ASON 设备, W 表示 WDM 设备, O 表示 OTN 设备, F 表示分组传送设备在图例不混淆情况下，可省略的标识	WDM 终端型波分复用设备		16/32/40/80 波等
			WDM 光线路放大器		可变型为单向放大器
			WDM 光分插复用器		16/32/40/80 波等
传输链路	⁄\⁄		SDH 终端复用器		
双向光纤链路			SDH 分插复用器		
单向光纤链路			SDH/PDH 中继器		可变型为单向中继器
公务电话			DXC 数字交叉连接设备		
时间同步设备	BT	B 表示 BITS 设备, T 表示时间同步			
时钟同步设备	BF	B 表示 BITS 设备, F 表示频率同步	OTN 交叉设备		
网管设备			分组传送设备		
ODF/DDF 架			PDH 终端设备		

表 2-4　无线通信设备安装工程部分常用图例

名称	图例	说明	名称	图例	说明
手机		可标示所有功能机及智能机	室外全向天线	俯视　俯视	可在图形旁加注文字符号表示不同类型，例如： Tx　发信天线 Rx　收信天线 Tx/Rx　收发共用天线
一体化基站		可标示移动通信系统中一体化基站，含宏基站及小基站。可在图形内或图形旁加注文字表示不同的基站类型，例如：BS 表示 GSM 及 CDMA 系统基站；NodeB 表示 UMTS 系统基站；eNodeB 表示 LTE 系统基站。可在图形内或图形旁加注文字符号表示不同系统及工作频段，例如：GSM 900MHz, CDMA, TD-SCDMA, TD-LTE 2600MHz	板状定向天线	俯视　正视　侧视　背视	可在图形旁加注文字符号表示不同类型，例如： Tx　发信天线 Rx　收信天线 Tx/Rx　收发共用天线
			八木天线		

续表

名称	图例	说明	名称	图例	说明
单极化全向吸顶天线			泄漏电缆	—×—×—	
双极化全向吸顶天线			二功分器		
单极化定向吸顶天线			三功分器		
双极化定向吸顶天线			耦合器		
GPS天线	G 俯视 侧视		干线放大器		
1/2″馈线	———		衰减器	dB	
7/8″馈线	- - - - - -		可调衰减器	dB	

(4) 数据通信设备安装工程常用图例

随着 IP 业务的不断普及和发展，数据业务已经成为现代通信网的最主要的业务，数据通信设备的安装也是现在常见的通信工程类型之一。数据通信设备安装工程部分常用图例如表 2-5 所示。

表 2-5 数据通信设备安装工程部分常用图例

名称	图例	说明	名称	图例	说明
路由器			防火墙		
交换机			网络云		

(5) 通信管道工程常用图例

通信管道施工是现在常见的一种信息通信工程施工，尤其现在城市通信线路改造和建设过程中基本都要求线缆入地，因此市内的通信线路施工常采用管道形式。通信管道工程部分常用图例如表 2-6 所示。

(6) 通信线路工程常用图例

在信息通信工程的分类管理过程中常常将架空通信线路和直埋通信线路的施工统称为通信线路工程。通信线路工程的施工图纸中也常采用各种图例来表示各种具体的施工内容，部分常用图例如表 2-7 和表 2-8 所示。

表 2-6　通信管道工程部分常用图例

名称	图例	说明	名称	图例	说明
通信管道	A —*L*— B	1. A，B：两人（手）孔或管道预埋端头的位置，应分段标注。 *L*：管道段长（单位：m）。 2. 图形线宽、线型： 原有：0.35mm，实线； 新设：1mm，实线； 规划预留：0.75mm，虚线。 3. 拆除：在"原有"图形上打叉线，线宽：0.70mm	拐弯型人孔		1. 图形线宽、线型： 原有：0.35mm，实线； 新设：0.75mm，实线； 规划预留：0.75mm，虚线。 2. 拆除：在"原有"图形上打叉线，线宽：0.70mm
人孔		1. 此图形不确定井型，泛指通信人孔。 2. 图形线宽、线型： 原有：0.35mm，实线； 新设：0.75mm，实线； 规划预留：0.75mm，虚线。 3. 拆除：在"原有"图形上打叉线，线宽：0.70mm	局前人孔		1. 八字朝主管道出局方向。 2. 图形线宽、线型： 原有：0.35mm，实线； 新设：0.75mm，实线； 规划预留：0.75mm，虚线。 3. 拆除：在"原有"图形上打叉线，线宽：0.70mm
直通型人孔		1. 图形线宽、线型： 原有：0.35mm，实线； 新设：0.75mm，实线； 规划预留：0.75mm，虚线。 2. 拆除：在"原有"图形上打叉线，线宽：0.70mm	手孔		1. 图形线宽、线型： 原有：0.35mm，实线； 新设：0.75mm，实线； 规划预留：0.75mm，虚线。 2. 拆除：在"原有"图形上打叉线，线宽：0.70mm
斜型人孔		1. 如有长端，则长端方向图形加长。 2. 图形线宽、线型： 原有：0.35mm，实线； 新设：0.75mm，实线； 规划预留：0.75mm，虚线。 3. 拆除：在"原有"图形上打叉线，线宽：0.70mm	超小型手孔		1. 图形线宽、线型： 原有：0.35mm，实线； 新设：0.75mm，实线； 规划预留：0.75mm，虚线。 2. 拆除：在"原有"图形上打叉线，线宽：0.70mm
三通型人孔		1. 三通型人孔的长端方向图形加长。 2. 图形线宽、线型： 原有：0.35mm，实线； 新设：0.75mm，实线； 规划预留：0.75mm，虚线。 3. 拆除：在"原有"图形上打叉线，线宽：0.70mm	埋式手孔		1. 图形线宽、线型： 原有：0.35mm，实线； 新设：0.75mm，实线； 规划预留：0.75mm，虚线。 2. 拆除：在"原有"图形上打叉线，线宽：0.70mm
三通型人孔	（同上）	（同上）	顶管内敷设管道		1. 长方框体表示顶管范围，管道由顶管内通过，管道外加设保护套管也可用此图例。 2. 图形线宽： 原有：0.35mm； 新设：0.75mm
四通型人孔		1. 四通型人孔的长端方向图形加长。 2. 图形线宽、线型： 原有：0.35mm，实线； 新设：0.75mm，实线； 规划预留：0.75mm，虚线。 3. 拆除：在"原有"图形上打叉线，线宽：0.70mm	定向钻敷设管道		1. 长方虚线框体表示定向钻孔洞范围，管道由孔洞内通过。 2. 图形线宽： 原有：0.35mm； 新设：0.75mm

表 2-7 架空杆路设计施工图纸部分常用图例

名称	图例	说明	名称	图例	说明
木电杆	○ h/p_m	h：杆高（单位：m），主体电杆不标注杆高，只标注主体以外的杆高；p_m：电杆的编号（每隔5根电杆标注一次）	电杆移位（圆水泥电杆）	$\underset{A\ \ B}{\circ—\!\!\!-\!\!\!\to\!\!-\!\!\!\circ}$ L	1. 电杆从A点移至B点；2. L：电杆移动距离（单位：m）
圆水泥电杆	◎ h/p_m	h：杆高（单位：m），主体电杆不标注杆高，只标注主体以外的杆高；p_m：电杆的编号（每隔5根电杆标注一次）	电杆更换	⊘ h	h：更换后电杆的杆高（单位：m）
			电杆拆除	⊗ h	h：拆除电杆的杆高（单位：m）
单接木电杆	○○ $A+B/p_m$	A：单接杆的上节（大圆）杆高（单位：m）；B：单接杆的下节（小圆）杆高（单位：m）；p_m：电杆的编号	电杆分水桩	▷○ h	h：分水杆的杆高（单位：m）
			电杆围桩保护	 ⊙	在河道内打桩
			电杆石笼子	 ⊛	与电杆围桩的画法统一
H型木电杆	⫽ h/p_m	h：H杆的杆高（单位：m）；p_m：电杆的编号	电杆水泥护墩	 ⊕	与电杆围桩的画法统一
木撑杆	○—⊢ h	h：撑杆的杆高（长度）	单方拉线	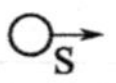 ○→ S	S：拉线程式。多数拉线程式一致时，可以通过设计说明介绍，图中只标注个别的拉线程式
电杆引上	○ ϕ_m L	ϕ_m：引上钢管的外直径（单位：mm）；L：引出点至引上杆的直埋部分段长（单位：m）	单方双拉线（平行拉线）	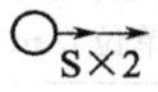 ○→ $S\times 2$	2：两条拉线一上一下，相互平行；S：拉线程式
墙壁引上	墙壁 ⊢ ϕ_m L	ϕ_m：引上钢管的外直径（单位：mm）；L：引出点至引上杆的直埋部分段长（单位：m）	单方双拉线（V形拉线）	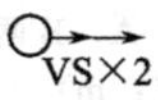 ○→ $VS\times 2$	2：两条拉线一上一下，呈V形，共用一个地锚；S：拉线程式
电杆直埋式地线（避雷针）	○⏚		高桩拉线	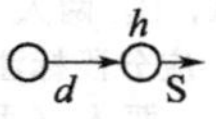 ○→○→ h d S	h：高桩拉线杆的杆高（单位：m）；d：正拉线的长度，即高桩拉线杆至拉线杆的距离（单位：m）；S：副拉线的拉线程式
电杆延伸式地线（避雷针）	○ ⏚				
电杆拉线式地线（避雷针）	○ ⏚		Y形拉线（八字拉线）	 ○ S/S	S：拉线程式
			吊板拉线	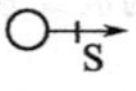 ○→ S	S：拉线程式
吊线接地	吊线 ⏚ p_m $m\times n$	画法：画于线路路由的电杆旁，接在吊线上。p_m：电杆编号；m：接地体材料种类及程式；n：接地体个数	防风拉线（对拉）	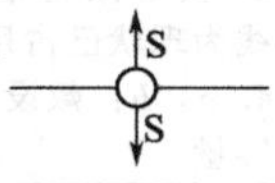 S ○ S	S：防风拉线的拉线程式
电杆装放电器	○⏚		防凌拉线（四方拉）	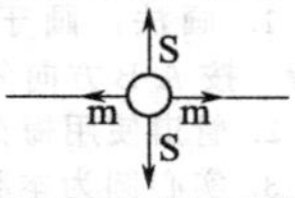 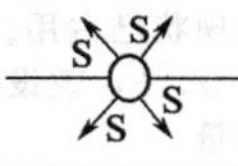 S m○m S / S○S	S：防凌拉线的"侧向拉线"程式（7/2.2钢绞线）；m：防凌拉线的"顺向拉线"程式（7/3.0钢绞线）
保护地线	⏛				

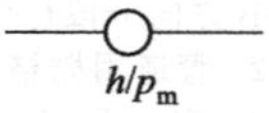

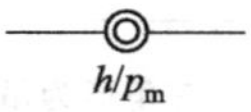

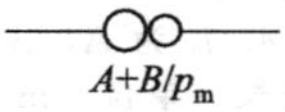

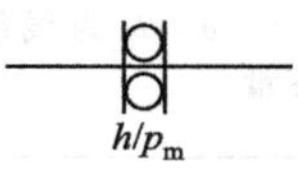

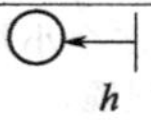

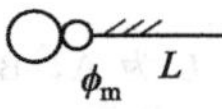

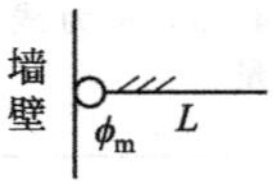

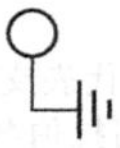

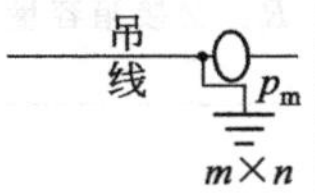

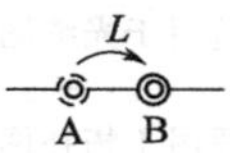

表 2-8 通信线路部分常用图例

名称	图例	说明	名称	图例	说明
局站	⊔	适用于光缆图	管道线缆占孔位置图（栅格管）	$\begin{array}{c} ab \\ \boxplus \\ \text{A-B} \end{array}$	1. 画法：画于线路路由旁，A-B方向分段标注。 2. 管道用栅格管管材。 3. 实心圆为本工程占用，斜线为现状已占用。 4. a,b：敷设线缆的型号及容量
光缆	─⊘─	适用于拓扑图			
光缆线路	A—$\overset{L}{ab}$—B	a,b：光缆型号及芯数； L：A，B两点之间光缆段长度（单位：m）； A，B为分段标注的起始点			
光缆直通接头	—•—A	A：光缆接头地点	墙壁架挂线路（吊线式）	A—$[\frac{D}{ab}]$—B 吊线 $\rule{1cm}{0.4pt}$ 线缆	1. 三角形为吊线支持物； 2. 三角形上方线段为吊线及线缆； 3. A，B为分段标注的起始点。 4. L为A，B两点之间的段长（单位：m），应按A-B分段标注。 5. D为吊线的程式。 6. a,b为线缆的型号及容量
光缆分支接头	A	A：光缆接头地点			
光缆成端（骨干网）	ODF $\begin{array}{c}1\\2\\\vdots\\n-1\\n\end{array}$	1. 数字：纤芯排序号； 2. 实心点代表成端；无实心点代表断开			
光缆成端（一般网）	ODF $\begin{array}{c}\text{GYTA-36D}\\1\text{-}36\end{array}$	GYTA-36D：光缆的型号及容量； 1-36：光缆纤芯的号段			
光纤活动连接器	—⊂—		墙壁架挂线路（钉固式）	A—$[ab]$—B $\rule{1cm}{0.4pt}$ 线缆	1. 多个小短线段上方长线段为线缆； 2. A，B为分段标注的起始点。 3. L为A，B两点之间的段长（单位：m），应按A-B分段标注。 4. a,b为线缆的型号及容量
直埋线路	A—L—B	A，B为分段标注的起始点，应分段标注； L：A，B为端点之间的距离（单位：m）			
水下线路（或海底线路）	A—L—B	A，B为分段标注的起始点，应分段标注； L：A，B两端点之间距离（单位：m）			
架空线路	○—L—○	L：两杆之间距离（单位：m），应分段标注	架空线缆交接箱	$\boxtimes R$ J	J：代表交接箱编号，为字母及阿拉伯数字； R：交接箱容量
管道线路	A—L—B	A，B：两人（手）孔的位置，应分段标注； L：两人（手）孔之间的管道段长（单位：m）	落地线缆交接箱	$\boxtimes R$ J	J：代表交接箱编号，为字母及阿拉伯数字； R：交接箱容量
管道线缆占孔位置图（双壁波纹）（穿3根子管）	$\begin{array}{c} ab \\ \text{A-B} \end{array}$	1. 画法：画于线路路由旁，按A-B方向分段标注。 2. 管道使用双壁波纹管管材，大圆为波纹管的管孔，小圆为波纹管内穿放的子管管孔。 3. 实心圆为本工程占用，斜线为现状已占用。 4. a,b：敷设线缆的型号及容量	壁完线缆交接箱	$\boxtimes R$ J	J：代表交接箱编号，为字母及阿拉伯数字； R：交接箱容量
管道线缆占孔位置图（多孔一体管）	$\begin{array}{c} ab \\ \text{A-B} \end{array}$	1. 画法：画于线路路由旁，按A-B方向分段标注。 2. 管道使用梅花管管材。 3. 实心圆为本程占用，斜线为现状已占用。 4. a,b：敷设线缆的型号及容量	室内走线架	⊞⊞⊞⊞	
			室内走线槽道	⊠⊠	明槽道：实线； 暗槽道：虚线

（7）建筑物布线部分常用图例

综合布线工程是现在常见的通信工程类型之一，在综合布线工程中，主要施工内容之一就是建筑物内部线路的布设。建筑物布线部分常用图例如表 2-9 所示。

表 2-9 建筑物布线部分常用图例

名称	图例	说明	名称	图例	说明
光、电转换器	O/E	O：光信号；E：电信号	室内线路（暗管）（细管单缆）	A L B 室内墙壁 暗管与线缆 ϕ_n / ab	1. A，B 为分段标注的起始点。 2. L：A，B 两点之间暗管的段长（单位：m），应按 A-B 方向分段标注。 3. p_m：暗管的直径（单位：mm）。 4. a，b：线缆的型号及容量
电、光转换器	E/O	O：光信号；E：电信号			
光中继器	─▷─				
墙壁综合箱（明挂式）	◫				
墙壁综合箱（壁嵌式）	◨		室内线路（明管）（细管单缆）	A L B 室内墙壁 明管与线缆 ϕ_n / ab	1. A，B 为分段标注的起始点。 2. L：A，B 两点之间明管的段长（单位：m），应按 A-B 方向分段标注。 3. p_m：明管的直径（单位：mm）。 4. a，b：线缆的型号及容量
过路盒（明挂式）	▭				
过路盒（壁嵌式）	▭				
ONU 设备	ONU	ONU：光网络 ONU 单元	室内槽盒线路（槽盒）（大槽多缆）	A L B 室内墙壁 $A×B / ab$	1. A，B 为分段标注的起始点。 2. L：A，B 两点之间槽盒的段长（单位：m），应按 A-B 方向分段标注。 3. A×B：槽盒的高与宽（单位：mm）。 4. a，b：线缆的型号及容量
ODF 设备	ODF	ODF：光纤配线架			
OLT 设备	OLT	OLT：光线路终端			
光分路器	1:n	n：分光路数			
家居配线箱	P				

（8）机房建筑及设施部分常用图例

在通信设备安装工程的工程图纸中，常会遇到用来表示各种建筑物结构的图形符号。常用的机房建筑及设施图例如表 2-10 所示。

表 2-10 常用机房建筑及设施图例

名称	图例	说明	名称	图例	说明
外墙	═══		方形孔洞	◣ ◤	左为穿墙孔，右为地板孔
内墙	───		圆形孔洞	○	
可见检查孔	⊠		方形坑槽	◩	
不可见检查孔	⊠（虚线）		圆形坑槽	○	

续表

名称	图例	说明	名称	图例	说明
墙顶留洞		尺寸标注可采用（宽×高）或直径形式	推拉窗		
墙顶留槽		尺寸标注可采用（宽×高×深）形式	百叶窗		
空门洞		上面为外墙，下面为内墙	电梯		
单层固定窗			标高	室外 / 室内	
双层固定窗					

（9）常用地图图例

由于通信线路工程施工区域常常位于野外，因此在通信线路设计与施工图纸中常会出现各种表示地形地图的图例符号。通信线路工程图纸中部分常见地图图例如表 2-11 所示。

表 2-11 部分常见地图图例

名称	图例	说明	名称	图例	说明
房屋			长城及砖石城堡（小比例）		
在建房屋	建		长城及砖石城堡（大比例）		
破坏房屋			栅栏、栏杆		
窑洞			篱笆		
蒙古包			铁丝网		
悬空通廊			矿井		
建筑物下通道			盐井		
台阶			油井	油	
围墙			露天采掘场	石	
围墙大门			塔形建筑物		

续表

名称	图例	说明	名称	图例	说明
水塔			亭		
油库			钟楼、鼓楼、城楼		
粮仓			宝塔、经塔		
打谷场（球场）	谷(球)		烽火台	烽	
饲养场（温室、花房）	牲(温室、花房)		庙宇		
高于地面的水池	水　水		教堂		
低于地面的水池	水		清真寺		
有盖的水池	水		过街天桥		
肥气池			过街地道		
雷达站、卫星地面接收站			地下建筑物的地表入口		
体育场	体育场		窑		
游泳池	泳		独立大坟		
喷水池			群坟、散坟		
假山石			一般铁路		
岗亭、岗楼			电气化铁路		
电视发射塔	TV		电车轨道		
纪念碑			地道及天桥		
碑、柱、墩			铁路信号灯		
			高速公路及收费站	收费站	

续表

名称	图例	说明	名称	图例	说明
一般公路			顺岸式固定码头		
建设中的公路			堤坝式固定码头		
大车路、机耕路			浮码头		
乡村小路			架空输电线		可标注电压
高架路			埋式输电线		
涵洞			电线架		
隧道、路堑与路堤			电线塔		
铁路桥			电线上的变压器		
公路桥			有墩架的架空管道		图示为热力管道
人行桥					
铁索桥					
漫水路面			常年河		

任务二 了解通信工程图纸识读的基本技巧和方法

对于信息通信工程图纸的识读不仅要了解上述相应的基础知识,而且要掌握一定的识读技巧,才能提高信息通信工程图纸识读的效率和正确性。信息通信工程图纸识读的常用技巧包括以下方面。

① 收集工程建设资料,了解工程相关背景。通过收集信息通信工程建设的基本说明资料,可以了解信息通信工程建设的基本背景、建设目的、主要的建设内容和大致要求,有了这些基础知识,我们就可以大致了解所要阅读的信息通信工程图纸所要表达的主要内容,这对于提高信息通信工程图纸的阅读和理解速度往往会有较大帮助。

② 在阅读图纸之前,应了解相应类型信息通信工程的施工过程和基本的施工工艺,这

对理解图纸中所描述的施工内容也会大有裨益。

③ 首先熟悉图纸中的相关图例。如前所述，信息通信工程图纸是通过各种图例来表示工程施工内容的，因此在具体开始阅读信息通信工程图纸之前一定要先清楚图纸所表示信息通信工程的类型，并根据工程类型熟悉相关图例的含义，为理解图纸打下基础。一般信息通信工程图纸中所用的图例既可以是上述的常用图例，也可以是图纸绘制者自定的图例，图纸中采用自定图例时一般会在图纸中给出相应的文字说明，因此在阅读信息通信工程图纸时可先看图纸中的图例说明。

④ 采用先整体后局部的阅读顺序。阅读信息通信工程图纸时应先大致看一下整张图纸所描述的全局信息，以对工程全貌先有个大致的了解，再对各部分细节进行阅读分析，这样往往更容易理解图纸所表达的具体内容。

任务三

信息通信工程图纸读图示例

图 2-2 为某信息通信工程管道建设部分图纸，试阅读图纸并描述该通信管道工程施工内容。根据前述知识，该图纸阅读过程如下。

① 从所给图纸标题栏中我们知道这是一张通信管道工程的施工图纸，可知其描述的内容应该是通信管道工程的施工。因此我们应该回忆熟悉一下通信管道工程图纸的常用图例，以便为后继的阅读图纸做好一定的准备。

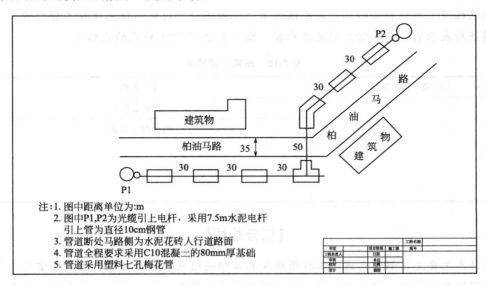

图 2-2 信息通信工程管道建设图纸示例

② 根据我们对通信管道工程施工过程的了解，通信管道工程的施工一般包括：路由测

量—开挖路面—开挖管道沟和人、手孔坑—进行管道基础和人、手孔建筑—铺设通信管道、接头包封—土方回填等基本过程。可以知道，要阅读的这张图纸所描述的也应该是这几方面的具体施工要求。

③ 大致浏览一下所给图纸，可以知道该图纸整体描述的是要跨越一条马路建设一段通信管道，整张图纸主要包括施工图形、图例说明、注解几部分。

④ 仔细阅读图纸的每一部分，可以知道图纸描述的具体内容如下：

◆ 本工程是一段通信管道工程，由于管道相关内容在图中都是采用粗实线表示的，表明这些管道设施都是要新建的，根据图中所示图例和其他图例知识可知，具体要新建的内容包括：2根线杆并附引上管、5个小号直通人孔、2个小号三通人孔和6段通信管道。

◆ 从图中的标注尺寸和注解说明中可知：要新建的管道总长度为 30＋30＋30＋50＋30＋30＝200（m），其中 35m 为要穿过柏油马路的部分，其余部分管道则铺设在人行道的水泥花砖路面下。

◆ 图纸注解中提出了施工的具体要求：管道全程要求用 C10 混凝土做 80mm 厚基础。但没有提出要做管道接头包封的要求。

◆ 图纸注解中一并给出了所用线杆、引上管、通信管道等材料的程式和规格：7.5m 长度的水泥线杆、直径 10cm 的钢管、塑料 7 孔梅花管。

上述读图示例是以通信管道建设过程为例说明的，其他类型信息通信工程图纸的读图过程与此类似，不同之处主要在于不同类型信息通信工程图纸所采用的具体图例不同、所描述的具体施工内容不同。无论何种类型的信息通信工程图纸，只要我们明了图纸中所用各种图例的含义，了解相应类型信息通信工程的基本施工过程和常用施工工艺，通过上述的读图过程就可以从图纸中明白该工程所要完成的具体工作内容。

【任务实施】

试根据所了解的相关知识，以小组为单位详细阅读所给定的信息通信工程图纸，并描述给定图纸所表示的信息通信工程施工内容，填于表 2-12 所示样式的表格中。

表 2-12　图纸识读结果

小组成员及分工	任务名称：
	图纸名称：
	图纸内容描述：

【任务总结】

本任务主要是了解信息通信工程图纸及其各相关组成部分，初步熟悉常见信息通信工程图纸的图例及其含义，掌握信息通信工程图纸阅读的基本方法，能够通过查阅图例含义和所了解的信息通信工程施工过程及常见施工工艺，正确阅读给定的信息通信工程图纸，并能口头或书面描述图纸所表示的施工内容。

【思考与练习】

1. 信息通信工程图纸通常主要由哪几部分组成？各组成部分主要功能是什么？
2. 什么是信息通信工程图纸的图例？
3. 在下表中填写给定图纸的基本含义。

图例符号	图例含义描述
▽	
○→	
─◉◉─	
●	
～～～	
⊠	
─⊘─	
┌─────┐ │ ┊┊┊ │ │ ┊┊┊ │ └─────┘	
○○	

项目三

信息通信建设工程的工程量计算和统计

对于信息通信工程概预算的编制来说,通过阅读工程的设计或施工图纸,进而计算和统计出工程施工的工程量,是工程概预算编制的一项基础性工作,也是概预算编制过程中的重点和难点所在。本项目的主要任务就是了解和熟悉常见类型信息通信建设工程的工程量计算和统计方法。

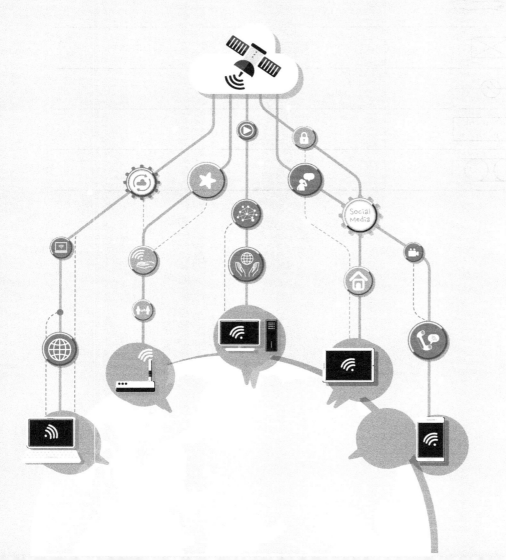

任务一 了解工程量及其统计原则

内容一 什么是"工程量"?

工程量是指按照相关规定及规则计算和统计的信息通信工程建设施工过程中需要完成的具体工作项目以及每项具体工作项目的工作量大小。

根据相关规定,在信息通信工程概预算文件的编制过程中,工程量是计算和统计信息通信工程建设过程中人力、材料、机械仪表等基本消耗量的基础和直接依据,也是信息通信工程建设其他许多相关费用计算的主要依据。因此,工程量计算和统计的正确与否不仅会影响到整个工程概预算文件编制的效率,更会直接影响到整个信息通信工程概预算的最终结果正确与否,可以说信息通信工程概预算编制的质量在某种程度上直接取决于工程量统计的质量,相应地,正确计算和统计工程量是信息通信工程概预算编制人员必须具备的基础技能。

为了保证工程量计算正确性,在工程量计算过程中应注意以下几点。

① 在具体计算工程量之前应首先熟悉相应工程量的计算规则,在计算过程中工程量项目的划分、计量单位的取定、有关系数的调整换算等,都应按相应的规则进行。

② 信息通信建设工程无论初步设计还是施工图设计,工程量计算的主要依据都是设计或施工图纸,并应按实物工程量法进行工程量的计算和统计。

③ 工程量计算应以设计规定的所属范围和设计分界线为准,工程量的计量单位必须与定额计量单位相一致。

④ 分项项目工程量应以完成后的实体安装工程量净值为准,而在施工过程中实际消耗的材料用量不能作为安装工程量。因为在施工过程中所用材料的实际消耗数量是在工程量的基础上又包括了材料的各种损耗量。

内容二 工程量统计过程应遵循哪些基本原则?

对于初步计算完成的工作量应该进行分类合并、统计,为了避免统计时的遗漏和重复,工程量的统计应遵循如下原则。

① 工程量计算和统计的基本依据都是设计与施工图纸,必须按照图纸所表述的内容统计工程量,要保证每一项统计出的工程量都能在图纸中找到依据。

② 概预算人员必须能够熟练阅读并正确理解工程设计图纸,这是概预算人员必须具备的基本功。这就要求概预算人员必须了解和掌握设计图纸中各种图例的含义,并正确理解图纸中所表述的各项工程的施工性质(新建、更换、拆除、原有、利旧、割接)。

③ 概预算人员必须掌握预算定额中分项项目的"工作内容"的说明、注释及分项项目设置、分项项目的计量单位等，以便统一或正确换算计算出的工程量与预算定额的计量单位。做到严格按预算定额的内容要求计算工程量。如在统计架空钢绞线时，在图纸上的统计单位一般为"千米条"，但在做材料预算时则需要转换成"千克"。

④ 概预算人员对施工组织、设计也必须了解和掌握，并且掌握施工方法以利于工程量计算和套用定额。具有适当的施工或施工组织以及设计经验，在统计相关工程量时就能做到不多不少，可以大大提高统计工程量的速度和正确性。

⑤ 概预算人员还必须掌握并正确运用与工程量计算相关的资料。如在工程量计算过程中有许多需要换算（如不同规格程式的钢管长度和重量的单位换算，即千克与米的换算）或查阅的数据（如不同规格程式的电缆接续套管使用场合和适用范围的查对），不断积累和掌握相关资料，对工程量计算工作将会有很大帮助。

⑥ 工程量计算顺序，一般情况下应按工程施工的顺序逐一统计，以保证不重不漏，便于计算。

⑦ 工程量计算完毕后，要进行系统整理。将计算出的工程量按照定额的顺序在工程量统计表中逐一列出，并将相同定额子目的项目合并计算，以提高后继的概预算编制的效率。

⑧ 整理过的工程量，要进行检查、复核、发现问题及时修改。检查、复核要有针对性，对容易出错的工程量应重点复核，发现问题及时修正，并做详细记录，采取必要的纠正措施，以预防类似问题的再次出现。按照设计单位的传统做法和 ISO9000 认证要求，工程量检查、复核应做到三级管理，即自审、室或所审、院审。

任务二 掌握通信电源设备安装与调测工程量的计算和统计

内容一 通信电源系统的主要组成设备

为各种通信设备提供工作能源的电源设备，是通信系统的一个重要组成部分，只有电源设备提供稳定、可靠的电力供应，各种通信设备才能正常工作，因此，通信电源设备的安装与调测是通信系统建设的一个重要工作内容。通信系统核心机房的通信电源系统一般包括双回路 10kV 高压系统、10kV/380V 的低压变配电系统、油机供电系统、高频开关电源系统（直流整流及配电系统）、不间断电源系统（UPS）、防雷接地系统、集中监控系统等。而在基站供电系统中，一般不包括 10kV 高压系统，通常直接引入当地的 220V/380V 电源，其他的与核心机房基本相同。对于不便采用工业交流电供电的野外站点，也可采用太阳能电池或风力发电机供电。通信机房集中式通信电源系统的组成如图 3-1 所示。

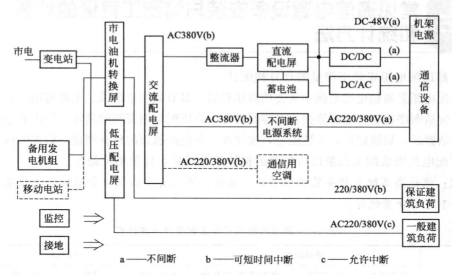

图 3-1 通信电源系统组成示意图

内容二 通信电源常见设备安装与调测工程量统计的主要内容

根据上述通信电源系统的组成，通信电源设备安装施工的主要工作包括以下几个方面。

（1）高、低压供电设备的安装与调试

具体包括：高压配电柜/组合箱式变电站的安装与调试、各种电力变压器的安装与调试、低压配电设备的安装与调试、直流操作电源屏的安装与调试等。

（2）发电机设备的安装与调试

具体包括：安装发电机组及相应配套设施、调试发电机组等。

（3）交直流电源设备、不间断电源系统的安装

具体包括：蓄电池组的安装及试验、太阳能电池及配套铁架的安装、不间断电源及配件的安装与调试、开关电源设备的安装、配电换流设备的安装等。

（4）机房空调与动力监控设备的安装与调试

主要包括：机房空调的安装与调试、动力环境监控系统的安装与调试等。

（5）电源母线、电力和控制线缆的敷设

具体包括：铜电源母线的安装与制作、低压封闭式插接母线槽及分线箱的安装、室内外电力电缆的布放、电力电缆端头的制作和安装、控制电缆的布放等。

（6）接地装置的施工

主要包括：接地极板的制作与安装、接地母线的敷设与接地网电阻的测试等。

（7）其他附属设施的安装

具体包括：电缆桥架的安装、电源支撑架/吊挂的安装、穿墙板的制作与安装、铁构件与箱盒的制作与安装、地漆布/橡胶垫的敷设、加固施工等。

内容三 常见通信电源设备安装与调测工程量的计算和统计方法

（1）高压配电柜安装工程量的计算和统计

高压配电柜是通信电源系统中重要的高压设备，具有架空进出线、电缆进出线、母线联络等功能，包括断路器柜、互感器柜、电容器柜等。高压配电柜安装的具体工作内容包括：开箱检验，清洁搬运，划线定位，安装固定，放注油，导电接触面的检查调整，附件的拆装等。

高压配电柜安装的工程量以所安装的柜体数量计量，计量单位是台。

注意：统计高压配电柜安装工程量时，应区分不同类型的柜体分别统计工程量，具体可参照表 3-1 进行分类统计。

表 3-1 高压配电柜安装工程量分类统计表

柜体类型	单母线柜			双母线柜		
	断路器柜	互感器柜	电容器柜、其他柜	断路器柜	互感器柜	电容器柜/其他柜
计量单位	台					
工程量						

（2）组合型箱式变电站安装工程量的计算和统计

组合型箱式变电站具有体积小、外形美观、安装方便等诸多优点，因而得到了日益广泛的应用。组合型箱式变电站安装的具体工作内容包括：开箱检验，清洁搬运，安装固定，接线，接地等。

安装组合型箱式变电站的工程量以所安装的组合型箱式变电站数量计量，计量单位是台。

注意：统计组合型箱式变电站安装工程量时，应区分其所含变压器的容量规格和是否带高压开关柜分别统计，具体可参照表 3-2。

表 3-2 组合型箱式变电站安装工程量分类统计表

柜体类型	不带高压开关柜（变压器容量）			带高压开关柜（变压器容量）			
	100kV·A以下	315kV·A以下	630kV·A以下	100kV·A以下	315kV·A以下	630kV·A以下	1000kV·A以下
计量单位	台						
工程量							

（3）高压配电系统调试工程量的计算和统计

高压配电系统安装完成后，还需要进行调试，以保证高压配电系统能够正常工作。高压配电系统调试的具体工作包括以下方面。

① 送配电装置系统调试：自动开关或断路器，隔离开关，常规保护装置，电测量仪表，电力电缆等一、二次回路系统的调试。

② 市电自投装置调试：自动装置、继电器及控制回路的调试。

③ 母线系统调测：母线耐压试验，断路保护，回路调试。

说明：送配电装置系统调试和市电自投装置调试的工程量以所调试的系统数量计量，计量单位是系统；母线系统调测的工程量以所调测的母线段数计量，计量单位是段。

（4）油浸电力变压器安装工程量的计算和统计

通信电源系统的配电变压器常采用油浸电力变压器，油浸电力变压器安装的具体工作包括：开箱检验，体位固定，主件与配件清洗，附件检查与安装，补充注油，接线检查，接地，密封与电气试验。

安装油浸电力变压器的工程量以所安装的变压器数量计量，计量单位是台。

注意：统计安装油浸电力变压器的工程量时，应区分不同的变压器容量规格分别统计，具体统计时可参照表3-3进行分类统计。

表3-3 油浸电力变压器安装工程量分类统计表

变压器容量	100kV·A以下	250kV·A以下	500kV·A以下	1000kV·A以下	2000kV·A以下	4000kV·A以下
计量单位	台					
工程量						

（5）干式变压器及温控箱安装工程量的计算和统计

干式变压器是有一种常用的配电变压器，为了保证干式变压器的长期可靠工作，需要严格控制变压器的工作温度，因此使用干式变压器需要配套安装相应的温度控制箱。安装干式变压器的具体工作包括：开箱检验，体位固定，附件安装，接地，电气试验等。

安装干式变压器及温控箱的工程量以所安装的变压器及温控箱数量计量，计量单位是台，其中温控箱安装的工程量要单独统计。

注意：统计安装干式变压器及温控箱的工程量时，应区分不同的变压器容量规格分别统计，具体统计时可参照表3-4进行分类统计。

表3-4 干式变压器安装工程量分类统计表

变压器容量	100kV·A以下	200kV·A以下	500kV·A以下	800kV·A以下	1000kV·A以下	2000kV·A以下	2500kV·A以下
计量单位	台						
工程量							

（6）非晶合金变压器安装工程量的计算和统计

非晶合金变压器是一种较新的节能型变压器，其推广试用得到了国家的大力支持。非晶合金变压器安装的具体工作包括：开箱检验，本体就位，器身检查，垫铁止轮器制作、安装，附件安装，接地，补漆等。

安装非晶合金变压器的工程量以所安装的变压器数量计量，计量单位是台。

注意：统计安装非晶合金变压器的工程量时，应区分不同的变压器容量规格分别统计，具体统计时可参照表3-5进行分类统计。

表3-5 非晶合金变压器安装工程量分类统计表

变压器容量	250kV·A以下	500kV·A以下	1000kV·A以下
计量单位	台		
工程量			

(7) 电力变压器干燥与变压器油过滤工程量的计算和统计

在电力变压器安装和维护过程中,有时需要对变压器进行干燥处理,以防止由于变压器内部潮湿导致通电后烧毁变压器,有时需要对油浸变压器的变压器油进行过滤处理,以滤除油品中的杂质和水分。电力变压器干燥的具体工作内容包括:干燥和维护,整理记录,清洁现场,收尾及注油等。变压器油过滤的具体工作包括:过滤前准备,过滤后清理,油过滤,取油样,配合试验。

电力变压器干燥的工程量以所干燥处理的变压器数量计量,计量单位是台。

电力变压器油过滤的工程量以所过滤处理变压器油的重量计量,计量单位是吨。

注意:统计电力变压器干燥的工程量时,应区分不同的变压器容量规格分别统计,具体统计时可参照表3-6进行分类统计。

表3-6 电力变压器干燥处理工程量分类统计表

变压器容量	100kV·A 以下	250kV·A 以下	500kV·A 以下	1000kV·A 以下	2000kV·A 以下	4000kV·A 以下
计量单位	台					
工程量						

(8) 电力变压器系统调试工程量的统计

变压器安装完成后,在投入实际使用前还需要经过相关的调试工作。变压器调试的具体工作内容包括:变压器系统回路的调试及空投试验。

变压器调试的工程量以所调试的变压器数量计量,计量单位是台。

注意:统计电力变压器调试的工程量时,应区分不同的变压器容量规格分别统计,具体统计时可参照表3-7进行分类统计。

表3-7 电力变压器调试工程量分类统计表

变压器容量	800kV·A 以下	2000kV·A 以下	4000kV·A 以下
计量单位	台		
工程量			

(9) 低压配电设备安装工程量的统计

低压配电设备是通信电源系统的重要组成部分,要安装低压配电设备主要包括:低压开关柜、低压电容器柜、转换、控制屏、屏边等。安装的具体工作内容包括:开箱检查,清洁搬运,安装固定,附件拆装,盘内整理,接线连接。

低压配电设备安装的工程量以所安装的相应设备数量计量,计量单位是台。

注意:对于不同类型的低压配电设备安装要分别统计工程量,具体可参照表3-8进行分类统计。

表3-8 低压配电设备安装工程量分类统计表

设备类别	低压开关柜	低压电容器柜	转换、控制屏	屏边
计量单位	台			
工程量				

(10) 低压配电系统调试工程量的统计

通信电源系统低压配电系统安装完成后还要经过相关的调试工作才能投入使用，相关的调试工作包括以下方面。

① 交流供电系统调试。具体工作内容包括：自动开关或断路器，隔离开关，常规保护装置，电力电缆等回路系统调试。

② 母线系统调试、电容器调试。具体工作内容包括：母线耐压试验，断路保护，回路调试。

③ 备用电源自投装置调试。具体工作内容包括：自动装置、继电器及回路调试。

低压配电系统调试的工程量以所调试系统的数量来计量，具体的计量单位如下：

交流供电系统调试的工程量计量单位是系统；

母线系统调试的工程量计量单位是段；

电容器调试的工程量计量单位是套；

备用电源自投装置调试工程量的计量单位是系统。

(11) 直流操作电源屏安装与调试工程量的统计

直流操作电源屏是通信电源系统的又一个重要组成部分，安装与调试直流操作电源屏的主要工作包括以下方面。

① 安装直流电源屏、蓄电池屏。具体工作包括：开箱检验，安装，附件拆装，盘内整理，连接线等。

② 安装屏内电池组。具体工作包括：就位，调平，安装固定，接线等。

③ 屏内蓄电池组充放电回路检查。具体工作包括：初充电，放电，再充电，容量试验，测试记录数据等。

④ 直流电源屏调试。具体工作包括：回路系统调试。

安装直流电源屏、蓄电池屏的工作量，以所安装的电源屏或蓄电池屏的数量计量，计量单位是台。

安装屏内电池组的工程量以所安装的电池组的数量计量，计量单位是组。

屏内蓄电池组充放电检查的工程量以所检查的电池组数量计量，计量单位是组。

直流电源屏调试的工程量以所调试的电源屏系统数量计量，计量单位是系统。

注意： 统计"安装屏内电池组"的工程量时，应区分不同的蓄电池组容量规格分别统计工程量，具体可按照表 3-9 进行分类统计。

表 3-9 安装屏内电池组工程量分类统计表

电池组容量规格	6V/100A·h	6V/200A·h	12V/100A·h	12V/200A·h
计量单位			台	
工程量				

(12) 控制设备安装与调试工程量的统计

控制设备用来控制和保证通信电源各部分之间的协调工作，常见的通信电源控制设备包括：继电/信号屏、模拟控制屏、组合控制开关、熔断器/断路器、中央信号装置等。

通信电源控制设备安装与调试的具体工作包括以下方面。

① 安装控制设备。具体工作包括：开箱检验，安装固定，附件拆装，盘内整理，连接线。

② 安装组合控制开关。具体工作包括：开箱检验，安装，接线，接地。

③ 中央信号装置调试。具体工作包括：装置本体及控制回路系统的调试。

各相关工作的工程量统计方法如下：

安装继电/信号屏、模拟控制屏的工程量以所安装的相关屏、柜数量计量，计量单位是台。

安装组合控制开关、熔断器/断路器的工程量以所安装的相关设备数量计量，计量单位是个。

带电更换熔断器/空开的工程量以所更换的熔断器和空开的数量计量，计量单位是个。

中央信号装置调试的工程量以所调试的信号装置系统数量计量，计量单位是系统。

注意：统计模拟控制屏安装的工程量时应区分不同宽度的控制屏，分别统计安装的工程量，具体统计时可参照表 3-10 进行分类统计。

表 3-10　安装模拟控制屏工程量分类统计表

控制屏宽度	1m	2m	2m 以上
计量单位	台		
工程量			

(13) 端子箱、端子板安装工程量的统计

为了方便相关电源设备与电力线缆的连接，需要安装端子箱和端子板。端子箱、端子板制作安装的工作包括以下方面。

① 安装端子箱、端子板。具体工作包括：开箱检验，固定安装，校线，绝缘处理，压焊端子，接线等。

② 外部接线。具体工作包括：连接线，接头处理等。

端子箱、端子板安装的工程量统计方法如下：

安装端子箱的工作量以所安装的端子箱数量计量，计量单位是台，并将室内安装和室外安装情况分别统计；

安装端子板的工作量以所安装的端子板数量计量，计量单位是组；

外部接线的工程量以所接线的端头数量计量，计量单位是十个。

注意：统计外部接线的工程量时，应区分有无接线端子和线缆直径规格分别统计，具体统计时可按照表 3-11 分别统计。

表 3-11　统计外部接线工程量分类统计表

外部接线情况	无端子外部接线(导线截面)		有端子外部接线(导线截面)	
	2.5mm² 以内	2.5mm² 以内	2.5mm² 以内	2.5mm² 以内
计量单位	十个			
工程量				

(14) 安装蓄电池抗震架

通信电源机房的蓄电池需要安装在抗震支架上。安装蓄电池抗震支架的具体工作包括：开箱检验，清洁搬运，组装，加固，补漆等。

安装蓄电池抗震架的工程量以所安装的抗震架的长度计量，计量单位是 m。

注意：实际蓄电池抗震架有多种不同的规格，统计工程量时应区分不同规格的抗震架分

别统计工程量，具体统计时可参照表 3-12 分别统计抗震架安装的工程量。

表 3-12 安装抗震架工程量分类统计表

抗震架规格	单层单列	单层双列	双层单列	双层双列
计量单位	m			
工程量				

(15) 安装蓄电池组

蓄电池组是通信机房常见的应急电源设备，主要用于当正常的交流市电中断时，为通信设备提供短时间的电源供应，因此，安装蓄电池组是电源设备安装过程中常见的主要工作任务之一。现在常用的蓄电池组主要有铅酸蓄电池组和锂电池组。安装蓄电池组的具体工作内容包括：开箱检验、清洁搬运、安装电池、调整水平、固定连线、电池标志、清洁整理等。

在统计安装蓄电池组的工程量时，要区分蓄电池的种类（铅酸蓄电池组或锂电池组）和规格（电压等级、电池组容量）分别统计工程量。

安装蓄电池组的工程量以所安装的蓄电池组的数量计量，计量单位是组。

具体统计安装蓄电池组的工程量时，可按照表 3-13 分类统计。

表 3-13 安装铅酸蓄电池组工程量分类统计表

蓄电池组规格	电压等级	24V						
	电池组容量	200A·h以下	600A·h以下	1000A·h以下	1500A·h以下	2000A·h以下	3000A·h以下	3000A·h以上
计量单位		组						
工程量								
蓄电池组规格	电压等级	48V						
	电池组容量	200A·h以下	600A·h以下	1000A·h以下	1500A·h以下	2000A·h以下	3000A·h以下	3000A·h以上
计量单位		组						
工程量								
蓄电池组规格	电压等级	300V以下			400V以下			
	电池组容量	200A·h以下	600A·h以下	1000A·h以下	200A·h以下	600A·h以下	1000A·h以下	1000A·h以上
计量单位		组						
工程量								
蓄电池组规格	电压等级	500V以下						
	电池组容量	200A·h以下		600A·h以下		1000A·h以下		1000A·h以上
计量单位		组						
工程量								

安装锂电池组工程量按表 3-14 分类统计。

表 3-14 安装锂电池组工程量分类统计表

电池组容量	100A·h以下	200A·h以下	200A·h以上
计量单位			
工程量			

（16）蓄电池充放电及容量试验工程量的统计

作为通信电源的铅酸蓄电池安装完成后，还需要进行充放电及容量试验，具体工作内容包括：①蓄电池补充电：补充电，数据记录等。②蓄电池容量试验：放电，充电，测量记录，清洁整理等。

蓄电池补充电试验的工程量按照补充电试验的蓄电池组的数量进行计量，计量单位是组。

蓄电池容量试验的工程量按照所完成的容量试验的蓄电池组的数量进行计量，计量单位是组。

注意： 在统计蓄电池容量试验工程量时，要注意区分蓄电池组的不同电压等级，分别统计工程量，区分方法可参照表 3-15。

表 3-15 蓄电池容量试验工程量分类统计表

蓄电池组电压等级	24V 以下	48V 以下	500V 以下
计量单位	组		
工程量			

任务三
掌握常见有线通信设备安装与调测工程量的计算和统计

在通信设备安装与调测施工过程中，有线设备的安装与调测占据了相当大的份额。所谓有线通信设备，是指不同地点的设备需要通过有形的线缆（如光纤、网线、电话线等）进行连接的通信设备，常见的有线设备主要包括：程控交换设备、光纤通信设备、计算机网络设备等。有线通信设备安装与调测工程量的计算和统计方法简述如下。

内容一 有线通信设备工程建设的基本过程和主要内容

有线通信设备的安装过程如图 3-2 所示。

图 3-2 有线通信设备安装过程示意图

可见，有线通信设备的安装主要包括以下过程。

① 机架安装：通信设备通常安装在相配套的机柜（架）中，因此，在设备安装过程中首先要安装机柜（架）。根据安装和固定方式的不同，常见的设备机柜有地面固定式机柜、墙壁挂置式机柜、可移动式机柜。地面固定式机柜需要通过膨胀螺栓固定在设备机房的地面

上，墙壁挂置式机柜一般体积较小，可以嵌入或挂置在建筑物的墙面上；可移动式机柜则需要在机柜的下面安装滚轮，以方便机柜在一定范围内的移动。

② 设备安装：机架安装完成后，则可进行通信设备的安装，即按照规划好的位置将何种设备安装到相应的机架中，要注意设备在机架中要按照相关安装规范固定牢固，并保证设备之间、设备和机柜之间有足够的散热空间和走线空间。

③ 缆线布放：设备安装完成后，需要根据机房中不同设备之间的信号连接关系，并按照相应的布线规范要求，布放相应的线缆（包括电源线和信号线），将不同设备连接起来共同组成能够正常工作的通信系统。线缆布放要保证连接关系正确；线缆和设备之间的连接接触良好、连接牢固；走线规范、美观；线缆标签清楚、完整。

④ 设备调测：设备安装和线缆布放完成后，需要通过设备和系统调测来验证各设备和整个系统能否正常工作。设备调测过程应按照相应规范要求认真测试设备和系统的各项性能指标，对于性能指标不符合要求的情况必须明确原因、及时调整，直至整个系统的各项指标达到相关要求为止。

内容二 机架、缆线和辅助设备安装工程量的计算和统计

1. 机架安装工程量的计算和统计

有线通信设备机房中要安装的机柜主要包括：安装电源分配架（柜）、有源综合架（柜）、安装无源综合架（柜）等，具体的安装工作包括：开箱检验、清洁搬运、安装固定等。同时，带电更换空气开关、熔断器、增（扩）子机框也属于设备机架安装的施工内容。机架（柜）安装工程量的计算和统计依据安装情况的不同分别统计，主要工程量计算和统计分别如下，本教材未详尽介绍的施工工程量统计方法可参见相应分册的定额。

（1）电源分配架（箱）安装工程量的统计

电源分配架（箱）用于安装设备机柜的配电设备，以便为通信设备提供电源。电源分配架（箱）安装的工程量以所安装的电源分配架（箱）的数量计量，计量单位是架。

不同安装形式的电源分配架（箱）施工所用的材料、人工不同，因此具体统计电源分配架（箱）安装的工程量时，要区分不同的安装形式分别统计工程量，可参照表 3-16 进行统计。

表 3-16 电源分配架（箱）安装工程量的分类统计

安装形式	落地式	壁挂式	架顶式
单位		架	
工程量			

（2）综合柜安装工程量的统计

通信系统中的综合柜用来在机柜中安装不同用途的设备，综合柜可以安装在室内和室外。综合机柜安装的工程量以安装机柜的数量计量，计量单位是个。

具体统计综合柜安装工程量时，要区分不同的安装形式分别统计工程量，区分方法可参照表 3-17。

表 3-17 综合柜安装工程量的分类统计

安装形式	室内有源综合柜		室内无源综合柜		室内壁挂/嵌墙综合柜	
	有源	无源	有源	无源	有源	无源
单位	个					
工程量						

安装形式	室外落地综合柜		室外架空综合柜	室外壁挂/嵌墙综合柜	
	800mm 宽以下	800mm 宽以上		有源	无源
单位	个				
工程量					

（3）总分配线架安装工程量的统计

总配线架用来实现机房中线路连接关系的建立和改变。总配线架安装的具体施工内容包括：配线架的安装、保安排的安装以及 110 配线箱的安装等。总配线架安装的工程量以所安装配线架的数量计量，计量单位是架。

具体统计总配线架安装工程量时，要区分配线架的不同规格分别统计工程量，区分方法如表 3-18 所示。

表 3-18 总配线架安装工程量的分类统计

配线架规格	240 回线以下	480 回线以下	1000 回线以下	2000 回线以下	4000 回线以下	6000 回线以下
单位	架					
工程量						

如果安装的是 600/600 壁挂式配线架，则安装工程量以所安装的配线架数量计量，计量单位是架。

安装保安排和试线排的工程量以所安装的数量计量，计量单位是块。

安装 110 配线箱的工程量以所安装的数量计量，计量单位是套。

（4）数字配线架安装工程量的统计

数字配线架（DDF）通常用来实现通信机房中 2M 码流之间的转接和配线，通过使用数字配线架，可以为机房中的配线、调线、转接、扩容都带来很大的灵活性和方便性。

数字配线架安装的具体工作包括：开箱检验、清洁搬运、划线定位、机架组装、加固、安装端子板等。数字配线架的安装形式可分为落地式和壁挂式。数字配线架安装工程量以所安装的数字配线架的数量计量，并将整架和子架安装的工程量分开统计。

整架安装工程量的计量单位是架。

子架安装工程量的计量单位是个。

壁挂式数字配线箱安装工程量的计量单位是箱。

（5）光纤配线架安装工程量的统计

光纤配线架（ODF）用于通信系统中光信号线路的转接和配线。光纤配线架安装的具体工作包括：开箱检验、清洁搬运、划线定位、机架组装、加固、安装端子板等。光纤配线架安装工程量以所安装的光纤配线架的数量计量，并将整架和子架安装的工程量分开统计。

整架安装工程量的计量单位是架。

子架安装工程量的计量单位是个。

壁挂式光纤配线箱安装工程量的计量单位是箱。

2. 辅助设备安装量的计算和统计

通信系统的构成除了需要相应的主要通信设备之外，常常还需要一些辅助设备，以保证主要通信设备的正常工作。比如：保安配线箱、列架照明设备、机台照明设备、机房信号灯盘等。辅助设备安装工程量的统计方法分别如下。

（1）保安配线箱安装工程量的统计

保安配线箱安装的工程量以所安装的保安配线箱的数量计量，计量单位是个。

统计保安配线箱安装工程量时要注意区分保安配线箱的规格分别进行统计，具体区分方法如表 3-19 所示。

表 3-19 保安配线箱安装工程量的分类统计

规格	40 回线以下	60 回线以下	120 回线以下	180 回线以下
单位	个			
工程量				

（2）列架照明设备安装工程量的统计

列架照明设备安装工程量以安装照明设备的列架的数量计量，计量单位是列。

统计列架照明安装工程量时应注意区分照明设备的不同安装形式，分别统计相应安装施工的工程量，具体区分方法参照表 3-20。

表 3-20 列架照明设备安装工程量分类统计表

安装形式	二灯/列	四灯/列	六灯/列
单位	列		
工程量			

（3）机台照明设备安装工程量的统计

安装机台照明设备工程量以所安装照明设备机台数量计量，计量单位是台。

（4）机房信号灯盘安装工程量的统计

安装机房信号灯盘的工程量以所安装信号灯盘的数量计量，计量单位是盘。

注意：应将总信号灯盘和列信号灯盘的工程量分开统计。

3. 缆线布放工程量的计算和统计

缆线布放是通信设备安装工程的主要施工内容之一，也是设备安装工程量统计的一个重要方面。缆线布放的施工内容主要包括：布放缆线承载设施、布放设备电缆、设备电缆的编扎、焊（绕、卡）接、布放设备导线、布放软光纤、布放设备电力电缆等。相关施工的工程量统计方法分别如下。

（1）线缆承载设施工程量的统计

机房设备之间的缆线需要布放在相应的缆线承载设施（比如：槽道、走线架等）上，因此，在实际布放缆线之前，需要先行完成缆线承载设施的施工和安装。布放缆线承载设施的具体施工内容包括：安装电缆槽道、走线架；安装软光纤走线槽；敷设硬质 PVC 管/槽盒。

工程量统计方法如下：线缆承载设施安装工程量以所安装线缆承载设施的长度计量，计量单位是米。

具体统计工程量时，注意区分不同的承载设施形式分别统计，如表 3-21 所示。

表 3-21 线缆承载设施安装工程量分类统计表

线缆承载设施形式	电缆槽道	电缆走线架	软光纤走线槽	硬质 PVC 管/槽盒
单位	m			
工程量				

（2）布放设备电缆工程量的统计

布放设备电缆的工程量以所布放设备电缆的长度计量，计量单位是百米条。

具体统计布放电缆工程量时，要注意区分不同线缆的规格形式分别统计工程量，具体统计方法如表 3-22 所示。

表 3-22 布放电缆工程量的分类统计

电缆形式	局用音频电缆		局用高频对称电缆		音频隔离线（单、双芯）
	24 芯以下	24 芯以上	2 芯以下	2 芯以上	
单位	百米条				
工程量					

电缆形式	SYV 类射频同轴电缆		数据电缆	
	单芯	多芯	10 芯以下	10 芯以上
单位	百米条			
工程量				

（3）设备电缆编扎、焊接工程量的统计

设备电缆必须在承载设施上布放整齐、编扎牢固，并根据相关要求与设备连接在一起，连接形式可以采用焊接、绕接、卡接等多种形式。设备电缆编、扎、焊的具体工作内容包括：刮头、做头、分线、编扎、对线、焊（绕、卡）线、二次对线、整理等。相关工程量的统计方法如下：设备电缆编、扎、焊的工程量以所处理的设备电缆条数计量，计量单位是条。

具体统计工程量时，要注意区分电缆的不同规格分别统计工程量，具体如表 3-23 所示。

表 3-23 设备电缆编、扎、焊工程量的分类统计

线缆形式	局用音频电缆						
	10 芯以下	24 芯以下	32 芯以下	64 芯以下	128 芯以下	256 芯以下	256 芯以上
单位	条						
工程量							

线缆形式	局用高频对称电缆		音频隔离线单、双芯	SYV 类射频同轴电缆	数据电缆	
	双芯平衡	多芯			10 芯以下	10 芯以上
单位	条		芯条		条	
工程量						

(4) 布放设备导线工程量的统计

布放设备导线是指在不同机架、不同设备之间布放相应的连接导线，具体工作内容包括：放线、剥隔离皮、焊（绕、卡）线、核对、改线（带电）、整理、试通等。布放设备导线的工程量以所布放的设备导线数量计量。

布放列内、列间信号线工程量的计量单位是条。

布放其他类型设备导线工程量的计量单位是百条。

统计布放设备导线工程量时要区分不同的布放情况分别统计，具体区分方法可参见表 3-24。

表 3-24 布放设备导线工程量分类统计表

布放形式	中间配线架布放跳线			中间配线架改接 6 芯以下跳线
	2 芯以下	4 芯以下	6 芯以下	
单位	百条			
工程量				

布放形式	总配线架跳线		数字分配架布放跳线	布放列内、列间信号线
	布放	带电改接		
单位	百条			条
工程量				

(5) 布放软光纤工程量的统计

通信机房内带有光信号接口的设备之间需要通过软光纤进行信号连接，因此，需要在机架和设备之间布放软光纤。布放软光纤的工作主要包括：放绑软光纤、布放集束光纤、端接集束光纤。

放绑软光纤工程量以所布放的软光纤的条数计量，计量单位是条。

布放集束光纤的工程量以所布放集束光纤的数量计量，计量单位是十米条。

端接集束光纤的工程量以所端接的集束光纤条数计量，计量单位是条。

统计布放软光纤工程量时，要区分不同的软光纤规格形式分别统计工程量，具体统计方法可参见表 3-25 和表 3-26。

表 3-25 放、绑软光纤工程量分类统计表

布放形式	设备机架之间放、绑		光纤分配架内跳纤	中间站跳纤
	15m 以下	15m 以上		
单位	条			
工程量				

表 3-26 端接集束光纤工程量分类统计表

集束光纤规格	12 芯以下	24 芯以下	48 芯以下	96 芯以下	96 芯以上
单位	条				
工程量					

(6) 布放设备电力电缆工程量的统计

通信设备需要提供电源才能正常工作，因此需要为通信设备布放电力电缆，以便将通信

设备和机房电源设备相连接。布放电力电缆的具体工作内容包括：检验、搬运、量裁、布放、绑扎、卡固、穿管、穿洞、对线、剥保护层、压接铜或铝接线端子、包缠绝缘带、固定等。

布放电力电缆的工程量以所布放电力电缆的长度计量，计量单位是十米条。

安装列内电源线的工程量以所安装电源线的列架数计量，计量单位是列。

统计设备电力电缆布放工程量时，要注意区分不同的电力电缆规格分别统计工程量，具体区分统计方法可参见表 3-27。

表 3-27　布放设备电力电缆工程量分类统计表

电缆规格 单芯相线截面积	16mm² 以下	35mm² 以下	70mm² 以下	120mm² 以下	185mm² 以下	240mm² 以下	500mm² 以下
单位	十米条						
工程量							

内容三　光纤数字传输设备安装与调测工程量的计算和统计

光纤数字传输设备包括：传统的 SDH 传输设备和 PTN 设备、波分复用设备、光传送网设备以及其他一些光纤数字传输相关设备。光纤数字传输设备安装与调测工程量的统计主要包括以下几个方面。

1. 光纤数字传输设备安装与调测工程量统计

这里所述的光纤数字传输设备包括传统的 SDH 设备和 PTN 设备。光纤数字传输设备可分成集成式小型传输设备（功能相对简单、体积较小的传输设备）和标准型设备（功能相对复杂、体积较大的传输设备），需要分别统计工程量。

（1）安装集成式小型传输设备的工程量以所安装的设备数量计量，计量单位是套。

标准型传输设备安装的工程量统计时，将设备中的公共单元盘（如时钟、电源、主控等功能盘）和接口盘安装的工程量分别统计，统计方法分别如下：

安装子机框和公共单元盘的工程量以所安装数量计量，计量单位是套。

安装数字传输设备接口盘的工程量以所安装接口盘的端口数计量，计量单位是端口。

在统计接口盘安装工程量时要注意区分不同的接口类型分别统计工程量，具体分类统计时可参照表 3-28。

表 3-28　数字传输设备接口盘安装工程量分类统计表

接口 类型	100Gbit/s 及以上	40Gbit/s	10Gbit/s	2.5Gbit/s	622Mbit/s	155Mbit/s 电口	155Mbit/s 光口	45/34Mbit/s	2Mbit/s
单位	端口								
工程量									
接口类型	100GE 及以上		40GE 口		10GE 口		GE 口		FE 口
单位	端口								
工程量									

如果需要增（扩）装、更换光模块时，其工程量统计按照光模块的数量计量，计量单位是个。

（2）其他辅助设备安装工程量的统计

具体统计方法如表 3-29 所示。

表 3-29　其他数字传输设备安装工程量分类统计表

相关工作	安装测试单波道光放大器	安装测试光电转换模块	DXC 设备连通测试	安装测试 PCM 设备
单位	个	端口	端口	端
工程量				

2. 安装与测试波分复用设备工程量统计

波分复用设备也可分成标准型波分复用设备和集成式小型设备，安装工程量统计方法分别如下。

（1）集成式小型波分复用设备安装工程量的统计

集成式小型波分复用设备安装工程量以所安装设备数量计量，计量单位是套。

（2）标准型波分复用设备的统计

标准型波分复用设备安装工程量统计时，将子框/公共单元盘的安装和光复用接口盘的安装分开统计工程量，其中：

子框与公共单元盘安装的工程量以所安装的数量计量，计量单位是套；

安装测试光复用接口盘工程量以所安装接口端数量计量，单位是端。

注意：不同波长数的复用设备要分别统计工程量，分类统计的具体方法可参见表 3-30。

表 3-30　安装与测试波分复用设备工程量分类统计表

设备型号	16 波以下	48 波以下	96 波以下	192 波以下
计量单位	端			
工程量				

（3）增装测试分波器、合波器工程量的统计

增装测试分波器、合波器的工程量，以所增装的分波器、合波器数量计量，计量单位是套。"套"的含义是：一个分波器和一个合波器合起来称作一"套"。

统计增装测试分波器、合波器的工程量时，也要区分不同设备所能支持的波长数量分别统计，区分方法可参见表 3-31。

表 3-31　增装测试分波器、合波器工程量分类统计表

设备型号	10 波以下	20 波以下	48 波以下	96 波以下
计量单位	端			
工程量				

（4）安装测试光分插复用器工程量统计

安装测试光分插复用器的工程量根据所安装的光分插复用器的系统数量和上下的波长数量综合计量，计量单位是系统＋波。具体统计方法如下。

单方向 2 波长以下的部分安装测试工程量统计为 1 "系统"；

多于 2 波的部分按照在 2 波基础上增加的波长数量统计工程量，计量单位是波，但要区分 16 波以下和 16 波以上分别统计工程量。

举例如下。

假设某通信工程需要安装测试一套 12 波的光分插复用器，则安装测试的工程量统计如下：

2 波以下部分工程量统计为 1（系统）；

2 波以上部分工程量统计为 12－2＝10（波），且是 16 波以下。

因此，安装测试一套 12 波的光分插复用器工程量统计为：

$$1（系统）+10（波）（16 波以下）$$

（5）安装测试 OTN 电交叉设备工程量统计

安装测试 OTN 电交叉设备的工程量以所安装的 OTN 电交叉设备子架数计量，计量单位是子架。

但是统计安装测试 OTN 电交叉设备的工程量时，要注意区分不同 OTN 电交叉设备的交叉容量分别统计，具体区分方法如表 3-32 所示。

表 3-32 安装测试 OTN 电交叉设备工程量分类统计表

设备交叉容量	1.28T 以下	10T 以下	10T 以上
计量单位	子架		
工程量			

（6）安装测试 OTN 光交叉设备工程量统计

安装测试 OTN 光交叉设备的工程量以所安装的 OTN 光交叉设备所支持的光信号调度维度来计量，计量单位是维度。

具体统计工程量时，要注意将 2 维度以下部分和 2 维度以上部分分开统计，2 维度以下部分统计为 2 维度，2 维度以上部分按照增加的"维度"数统计工程量举例说明如下。

假设某工程需要安装测试 8 维度 OTN 光交叉设备一台，则安装测试工程量统计如下：

2 维度以下部分工程量统计为 2（维度）；

2 维度以上部分工程量统计为增加 8－2＝6（维度）。

所以，整个 OTN 光交叉设备安装测试的工程量统计为：2 维度以下部分（2 维度）＋2 维度以上增加部分（6 维度）。

（7）安装测试光波长转换器工程量的统计

波长转换器是光波分复用系统中的常用设备，常用的光波长转换器有支、线路合一型的，也有支、线路分离型的，安装测试工程量分别统计如下：

支、线路合一型光波长转换器安装与测试的工程量按照所安装测试的波长转换器的数量计量，计量单位是个。

支、线路分离型的波长转换器安装测试工程量以波长转换器支持的端口数量计量，计量单位是端口。信号一收一发的接口看作一个端口，也即同一路信号的数据接收接口和数据发送接口合并看作一个"端口"。

注意：对于支、线路合一的波长转换器安装测试工程量统计的单位"个"指一个接收/发送/单向再生型 OTU，对于收发合一/双向再生型则要视为两个 OTU。

对于支、线路分离的波长转换器安装与测试工程量的统计，则要区分支路端口和线路端口分别统计工程量，区分方法可参照表 3-33。

表 3-33　支、线路分离型波长转换器安装测试工程量分类统计表

端口类型	线路侧	支路侧	支路侧以太网口
计量单位	端口		
工程量			

（8）安装测试光线路放大器工程量的统计

安装测试光线路放大器的工程量以所安装测试光线路放大器的系统数量计量，计量单位是系统。

注意：需要将 40 波以下系统和 40 波以上系统的工程量分开统计。

3. 安装测试再生中继器工程量的统计

安装测试再生中继器的工程量以所安装测试中继器的数量计量，并采用基础＋增量的方式统计工程量，具体统计方法如下：

基础部分是指在一个机架上安装一个系统的双向再生中继器，工程量统计为 1（架），基础部分工程量的统计单位是架；

增量部分是指在一系统双向再生中继器基础上增加的安装施工内容，工程量统计方法是以所增加的双向系统数量计量，计量单位是系统。

例如：某通信工程需要在同一机架上安装测试 4 台双方向的再生中继器，则工程量统计为 1 架（基础部分）＋3 系统（增量部分）。

4. 安装、配合调测网管系统工程量的统计

网络管理系统的安装和配合调测也是通信工程主要的施工内容之一。网管系统安装的具体工作包括：SNM、EM、X 终端、本地终端设备的安装，网管线、数据线、电源线的布放，不包括与外部通道相连的通信电缆。工程量统计分成两种不同情况分别统计。

（1）新建工程网管系统的安装和配合调测

新建工程需要安装和调测新的网管系统，其工程量按照网管系统安装的数量统计，计量单位是套。

（2）扩建工程网管系统的安装和配合调测

对于扩建工程，需要将所增加设备的网络管理功能并入已有的原网络管理系统，此时增加部分网络管理系统的工程量以增加网管系统的站点数量计量，计量单位是站。

5. 系统通道调测工程量的统计

系统通道调测分成普通传输设备的通道调测和波分复用设备的系统通道调测，以普通传输设备系统通道调测工程量的统计为例，工程量统计如下。

普通传输设备指传统的 SDH 和 MSTP 设备。在传输设备安装初步完成后，需要进行系统通道的调测，具体工作包括：系统误码特性、系统抖动、系统光功率测试；告警、检测、转换功能、公务操作检查、音频接口测试等。其工程量的统计主要包括以下几个方面。

① 线路段光端对测工程量的统计。线路段光端对测只包含本站线路接口的测量。其测试工程量以所测试的线路数量综合计量，计量单位是方向•系统。

② 系统通道调测工程量的统计。系统通道调测的工程量以所调测的端口数量计量，计量单位是端口。

注意：区分不同端口类型分别统计工程量，具体区分方法可参见表 3-34。

表 3-34 普通传输设备系统通道调测工程量分类统计表

端口类型	以太网接口		TDM 接口	
	光接口	电接口	光接口	电接口
单位	端口			
工程量				

③ 保护倒换测试工程量的统计。对于构成自愈环的传输网络，系统安装完成后还需要进行系统保护倒换测试。传输网络保护倒换测试的工程量以所测试环网的数量计量，计量单位是环·系统。

6. 同步网设备安装调测工程量的统计

同步网是现在信息通信业务网的三大支撑网之一。同步网设备安装的具体工作包括：同步网设备的开箱检验、清洁搬运、定位安装、插装机盘、本机检查及同步网设备调测，以及 GPS 天线、馈线系统的安装与调测。工程量统计方法如下。

① 同步网设备安装工程量的统计。同步网设备安装的工程量以所安装的同步网设备数量计量，计量单位是架。

② 同步网设备调测工程量的统计。同步网设备调测的工程量以所调测的同步网设备数量计量，计量单位是套。

③ GPS 全球定位系统安装与调测工程量的统计。GPS 全球定位系统安装与调测的工程量以所调测的定位系统设备数量计量，计量单位是套。

④ GPS 馈线布放工程量的统计。GPS 馈线布放的工程量以所布放的馈线长度计量，并采用基数＋增量的方式进行计量，基数和增量的单位都是以十米为单位。

假定某有线通信系统布放一条长度为 25m 的 GPS 馈线，则其 GPS 馈线布放的工程量统计为：

$$1 \text{ 个基数（长度 10m）} + \text{增加量 } 1.5[(25-10)/10=1.5]$$

7. 安装调测无源光网络设备工程量的统计

无源光网络设备是现在广泛建设的光纤接入网的主要构成设备，常见的无源光网络设备主要包括：光线路终端（OLT）设备，光网络单元（ONU）设备/光网络终端（ONT）设备，安装与调测工程量分别统计如下。

（1）光线路终端（OLT）设备安装与测试工程量的统计

光线路终端（OLT）设备安装与测试的具体工作包括：安装测试基本子架及公共单元盘，开箱检验、安装固定机框、插装公共单元盘、设备标记、检验公共单元盘的功能；安装接口盘，插装设备板卡、设备标记、清洁整理等；OLT 设备本机测试，加电、本机性能测试、整理数据、填写测试表格等。各相关工程量的具体统计方法如下。

① 基本子架及公共单元盘安装与测试工程量的统计。基本子架及公共单元盘安装与测试的工程量以所安装与测试的基本子架和公共单元盘数量计量，计量单位是套。

注意：应将架式和盒式 OLT 设备的工程量分开统计。

② 接口盘安装工程量的统计。接口盘安装的工程量以所安装的接口盘数量计量，计量单位是块。

③ OLT 设备本机测试工程量的统计。OLT 设备本机测试工程量以所测试的 OLT 设备端口数量计量，计量单位是端口。

注意：统计 OLT 设备本机测试工程量时，应将 OLT 设备上联 SNI 接口测试和下联光接口测试的工程量分开统计。

（2）光网络单元（ONU）设备/光网络终端（ONT）设备安装与调测工程量的统计

光网络单元（ONU）设备/光网络终端（ONT）设备安装与调测的具体工作包括：安装插卡式光网络单元（ONU），开箱检验、清洁搬运、安装固定子机框、插装设备板卡、设备标记、清洁整理等；安装集成式光网络单元（ONU），开箱检验、清洁搬运、安装固定设备本机、设备标记、清洁整理等；安装光网络终端（ONT），开箱检验、清洁搬运、安装固定设备、连接电源线及各类接口缆线、清洁整理等；ONU/ONT 设备上联光接口本机测试，测试平均发射光功率和接收灵敏度；整理数据、填写测试表格等。具体工程量统计方法如下。

① 安装光网络单元（ONU）工程量统计。常用的光网络单元（ONU）可分成两大类，一类是插卡式 ONU，另一类是集成式 ONU。

安装光网络单元（ONU）的工程量以所安装的 ONU 数量计量，插卡式 ONU 安装的计量单位是子架；

集成式 ONU 安装的计量单位是台。

安装光网络终端工程量以所安装的光网络终端设备的数量计量，计量单位是台。

扩装 ONU 板卡时的工程量以所扩装的板卡数量计量，计量单位是块。

② ONU/ONT 设备上联光接口测试的工程量统计。ONU/ONT 设备上联光接口本机测试的工程量以所测试的端口数量计量，计量单位是端口。

8. 安装调测网管系统、接入网功能验证及性能测试工程量统计

安装、配合调测网络管理系统的工程量以所调测的网管系统数量计量，计量单位是套。

注意：统计网管系统安装和调测工程量时，应将新建系统网管安装调测的工程量和扩容系统网管安装调测的工程量分开统计。

OLT 上联通道测试的工程量以所测试的系统数量计量，计量单位是系统。

内容四 常见数据通信设备安装与调测工程量的计算和统计

1. 安装、调测无线局域网接入点（AP）设备工程量的统计

安装、调测无线局域网接入点（AP）设备的工程量以所安装的接入点设备数量计量，计量单位是台。

2. 路由器安装工程量的统计

路由器分为低端路由器、中端路由器和高端路由器，安装工程量要分别统计。

（1）低端路由器安装工程量的统计

低端路由器的安装工程量分成表 3-35 所示几种情况分别统计。

表 3-35　低端路由器安装工程量分类统计一览表

安装施工内容	安装路由器（整机型）	安装路由器机箱及电源模块	安装路由器接口母板
计量单位	台	台	块
工程量大小			

（2）中端路由器安装工程量的统计

中端路由器的安装工程量分成表 3-36 所示几种情况分别统计。

表 3-36　中端路由器安装工程量分类统计一览表

安装施工内容	安装路由器机箱及电源模块	安装路由器接口母板	扩装路由器板卡
计量单位	台	台	块
工程量大小			

（3）高端路由器安装工程量的统计

高端路由器的安装工程量分成表 3-37 所示几种情况分别统计。

表 3-37　高端路由器安装工程量分类统计一览表

安装施工内容	安装路由器机箱及电源模块	安装路由器接口母板
计量单位	台	块
工程量大小		

3. 路由器调测工程量的统计

路由器调测工程量以所调测的路由器数量计量，计量单位是套。

具体统计路由器调测工程量时，分成以下几种情况分别统计工程量。

表 3-38　路由器调测工程量分类统计一览表

调测内容	综合调测低端路由器	综合调测中端路由器	综合调测高端路由器	配合调测路由器
计量单位	套	套	套	套
工程量大小				

4. 安装、调测局域网交换机工程量的统计

数据通信交换机的安装和调测是数据通信网络建设的重要工作内容，具体工作内容包括：技术准备，开箱检查，定位安装机柜、机箱，装配接口板，通电检查，清理现场等设备安装工作，以及硬件系统调试、综合调测等相关调测工作。

局域网交换机安装和调测的工程量，以所安装和调测的设备数量计量，但要区分低、中、高端交换机分别统计工程量，参照表 3-39 和表 3-40。

表 3-39　交换机安装工程量分类统计一览表

安装设备类别	低端局域网交换机	高、中端局域网交换机		扩装交换机板卡
		安装机箱及板卡电源模块	安装接口板	
计量单位	台	台	块	块
工程量大小				

表 3-40 交换机调测工程量分类统计一览表

调测设备类别	低端局域网交换机	高、中端局域网交换机	安装调测集线器
计量单位	台		
工程量大小			

5. 服务器安装与调测工程量统计

服务器的安装和调测是数据通信网建设的又一项重要工作，具体施工内容包括：服务器设备的开箱检验，清洁搬运，定位安装机柜、机箱，装配接口板，加电检查等相关安装工作，以及服务器系统的硬件调试和综合调测。

服务器安装、调测工程量以所安装和调测的服务器数量计量，计量单位是台。

注意：
① 服务器安装和调测的工程量需要分开统计；
② 应区分高、中、低端服务器分别统计其安装和调测的工程量。

内容五 常见视频监控设备安装与调测工程量的计算和统计

视频监控系统的建设是现在安防系统建设的重要内容。视频监控设备安装与调测的具体施工内容包括：安装支撑物、布放线缆，安装调测摄像设备、安装调测光端设备、安装调测视频控制设备、安装调测编解码设备、安装报警与显示设备、安装其他辅助设备等。在此选择几项较为重要的施工内容，就其工程量计算和统计方法计算说明如下。

1. 摄像设备安装调测工程量的统计

摄像设备是视频监控系统的重要组成部分，摄像设备安装测试的具体工作包括开箱检验、安装固定、接线、加电、调测记录、整理等。常用的摄像设备主要包括摄像机、摄像机电源以及摄像机辅助照明灯等。

摄像设备安装的工程量以所安装的设备数量计量，计量单位分别为：

摄像机安装工程量的计量单位是台；

摄像机电源设备安装工程量的计量单位是处；

摄像机辅助照明灯安装工程量的计量单位是台。

注意：统计摄像机安装工程量时，要将室内和室外安装的摄像机分开统计。

摄像机调测的工程量以所调测的摄像机数量计量，计量单位是台。

2. 安装调测光端设备工程量的统计

光端设备是视频监控系统中前端设备与后台设备连接的中介，负责实现前端设备和后台设备之间的信息传输。光端设备安装与调试的具体工作包括开箱检验、设备组装、检查基础、安装设备、调测设备、试运行等。光端设备包括光信号的发射设备和接收设备，工程量分别统计。

光端设备安装与调测工程量的统计方法如表 3-41 所示。

表 3-41　光端设备安装与调测工程量分类统计一览表

设备类别	光系统前端发射设备			光系统前端接收设备	
	室内	室外（地面）	室外（架空）	室内	室外
计量单位	套				
工程量大小					

3. 安装调测视频控制设备

视频控制设备负责控制视频监控系统中前端和云台转动，以及后台显示的视频切换。常见的视频控制设备主要包括：云台控制器、视频切换器、全电脑视频切换设备等。视频控制设备安装与调测的具体工作包括：开箱检验、设备组装、检查基础、安装固定、接线调整、设备调测、试运行等。

安装调测视频控制设备的工程量以所安装的设备数量计量，工程量统计方法如表3-42 所示。

表 3-42　视频控制设备安装与调测工程量分类统计一览表

设备类别	云台控制器	视频切换器	全电脑视频切换设备				
			≤8	≤16	≤64	≤128	≤256
计量单位	套		路				
工程量大小							

本项目只是就有线通信工程建设过程中部分主要施工内容的工程量统计方法进行了说明，未尽之处请参阅《信息通信建设工程预算定额——第二册有线通信设备安装工程》。

任务四　掌握常见无线通信设备安装与调测工程量的计算和统计

无线通信设备是实现移动通信和长距离跨洋通信的基础，无线移动通信网络设备的安装与调测无疑将成为信息通信工程建设的重要内容之一，无线通信设备安装和调测工程量的计算和统计，是相关概预算人员和施工人员必须掌握的一项基本专业技能。常见的无线通信手段和形式包括：公用移动通信、微波通信、卫星通信等。重点将移动通信网络设备安装与调测工程量统计方法介绍如下。

内容一　移动通信网络施工的主要内容

移动通信网络的建设主要包括核心网建设、无线接入网建设以及传输网络建设，其中无线设备部分主要是无线接入网（也即人们常说的基站）部分的安装施工。基站部分的具体施工内容：安装与调测天/馈线设备、安装与调测天馈线辅助设备、安装与调测主基站设备、安装与调测基站控制与管理设备等。所以，移动通信无线设备安装工程量的统计主要包括上述几个方面的工程量统计。

内容二　移动通信设备安装与调测工程量的统计

1. 天馈线安装与调测工程量的统计

移动通信天线安装的工程量以所安装的天线数量计量，计量单位是副。

注意：

◆ 移动通信的天线有多种形式：比如有全向天线和定向天线，还有小型化天线、室内天线等，统计工程量时应区分不同的天线形式分别统计工程量。

◆ 移动通信天线有多种不同的安装方式，比如有：地面铁塔上安装、楼顶铁塔上安装、抱杆上安装、墙面安装等，不同安装形式的安装难度和所需材料不同，因此工程量也要分开统计。

◆ 在铁塔上安装天线时，铁塔的高度不同，安装难度不同，统计工程量时根据铁塔的不同高度采用基础＋增量的方式统计安装工程量。

天线安装具体工程量的统计方法如下。

（1）地面铁塔上天线安装工程量的统计

地面铁塔上安装天线的工程量按照所安装的天线数量计量，计量单位是副。区分全向天线和定向天线分别统计工程量，工程量统计时，根据铁塔的不同高度按照基础＋增量的计算方式进行计算和统计。具体方法如表3-43和表3-44所示。

表3-43　地面铁塔上移动通信全向天线安装工程量的分类统计

天线形式	全向天线			
铁塔高度	40m以下	40m以上80m以下每增加10m	80m以上至90m以下	90m以上每增加10m
计量单位	副			
工程量				

举例如下。

示例1：假设某基站建设工程需要在75m高度的地面铁塔上安装全向天线1副，则天线安装工程量统计如下：

首先，40m以下部分安装的工程量统计为1副；

其次，40m以上80m以下部分工程量统计为[(75－40)/10]×1＝3.5副。

所以整个基站工程天线安装的工程量为：

地面铁塔安装全向天线：（铁塔高度40m以下部分）1副＋（铁塔高度40m以上80m以下）3.5副。

示例2：假设某基站建设工程需要在95m高度的地面铁塔上安装全向天线1副，则天线安装工程量统计如下：

首先，40m以下部分安装的工程量统计为1副；

其次，40m以上80m以下部分工程量统计为[(80－40)/10]×1＝4副；

然后，80m以上至90m以下部分工程量统计为1副；

最后,90m 以上部分工程量统计为:[(95-90)/10]×1=0.5 副。

所以整个基站工程天线安装的工程量为:

地面铁塔安装全向天线:(铁塔高度 40m 以下部分)1 副+(铁塔高度 40m 以上 80m 以下)4 副+(铁塔高度 80m 以上至 90m 以下)1 副+铁塔高度 90m 以上 0.5 副。

表 3-44 地面铁塔上移动通信定向天线安装工程量的分类统计

天线形式	定向天线			
铁塔高度	40m 以下	40m 以上 80m 以下每增加 10m	80m 以上至 90m 以下	90m 以上每增加 10m
计量单位	副			
工程量				

举例如下:

假设某基站建设工程需要在 75m 高度的地面铁塔上安装定向天线 3 副,则天线安装工程量统计如下:

首先,40m 以下部分安装的工程量统计为 3 副;

其次,40m 以上 80m 以下部分工程量统计为[(75-40)/10]×3=10.5 副。

所以整个基站工程天线安装的工程量为:

地面铁塔安装全向天线:(铁塔高度 40m 以下部分)1 副+(铁塔高度 40m 以上 80m 以下)10.5 副。

(2) 楼顶铁塔上天线安装工程量的统计

楼顶铁塔上安装天线的工程量按照所安装的天线数量计量,计量单位是副。区分全向天线和定向天线分别统计工程量,工程量统计时,根据铁塔的不同高度按照基础+增量的计算方式进行计算和统计。具体方法如表 3-45 所示。

表 3-45 楼顶铁塔上移动通信定向天线安装工程量的分类统计

天线形式	全向天线		定向天线	
铁塔高度	20m 以下	20m 以上每增加 10m	20m 以下	20m 以上每增加 10m
计量单位	副			
工程量				

(3) 小型定向天线安装工程量的统计

在移动通信工程中,半周长小于 1000mm 的定向天线称为小型定向天线。小型定向天线安装的工程量,以所安装的天线数量计量,计量单位是副。

统计小型定向天线安装工程量时,需要根据天线安装位置的不同分类统计工程量,具体分类统计方法如表 3-46 所示。

表 3-46 小型定向天线安装工程量的分类统计一览表

安装位置	铁塔上(高度)		拉线塔(桅杆)上	抱杆上	楼外墙壁上
	20m 以下	20m 以上每增加 10m			
计量单位	副				
工程量					

(4) 室内天线安装工程量的统计

移动通信网络进行建筑物室内覆盖时，需要在建筑物室内安装通信天线。建筑物室内天线安装工程量以所安装室内天线数量计量，单位是副。

注意：建筑物室内天线安装工程量的统计不再区分全向天线和定向天线，但要区分室内天线的安装位置分别统计，具体区分方法如表 3-47 所示。

表 3-47 室内天线安装工程量的分类统计一览表

安装位置	位置(高度)6m 以下	位置(高度)6m 以上	电梯井内
计量单位	副		
工程量			

(5) 其他形式天线安装工程量的统计

根据实际工作场景的不同，移动通信天线还可以安装在拉线塔、抱杆、墙壁等处，工程量统计如表 3-48 所示。

表 3-48 其他形式移动通信天线安装工程量的分类统计

天线形式	全向天线		定向天线		
安装形式	拉线塔上	抱杆上	拉线塔上	抱杆上	墙壁上
计量单位	副		副		
工程量					

(6) 移动通信 GPS 天线安装工程量的统计

为了实现移动通信网络不同位置基站之间的同步，基站建设过程中常需要在基站机房安装 GPS 天线。

GPS 天线安装的工程量，以所安装的 GPS 天线数量计量，计量单位是副。

2. 移动通信馈线敷设工程量的统计

移动通信的基站天线和基站设备之间需要敷设馈线进行射频信号的双向传输。常用的馈线是射频同轴电缆，馈线敷设的工程量以所敷设的馈线条数和长度综合计量，要注意区分不同电缆的规格分别统计具体统计方法，如表 3-49 所示。

表 3-49 馈线敷设工程量的分类统计一览表

馈线规格	1/2in❶ 以下		7/8in 以下		7/8in 以上	
统计内容	4m 以下	每增加 1m	10m 以下	每增加 1m	10m 以下	每增加 1m
计量单位	条	米条	条	米条	条	米条
工程量						

举例如下：

假设某基站需要敷设 7/8in 射频同轴电缆馈线 3 条，每条 35m，每条 7/8 英寸馈线下端通过一条长 2m 的 1/2 英寸软馈线和基站设备相连接。则该基站馈线敷设的工程量统计如下：

---

❶ 英寸，1in＝0.0254m。

◆ 敷设 7/8 英寸馈线工程量统计为：

敷设 7/8 英寸以下馈线 10m 以下部分：3 条

敷设 7/8 英寸以下馈线 10m 以上部分：[(35－10)/1]×3＝75 米条

◆ 敷设 1/2 英寸馈线工程量统计为：

敷设 1/2 英寸以下馈线 4m 以下：3 条

整个基站工程馈线敷设的工程量统计可整理如表 3-50 所示。

表 3-50　示例工程馈线敷设工程量汇总表

序号	工作项目	单位	数量
1	敷设 7/8in 以下馈线 10m 以下部分	条	3
2	敷设 7/8in 以下馈线 10m 以上部分	米条	75
3	敷设 1/2in 以下馈线 4m 以下部分	条	3

3. 天馈线附属设施安装与调测工程量的统计

为了保证天馈线的正常工作，需要一些附属设施配合天、馈线的工作，常见的天、馈线附属设施主要包括：塔顶信号放大器、电调天线控制器、室外滤波器、合波器和分路器、匹配器、放大器或中继器等。这些附属设施安装的工程量以所安装的附属设施的数量计量，计量单位分别如表 3-51 所示。

表 3-51　馈线敷设工程量的分类统计一览表

设施名称	塔顶信号放大器	电调天线控制器	合波器和分路器	室外滤波器	放大器或中继器	匹配器
计量单位	套	套	个	台	个	个
工程量						

4. 天、馈线调测工程量的统计

天、馈线安装完成后需要进行调测，以验证能否正常工作。天馈线调测的工程量以所调测的天馈线数量计量。统计工程量时要区分不同的天馈线规格分别统计工程量。具体工程量统计方法可参见表 3-52。

表 3-52　天、馈线调测工程量的分类统计一览表

调测内容	宏基站天馈线系统调测		室内分布式 天馈线系统调测	泄漏式电缆调测	配合调测 天馈线系统
	1/2in 馈线	7/8in 馈线			
计量单位	条	条	条	百米条	扇区
工程量					

5. 基站设备安装与调测工程量的统计

基站设备可以有多种形式，包括基站主设备、小型基站设备、直放站设备等。工程量统计方法分别如下。

（1）基站主设备安装工程量的统计

基站主设备通常指基站组成部分中安装在基站机房中的主要基站设备，不同制式的基站所包含主设备的具体设备名称各不相同。基站主设备安装的具体工作内容包括：开箱检验、清洁搬运、定位、安装机架、安装机盘，加电检查、清理现场等。

基站主设备安装的工程量以所安装的基站主设备数量计量,需要注意的是,统计基站主设备安装的工程量时,将一个基站的所有主设备看作一个整体统计工程量,不再区分单个机架或机盘,并要注意区分不同的主设备安装形式,分别统计工程量,具体区分方法如表 3-53 所示。

表 3-53 基站主设备安装工程量分类统计一览表

安装形式	室外落地式	室内落地式	壁挂式	机柜(箱)嵌入式
计量单位	部	架		台
工程量				

(2) 小型基站设备安装工程量的统计

小型基站设备是指包含 BBU、RRU(天线)的一体化小型基站设备。小型基站设备安装的工程量以所安装的小型基站设备的台套数计量,计量单位是套。

注意:在统计小型基站设备安装的工程量时,应区分不同的安装位置分别统计工程量,具体区分统计方法如表 3-54 所示。

表 3-54 小型基站设备安装工程量分类统计一览表

安装形式	挂杆		室内壁挂式	室外壁挂式
	杆高 20m 以下	杆高 20m 以上		
计量单位	套			
工程量				

(3) 射频拉远设备安装工程量的统计

射频拉远设备通常指安装于基站塔顶的射频单元(即通常所说的 RRU)。射频拉远设备安装工程量以所安装的拉远设备台套数计量,计量单位是套。

注意:应区分不同的安装位置分别统计工程量,具体区分统计方法如表 3-55 所示。

表 3-55 射频拉远设备安装工程量分类统计一览表

安装形式	楼顶铁塔上(高度)		地面铁塔上(高度)			
	20m 以下	20m 以上每增加 10m	40m 以下	40m 以上 80m 以下每增加 10m	80m 以上至 90m 以下	90m 以上每增加 10m
计量单位	套					
工程量						
安装形式	拉线塔(桅杆)上		抱杆上		室外墙壁上	室内壁挂安装
计量单位	套					
工程量						

(4) 多系统合路器安装工程量的统计

如果基站建设过程中多个不同信号频率的系统合用一套信号传输设备,则需要安装多系统合路器。

多系统合路器安装工程量以所安装合路器台套数计量,计量单位是台。

多系统合路器安装的工程量要区分不同的安装方式分别统计,区分方法如表 3-56 所示。

表 3-56 多系统合路器安装工程量分类统计一览表

安装形式	落地式	壁挂式	机柜(箱)嵌入式
计量单位	台		
工程量			

(5) 直放站安装与调测工程量的统计

直放站安装与调测的工程量一起统计,包括直放站近端和远端设备安装与调测。

直放站安装与调测的工程量以所安装和调测的直放站数量计量,计量单位是站。

(6) 扩装设备板件工程量的统计

基站扩容过程中,常需要对基站设备扩装电路插板,包括扩装多频带基带板和其他功能电路板。

扩装设备板件的工程量以所扩装的电路板数量计量,计量单位是块。

(7) 基站系统调测工程量的统计

基站设备全部安装完毕好后,需要进行整个基站系统的调测,以验证基站工作性能。基站调测的具体工作包括:硬件检验、频率调整、告警测试、功率调整、时钟矫正、传输测试、数据下载、呼叫测试、文件整理等。

基站系统调测的工程量以所调测的基站系统计量,并按照不同制式的基站分别统计工程量,具体分类统计方法如表 3-57 所示。

表 3-57 基站系统调测工程量分类统计一览表

调测内容	2G 基站系统调测			3G 基站系统调测	
	3 个载频以下	6 个载频以下	6 个载频以上每增加一个载频	6 个载·扇以下	6 个载·扇以上每增加一个载·扇
计量单位	站	站	载频	站	载·扇
工程量					

调测内容	LTE/4G 基站系统调测	
	6 个载·扇以下	6 个载·扇以上每增加一个载·扇
计量单位	站	载·扇
工程量		

(8) 配合基站调测工程量的统计

当基站设备供货厂家负责基站调测时,基站建设施工方负责配合设备厂家完成测试区域的协调、硬件调整等,此时对于施工方可以计取配合基站系统调测的工程量并计算相应人工费用。

全向基站配合调测工程量以所配合调测基站数量计量,计量单位是站。

定向基站配合调测的工程量以所配合调测的扇区数量计量,计量单位是扇区。

6. 基站控制与管理设备安装与调测工程量的统计

基站的稳定工作和日常维护还需要一定的基站控制和管理设备,常见的设备包括:操作维护中心(OMCR)设备、基站控制器和编码器、分组控制单元等。

基站控制与管理设备安装与调测工程量的统计可参见表 3-58 进行统计。

表 3-58　基站控制与管理设备安装与调测工程量的统计一览表

施工项目	新装操作维护中心设备		扩容操作维护中心设备		基站控制器编码器		分组控制单元	
	安装	调测	扩装功能模块	调测	安装	调测	安装	调测
计量单位	架	套	单元	套	架	中继	单元	单元
工程量								

注意：对于"分组控制单元"，只有当其为独立设置时，才能单独统计"分组控制单元"安装和调测的工程量，如果"分组控制单元"是基站控制器的嵌入式模块，则不能单独统计"分组控制单元"的安装和调测工程量。

7. 联网调测工程量的统计

基站自身系统调测完毕后，常常还需要对基站进行联网调测。基站联网调测的工程量可参照表 3-59 进行统计。

表 3-59　基站联网调测工程量分类统计一览表

基站制式	2G 基站联网调测		3G 基站联网调测	LTE/4G 基站联网调测
	全向天线站	定向天线站		
计量单位	站	扇区	扇区	扇区
工程量				

内容三　无线局域网安装与调测工程量的统计

无线局域网是现在广泛使用的无线网络形式。无线局域网的常见设备包括：接入点（AP）设备无线接入控制设备、交换机设备、路由器、集线器设备等。

（1）无线局域网无线接入点设备安装工程量的统计

接入点设备安装与调测工程量按照所安装接入点数量来计量，计量单位是套。

统计接入点安装和调测工程量要注意区分不同的接入点安装形式分别统计工程量，分类统计方法可参见表 3-60。

表 3-60　无线局域网接入点设备安装工程量分类统计一览表

安装形式	室内安装		室外安装		
	吸顶/壁挂	卡扣式	壁挂	铁塔	抱杆
计量单位	套				
工程量					

无线局域网接入点调测工程量以所调测接入点数量计量，计量单位是套。

（2）接入点放大器安装与测试工程量的统计

接入点放大器安装与测试的工程量一起统计，按照所安装和测试的放大器数量计量，计量单位是个。

（3）接入控制器安装与调测工程量的统计

接入控制器安装与测试的工程量分开统计，按照所安装和测试的接入控制器数量计量，计量单位是台。

（4）无线局域网交换机安装与调试工程量的统计

无线局域网交换机安装与测试的工程量分开统计，按照所安装和测试的无线局域网交换机数量计量，计量单位是台。

（5）POE供电模块安装工程量的统计

POE供电模块安装工程量按照所安装POE供电模块数量计量，计量单位是个。

（6）光电转换模块安装与调测工程量的统计

光电转换模块安装与测试的工程量一起统计，按照所安装和测试的光电转换模块数量计量，计量单位是个。

（7）路由器安装与调测工程量的统计

路由器安装与测试的工程量分开统计，按照所安装和测试的路由器数量计量，计量单位是台。

（8）集线器安装工程量的统计

集线器安装的工程量按照所安装的集线器数量计量，计量单位是个。

（9）无线局域网接入系统联调工程量的统计

无线局域网接入的工程量按照所联调的系统数量计量，计量单位是系统。

其他卫星、微波等无线通信设备安装和调试的工程量统计方法可参见相关分册的定额。

任务五 掌握通信管道工程量的计算和统计

内容一 通信管道的基本施工过程和施工工艺

如前所述，工程量的正确计算和统计必须要对施工的基本过程和施工工艺有所了解，所以在开始计算和统计工程量之前，先来了解一下通信管道工程的基本施工过程。

通信管道是现在通信线路铺设过程中经常采用的一种施工形式，尤其是城市内的通信线路铺设，新建通信线路基本都采用了管道铺设的形式。在市内道路改造过程中为了美观等原因，也往往要求对原有的架空通信线路"上改下"，即拆除原有地面上的架空线路，改为地面下的直埋或通信管道形式。因此，通信管道工程是现在常见的一种通信线路工程类型。通信管道工程的一般施工过程可用图3-3表示，主要施工过程说明如下。

① 施工测量。主要是根据设计图纸对管道路由进行复测，以确定施工现场通信管道的具体走向、管道坐标与高程及各人、手孔的具体位置。

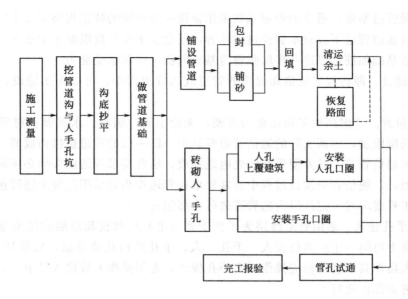

图 3-3 通信管道工程一般施工过程示意图

② 管道沟和人、手孔坑的开挖。为了在地面下铺设通信管道和建筑人、手孔，首先必须开挖管道沟和人、手孔坑，具体包括：开挖土方、沟（坑）底抄平等过程，土方开挖可以采用人工挖掘，也可以采用机械挖掘，在通信管道需跨越道路时还应先开挖路面。在通信管道需要穿越道路和河流时，为了减少管道施工对道路通行和河道通航的影响，也可采用较新的非开挖施工工艺。所谓非开挖施工就是在不开挖地面的情况下将管道铺设在地面下指定位置的地下管道施工工艺，不仅可用于通信管道的地下施工，也广泛用于电力、煤气等地下管线的施工过程中，已经成为一种比较成熟、应用日益广泛的地下管线施工工艺。

现在应用较多的非开挖施工技术主要有水平定向钻技术，是一种常用的非开挖管道施工技术，其基本施工过程分为钻导向孔和扩孔回拖两个主要过程，分别如图 3-4 和图 3-5 所示。

图 3-4 水平定向钻导向孔施工示意图

图 3-5 水平定向钻扩孔回拖施工示意图

具体施工过程为：采用具有定向钻孔功能的水平定向钻机，首先按照事先确定的管道穿越轨迹在地面下钻出一条导向孔，而后采用直径较大的钻头回拖扩孔并同时带动直径小于扩孔钻头直径的管道穿入地下预定位置。

水平定向钻施工技术主要适用于直径不是很大的具有一定柔韧性的塑料管道的非开挖施工。

③ 管道基础铺设。为了防止地基沉降对通信管道的影响，有些通信管道铺设前要求在

管道沟底先做管道基础，通常的管道基础采用铺设一定厚度的特定规格混凝土完成，对于土质特别松软或通信管道下方有水管经过的地方，还会要求在基础混凝土中加入一定规格的钢筋，称为管道基础加筋，以进一步增强管道基础的稳定性和承受能力。

④ 管道铺设。即将规定规格和材质的管道放入管道沟中，可以人工铺设，也可以采用机械铺设。

⑤ 接头包封。考虑到加工和运输的方便，无论金属、塑料、水泥哪种材质的通信管道都有一定的长度限制，因而实际的通信管道都是由一段一段的管道拼接而成的，为了防止雨水、污水进入通信管道，并方便后继的光电缆穿放，通常要求管道接头处必须满足一定的气密性要求。因此，通信管道铺设过程中通常要求在管道接头处采用混凝土进行包封处理。也有通信管道工程要求对一定区段内的管道进行全部包封。

⑥ 人、手孔建筑。通信管道线路为了便于光（电）缆敷设和后继的线路维护，要求在通信管道线路上每隔一定距离设置人、手孔。人、手孔结构功能类似，只是其中人孔较大，以方便操作人员在其中进行相应操作，而手孔较小，无须操作人员进入其中，只要操作人员的手臂能伸进去操作就行了。

如图 3-6 所示，通信管道人孔主要由人孔基础、人孔外壁、人孔上覆、人孔口腔、人孔口圈及口腔盖几部分组成，建好的人孔内一般还有积水罐、拉力环、光电缆托架等辅助部分，以便于人孔内光电缆的敷设。其中人孔基础一般由钢筋混凝土浇注而成；人孔腔外壁则由普通的机制红砖砌成；人孔上覆就是一块钢筋混凝土板，可以在现场浇注而成，称为现场浇注上覆，也可以首先在其他地方批量浇注好，再运输到施工现场并吊装到红砖砌好的人孔外壁上，称为吊装上覆。人孔口腔外壁也是由红砖砌成，人孔口圈和口腔盖是成套的，可以采用铸铁的，为了防止被盗现在也有采用非金属的。

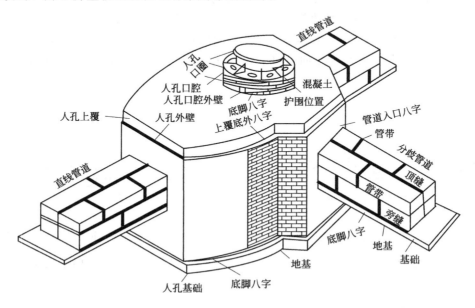

图 3-6 通信管道人孔结构示意图

⑦ 土方回填和清运余土。在通信管道敷设完成和人手孔建筑全部完成后，应回填土方并恢复通信管道经过处的原有地貌，回填后余下的土方应清运到指定的地方。

内容二　通信管道工程量的计算和统计

如上所述，通信管道工程的施工过程主要包括施工测量、开挖路面、开挖管道沟和人手孔坑、做管道基础、铺设管道、做管道接头包封、砌筑人/手孔、管道土方回填和清运余土等基本施工过程，下面具体看一下每一项工作工程量的计算规则和统计方法。

(1) 施工测量工程量的计算和统计

通信管道工程施工测量的工程量以施工测量的距离长度来计量，计量单位是 100m。

施工测量长度的计算规则是：

$$管道工程施工测量长度 = 各人/手孔中心至人/手孔中心长度之和$$
$$= 管道线路的路由长度$$

一般通信管道工程的设计图纸中所标注的各段管道的长度尺寸即人/手孔中心之间的距离，所以具体统计时把图纸中各段管道的长度相加即可。

(2) 路面开挖工程量的计算和统计

当通信管道需要跨越路面或人手孔需要建筑在路面上时，如果采用开挖方式施工，就需要开挖路面。具体开挖时，既可以采用人工开挖方式，也可以采用机械开挖方式。

路面开挖的工程量以路面开挖面积计算，计量单位是 100m²。

管道沟和人手孔坑有两种不同的开挖方式：不放坡开挖和放坡开挖，两种情况要分别计算，具体计算规则如下。

① 不放坡开挖。管道沟不放坡开挖的如图 3-7 所示。

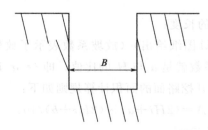

图 3-7　不放坡开挖示意图

路面开挖工程量用下式计算：

$$A = BL/100$$

式中　A——路面开挖面积，100m²；

　　　B——沟底宽度，m，沟底宽度＝管道基础宽度＋施工余度 $2d$，施工余度 d 的取值方法为：管道基础宽度大于 630mm 时，$d=0.3$m，管道基础宽度小于或等于 630mm 时，$d=0.15$m；

　　　L——管道沟经过路面的长度，m。

人手孔坑不放坡开挖如图 3-8 所示。

路面开挖工程量由下式计算：

$$A = ab/100$$

式中　A——路面开挖面积，100m²；

a——人手孔坑底长度，m，a＝人手孔外墙长度＋0.8m＝人手孔基础长度＋0.6m；

b——人手孔坑底宽度，m，b＝人手孔外墙宽度＋0.8m＝人手孔基础宽度＋0.6m。

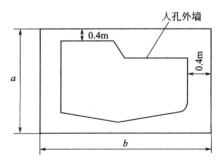
图 3-8　人手孔坑不放坡开挖示意图

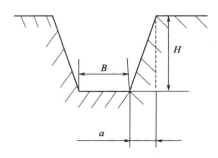
图 3-9　放坡开挖示意图

② 放坡开挖。在需要挖掘较深或土质较为松软的情况下，需采用放坡开挖以防止沟壁或坑壁垮塌。放坡开挖的示意图如图 3-9 所示。

在放坡情况下，管道沟开挖路面面积由下式计算：

$$A=(2Hi+B)L/100$$

式中　A——路面开挖面积工程量，100m²；

　　　H——管道沟的挖深；

　　　B——沟底宽度，沟底宽度＝管道基础宽度＋施工余度 $2d$，施工余度 d 的取值方法为：管道基础宽度＞630mm 时，$d=0.3$m，管道基础宽度≤630mm 时，$d=0.15$m；

　　　L——管道沟所挖路面的长度；

　　　i——放坡系数（由设计图纸给出）（放坡系数表示了放坡开挖时的放坡程度，如图 3-9 所示，放坡系数就是 a 与 H 的比值，即 $i=a/H$）。

在放坡情况下，人手孔坑开挖路面的面积计算规则如下：

$$A=(2Hi+a)\times(2Hi+b)/100$$

式中　A——路面开挖面积，100m²；

　　　a——人手孔坑底长度，m，a＝人手孔外墙长度＋0.8m＝人手孔基础长度＋0.6m；

　　　b——人手孔坑底宽度，m，b＝人手孔外墙宽度＋0.8m＝人手孔基础宽度＋0.6m；

　　　H——人手孔坑的挖掘深度（不含路面厚度），m；

　　　i——放坡开挖的放坡系数。

人手孔开挖路面总面积＝人手孔放坡开挖路面面积之和＋人手孔不放坡开挖路面面积之和

管道沟开挖路面总面积＝管道沟放坡开挖路面面积之和＋管道沟不放坡开挖路面面积之和

路面开挖的总面积＝人手孔开挖路面总面积＋管道沟开挖路面总面积

注意：由于路面开挖的实际工程量不仅和开挖路面的面积有关，还和开挖路面的厚度和路面的不同构筑成分（混凝土路面、柏油路面、砂石路面、水泥花砖路面等）有关，因此，对于路面开挖工程量的计算和统计应按不同厚度、不同构筑成分分别计算和统计。同时人工开挖和机械开挖两种不同的开发方式，也要分开计算和统计。实际计算时可按表 3-61 和表 3-62 分类计算。

表 3-61　人工开挖路面工程量分类计算统计表　　　　单位：100m²

厚度＼成分	100mm 以下部分	超出 100mm 部分的 10mm 倍数
混凝土路面		
柏油路面		
砂石路面		
水泥花砖路面		
条石路面		
混凝土砌块路面		

注：上表中的"×××以下"包含"×××"本身

表 3-62　机械开挖路面工程量分类计算统计表　　　　单位：100m²

厚度＼成分	100mm 以下部分	超出 100mm 部分的 10mm 倍数
混凝土路面		
柏油路面		
砂石路面		

路面开挖工程量的统计举例如下：

假设经过计算，某通信管道工程需开挖 120mm 厚度的柏油路面 0.13（100m²），则该工程路面开挖工程量可统计为：

① 开挖柏油路面（厚度 100mm 以下）为 0.13（100m²）；

② 开挖柏油路面（厚度超出 100mm）为 [(120−100)/10]×0.13(100m²)＝0.26(100m²)。

(3) 开挖土方工程量的计算和统计

在通信管道施工过程中需要开挖管道沟和人手孔坑，这部分开挖的工程量（路面开挖除外）以挖掘出的土方体积计量，计量单位是 100m³。

如前所述，管道沟和人手孔的开挖分成放坡和不放坡两种不同的情况，应分开计算，合并统计。

① 不放坡情况。不放坡情况下管道沟开挖的截面为一长方形，因此开挖的土方体积计算如下：

$$V_1 = BHL/100$$

式中　V_1——管道沟挖出的土方体积，100m³；

　　　B——管道沟沟底宽度，m；

　　　H——开挖管道沟的深度（不含路面厚度），m；

　　　L——开挖管道沟的长度（两相邻人孔坑坑边间距），m。

不放坡情况下人、手孔坑开挖出的土方形状为一长方体，因此挖出的土方体积可计算如下：

$$V_2 = abH/100$$

式中 V_2——人手孔坑挖出的土方体积，100m³；
    a——人手孔坑底长度，m，a=人手孔外墙长度+0.8m=人手孔基础长度+0.6m；
    b——人手孔坑底宽度，m，b=人手孔外墙宽度+0.8m=人手孔基础宽度+0.6m；
    H——人手孔坑的挖掘深度（不含路面厚度），m。

② 放坡情况。放坡情况下管道沟的截面为一梯形，因此挖出土方的体积可计算如下：

$$V_3=\frac{(2Hi+B+B)HL}{2}\bigg/100=(Hi+B)HL/100$$

式中 V_3——管道沟挖出的土方体积，100m³；
    B——管道沟沟底宽度，m；
    L——开挖管道沟的长度（两相邻人孔坑坑边间距），m；
    H——开挖管道沟的深度（不含路面厚度），m；
    i——放坡开挖的放坡系数。

放坡情况下人手孔开挖的土方为一削去尖部的四棱锥体，其体积的计算较为复杂，计算公式如下：

$$V_4=\left[ab+(a+b)Hi+\frac{4}{3}H^2i^2\right]H/100$$

式中 V_4——人手孔坑挖出的土方体积，100m³；
    a——人手孔坑底长度，m，a=人手孔外墙长度+0.8m=人手孔基础长度+0.6m；
    b——人手孔坑底宽度，m，b=人手孔外墙宽度+0.8m=人手孔基础宽度+0.6m；
    H——人手孔坑的挖掘深度（不含路面厚度），m；
    i——放坡开挖的放坡系数。

总的开挖土方体积 $V=V_1+V_2+V_3+V_4$

注意：

◆ 由于不同土质（普通土、砂砾土、硬土、冻土、软石、坚石）、不同开挖方式（坚石人工开挖、坚石爆破开挖）的开挖难度不同，需用的工具和器材也不一样，因此统计通信管道工程开挖土方的工程量时应按不同土质以及不同的开挖方式分别进行统计，并在最后的工程量统计表中以不同的条目分别列出。土质的分类方式可参见国家相关标准。

◆ 土方的开挖方式有人工开挖和机械开挖，应将两种不同方式开挖的土方工程量分别计算和统计。

开挖土方的工程量具体可按表 3-63 和表 3-64 进行统计。

表 3-63 人工开挖土方工程量分类统计一览表

土质	普通土	砂砾土	硬土	冻土	软石	坚石
计量单位	100m³					
工程量						

表 3-64 机械开挖土方工程量分类统计一览表

土质	普通土	砂砾土	硬土	冻土
计量单位	100m³			
工程量				

(4) 管道基础工程量的计算和统计

在通信管道基础的铺设过程中,对于不同的地质条件和不同的管道类型,所需要铺设的管道基础的宽度和厚度也往往各不相同。同时,不同的土质条件和管道形式所要求的基础形式也是不一样的:土质较软且稳定性不好的管道沟要采用铺设一定厚度的混凝土作为管道基础,称为混凝土基础。对于管道沟地基稳定性特别差的情况,则不但要铺设较厚的混凝土,而且要在混凝土中按一定的形式加入钢筋,以进一步加强管道基础的稳定性,称为混凝土基础加筋。显然管道基础施工的实际工程量不仅和铺设管道基础的长度有关,还和所铺设管道基础的宽度、厚度以及管道基础的铺设形式有关,所以实际统计管道基础的工程量时应按不同的宽度、厚度和管道基础形式分别统计各种条件下的管道基础工程量。同时,不同材质的通信管道对基础的要求不同,常用的通信管道从材质方面区分主要有水泥管道、塑料管道、镀锌钢管道等。

管道基础的工程量以所做管道基础的长度来计量,计量单位为100m。

管道基础的计算规则如下:

$$N = \sum_{i=1}^{m} L_i / 100$$

式中 N——管道基础的总数量;

L_i——第 i 段管道基础的长度。

注意:统计混凝土基础的工程量时,不但要按区分不同的宽度和厚度,还应将不同标号的混凝土基础分开统计,常用的混凝土标号有C15、C20、C25等。不同材质通信管道的基础也应分开计算和统计,常用的管道材质有混凝土管道、塑料管和镀锌钢管,现在使用最多的是塑料管道。

例如,对于80mm厚的水泥管道基础可按表3-65统计。

表3-65 混凝土管道基础工程量统计表 单位:100m

基础宽度	350mm	460mm	615mm	725mm	835mm	880mm	1145mm
工程量							

对于80mm厚的塑料管道基础工程量的计算和统计可按照表3-66统计。

表3-66 塑料管道基础工程量统计表 单位:100m

基础宽度	230mm	360mm	490mm	620mm	880mm	1140mm
工程量						

(5) 管道基础加筋工程量的计算和统计

为了进一步加强通信管道的基础,有些情况下还需要在通信管道基础中加入一定量的钢筋,称为管道基础加筋,管道基础加筋又可细分成两种不同的情况,一种是在管道人、手孔窗口处的加筋,另一种是在远离人、手孔处的基础加筋。管道基础加筋工程量的计算和统计方法如表3-67~表3-70所示。

表3-67 混凝土管道基础加筋工程量统计表(人手孔窗口处)

基础宽度	350mm	460mm	615mm	725mm	835mm	880mm	1145mm
计量单位	十处						
工程量							

信息通信工程概预算

表 3-68　混凝土管道基础加筋工程量统计表（远离人手孔窗口处）

基础宽度	350mm	460mm	615mm	725mm	835mm	880mm	1145mm
计量单位	百米						
工程量							

表 3-69　塑料管道基础加筋工程量统计表（人手孔窗口处）

基础宽度	230mm	360mm	490mm	620mm	880mm	1140mm
计量单位	十处					
工程量						

表 3-70　塑料管道基础加筋工程量统计表（远离人手孔窗口处）

基础宽度	230mm	360mm	490mm	620mm	880mm	1140mm
计量单位	百米					
工程量						

（6）人/手孔砌筑的工程量

为了通信管道中光电缆敷设和维护的方便，按照规定在通信管道线路上每隔一定距离必须砌筑相应的人/手孔。通信管道人/手孔砌筑的工程量以所砌筑的人/手孔的个数计量，计量单位是个。

在不同的情况下，通信管道中的人/手孔会有不同的大小和不同的形状，如小号直通人孔、大号直通人孔、小号三通人孔等，还有不同大小的手孔。同时在实际砌筑人孔的过程中，人孔上覆的安装又有现场浇注和吊装两种不同的施工方式，这些都会对实际施工的工程量造成影响。因此在统计人手孔砌筑工程量时，应该注意对不同大小、不同形式以及不同施工方式（现场浇注上覆和吊装上覆）的人/手孔分别统计个数，具体区分方法可参见定额第五册。

（7）通信管道铺设工程量的计算和统计

通信管道铺设的工程量以通信管道铺设的长度计量，也就是说均按图示管道段长即人（手）孔中心—人（手）孔中心计算，不扣除人（手）孔所占长度。计量单位为100m。

注意：常用的通信管道有多种不同的材质，如水泥管道、镀锌钢管、塑料管道等，同一种材质的管道也有多种不同的规格，通信管道铺设过程中不同材质、不同规格以及不同排列形式的管道所消耗的工程量是不同的，也就是说通信管道铺设过程的工程量不仅和管道铺设的距离长度有关，还和所铺设管道的材质、规格以及排列形式有关。因此，在统计管道铺设的工程量时，应对不同材质、不同规格以及不同排列形式的通信管道分别统计铺设的长度距离。

例如：对于水泥管道铺设工程量可按表 3-71 进行统计。

表 3-71　水泥管道铺设工程量统计表

规格	四孔管	一立型	一平型	二立型	二平型	三立型	三平型
计量单位	百米						
工程量							

续表

规 格	四立A型	四平A型	四立B型	四平B型	六立型
计量单位	百米				
工程量					
规 格	六平型	八立型	八平型	九立型	十平型	十二立型
计量单位	百米					
工程量						

塑料管道铺设工程量的统计可按表 3-72 进行。

表 3-72 塑料管道铺设工程量统计表

规格	1孔	2孔(2×1)	3孔(3×1)	4孔(2×2)	6孔(6×1)	6孔(3×2)
计量单位	百米					
工程量						
规格	9孔(3×3)	12孔(4×3)	18孔(6×3)	24孔(6×4)	30孔(6×5)	36孔(6×6)
计量单位	百米					
工程量						
规格	42孔(6×7)	48孔(8×6)	54孔(6×9)	64孔(8×8)	72孔(8×9)	
计量单位	百米					
工程量						

钢管铺设的工程量可按表 3-73 统计。

表 3-73 钢管铺设工程量统计表

规格	2孔(2×1)	3孔(3×1)	4孔(2×2)	6孔(3×2)	9孔(3×3)	12孔(4×3)
计量单位	百米					
工程量						
规格	18孔(6×3)	24孔(6×4)	30孔(6×5)	36孔(6×6)	48孔(8×6)	
计量单位	百米					
工程量						

(8) 通信管道包封工程量的统计和计算

通信管道包封的工程量以包封所用混凝土的体积计量，计量单位为 m^3，通信管道包封如图 3-10 所示。

整个包封可以看作由三部分组成：基础侧包封、管道侧包封和管道顶部包封，可以分别计算这三部分的体积，再加起来就是整个管道包封的体积。

基础侧包封体积 V_1 的计算：

$$V_1 = (d - 0.05)g \times 2L$$

式中 V_1——管道基础侧包封体积，m^3；
d——要求的包封厚度，m；

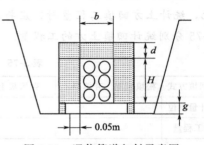

图 3-10 通信管道包封示意图

g——管道基础厚度；

L——要求的包封长度。

管道侧包封体积 V_2 的计算：

$$V_2 = 2dHL$$

式中　V_2——管道基础侧包封体积，m^3；

　　　d——要求的包封厚度；

　　　H——管道侧面高度；

　　　L——要求的包封长度。

管道顶部包封体积 V_3：

$$V_3 = (b+2d)dL$$

式中　V_3——管道基础侧包封体积，m^3；

　　　d——要求的包封厚度；

　　　b——管道顶面宽度；

　　　L——要求的包封长度。

整个包封的体积 $V = V_1 + V_2 + V_3$。

注意：统计混凝土包封的工程量时，应区分不同的混凝土规格分别统计包封的工程量，具体可按照表 3-74 统计。

表 3-74　混凝土包封工程量分类统计一览表

混凝土规格	C15	C20	C25	C30
计量单位	m^3			
工程量				

（9）土方回填工程量的计算和统计

通信管道建筑全部完成后，应将开挖的管道沟重新填平恢复原有地貌，称为土方回填。土方回填的具体工作包括回填土石方、准备回填物、回填（松填或夯实）等。

土方回填的工程量以回填土方的体积计量，计量单位是 $100m^3$。

回填土方的体积＝"挖出管道沟与人孔坑土方量之和"－"管道建筑（基础、管群、包封）体积与人手孔建筑体积之和"

注意：通信管道工程土方回填在人工和材料方面的消耗量，和回填方式、材料有关，因此，统计土方回填工程量时，应将不同的回填方式、材料分开统计。具体统计时可按照表 3-75 分别统计回填土方的工程量。

表 3-75　回填土方工程量分类统计一览表

回填方式	松填原土	夯填原土	夯填灰土(2:8)	夯填灰土(3:7)	夯填级配砂石	夯填碎石	沙子
计量单位	$100m^3$						
工程量							

（10）水平定向钻铺管工程量的计算和统计

水平定向钻管道施工作为一种常用的非开挖施工技术，其具体工作内容包括：设备就位、现场组装、检验管材、打磨内口、（管材接续）、挖（填）工作坑、测位钻孔、回拖扩孔、敷设管材、封堵管口、整理资料等。

水平定向钻施工的工程量按照施工铺管的施工地点数量和铺管距离来综合统计，计量单位是处+距离的10m倍乘数，其中铺管距离小于30m时为1处，而后铺管距离每增加10m距离倍乘数加1。例如，某通信管道工程采用水平定向钻施工铺管80m，则其水平定向钻铺管的工程量为1处+(80-30)/10，即工程量为1处+5倍(10m)。

注意：水平定向钻施工的消耗和钻的孔径大小有关，因此通信管道建设过程中水平定向钻施工的工程量应区分不同的孔径大小分别统计，具体可按表3-76统计。

表3-76　水平定向钻施工工程量统计表

孔径大小	120mm以下	240mm以下	360mm以下	600mm以下	840mm以下	950mm以下
工程量						

(11) 使用挡土板工程量的计算和统计

为了施工的安全，在管道沟和人手孔坑的开挖和施工过程中有可能会使用挡土板来支护管道沟的沟壁和人手孔坑的坑壁，以防止沟壁或坑壁的垮塌。使用挡土板的具体工作内容包括：制作、支撑挡土板、拆除挡土板、修理、集中囤放等。

使用挡土板的工程量，对于管道沟以需要使用挡土板的管道沟的长度来计量，计量单位为100m。

人手孔使用挡土板的工程量以需要使用挡土板的人手坑的个数来计量，计量单位是10个。

(12) 抽水工程量的计算和统计

在通信线路工程施工过程中，当管道沟或人手孔坑中有积水影响到工程的进一步施工时，应当先行抽取积水再进行进一步的施工，抽水的具体工作包括：安装、拆卸抽水器具、抽水等。在进行抽水的工程量统计时，将抽水分为管道沟抽水和人、手孔坑抽水分别统计，其中管道沟的抽水工程量以需要抽水的管道沟的长度计量，计量单位是100m；人、手孔坑抽水的工程量以需要抽水的人手坑的个数计量，计量单位是个。

注意：统计抽水工程量时，应区分不同的水流情况分别统计工程量，按照相关规定，将水流情况区分为以下三种情况。

弱水流：指抽水和人工依次将渗水掏干后，当天不需再掏水，可正常进行施工。

中水流：指抽水和用人工将水掏干后，在施工中仍需断续掏水。

强水流：指必须用抽水机不断地抽水，才能保证施工。

具体统计时，可参照表3-77统计抽水工程量。

表3-77　抽水工程量统计表

抽水位置	管道沟			人孔坑			手孔坑		
水流情况	弱水流	中水流	强水流	弱水流	中水流	强水流	弱水流	中水流	强水流
计量单位	100m			个			个		
工程量									

(13) 手推车倒运土方工程量的计算和统计

为了方便施工场地的进一步施工，有时需要将挖出的土方用手推车转移到施工场地附近其他的地方，这个过程称为手推车倒运土方，具体工作包括：装车、短距离运土、卸土等。

手推车倒运土方的工程量以倒运土方的体积计量，计量单位是100m³。

具体统计时按实际倒运土方的体积统计即可。

(14) 防水工程量的计算和统计

根据相关的通信线路工程设计要求，在通信管道线路工程施工中有时需要进行防水的施工，常用的防水施工方法主要有以下几种。

防水砂浆抹面法，具体工作包括：运料、清扫墙面、拌制砂浆、抹平压光、调制、涂刷素水泥浆、掺氯化铁、养护等。

油毡防水法，具体工作包括：运料、调制、涂刷冷底子油、熬制沥青、涂刷沥青贴油毡、压实养护等。

玻璃布防水法，具体工作包括：运料、调制、涂刷冷底子油、浸铺玻璃布、压实养护等。

聚氨酯防水法，具体工作包括：运料、调制、水泥砂浆找平、涂刷聚氨酯、浸铺玻璃布、压实养护等。

防水施工的工程量以所做防水施工的面积来计量，计量单位是m²。

统计防水工程量时，要区分不同的防水施工具体情况分别统计工程量，区分方法可参见表3-78。

表3-78 防水工程量分类统计一览表

防水方法	砂浆抹面法（五层）		油毡防水		
施工情况	混凝土墙面	砖墙面	二油一毡	三油二毡	每增一油一毡
计量单位	m²		m²		
工程量					
防水方法	聚氨酯防水		玻璃布防水		
施工情况	一布一面	每增一布一面	二油一布	三油二布	每增一油一布
计量单位	m²		m²		
工程量					

(15) 安装引上钢管工程量的计算和统计

在通信管道线路和通信架空线路或墙壁光电缆线路衔接之处，通常需要安装引上钢管，以实现对光、电缆的保护。引上钢管的安装又常分为两种不同的形式：杆路引上钢管和墙壁引上钢管，如图3-11所示。

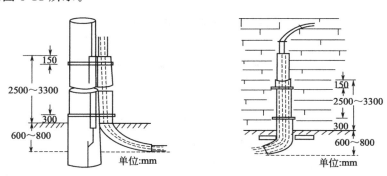

图3-11 引上钢管示意图

引上钢管安装工程量以所安装引上钢管地点数量计量，计量单位是处。

注意：由于引上钢管的粗细不同、安装方式（杆路、墙壁）不同，所消耗的材料、人工也会不同，因此，不同情况应分别统计工程量。具体可按照表 3-79 分别统计。

表 3-79　引上钢管安装工程量统计表

安装方式	杆上		墙上	
钢管直径	$\phi 50$ 以下	$\phi 50$ 以上	$\phi 50$ 以下	$\phi 50$ 以上
单位	处			
工程量				

内容三　工程量统计结果的整理

如前所述，工程量统计的目的是明确某项信息通信工程建设所包含的具体工作内容，以及每项具体工作所应完成的工程量的多少，以便为后继的概预算表格的填写打下基础。为了使工程量计算和统计的结果能够尽可能一目了然，在完成相关工程量的计算和统计之后，还应对所完成的计算和统计结果作进一步的分类整理，并形成整个单项工程的工程量统计表。工程量统计表样式一般如表 3-80 所示。

表 3-80　常用的工程量统计表样式

序号	工作项目名称	单位	数量

表 3-81 所示为某通信管道工程的工程量统计表。

表 3-81　工程量统计表示例

序号	工作项目名称	单位	数量
1	通信管道施工测量	100m	4.8
2	硬土地开挖管道沟和人孔坑(机械开挖)	m³	3.73
3	C20 混凝土做 80mm 厚、350mm 宽塑料管道基础	100m	4.8
4	铺设直径 108mm 的双壁波纹管塑料管道	100m	4.8
5	用 C20 混凝土做管道包封	m³	1.47
6	砖砌小号直通人孔(吊装上覆)	个	4
7	砖砌小号三通人孔(吊装上覆)	个	3
8	砖砌小号四通人孔(吊装上覆)	个	1
9	夯填原土	m³	2.87

可以看出，表 3-81 详细列出了该通信管道工程所应完成的各项工作，以及每项工作工程量的多少，这就为后继的概预算表格的填写打下了较好的基础。

任务六 掌握架空通信线路工程量的计算和统计

内容一 架空通信线路的主要施工内容

在广大农村地区和经济欠发达城区的通信线路常采用架空线路的形式。架空通信线路的施工内容主要包括以下方面。

① 施工测量：架空通信线路施工时首先通过施工测量确定线路的路由走向和线杆、拉线等线路设施的实际位置。

② 打洞立杆：通过在地上打洞将所需线杆立在地上。

③ 线杆加固：对于地形、土质等原因而导致稳定性不能满足使用性要求的线杆，需要采取相应的加固措施进行线杆加固，常用的加固措施包括线杆根部的加固和装设拉线等。

④ 装设吊线：当架空通信线路采用吊挂式光、电缆作为通信介质时，为了保证光电缆的受力均衡和使用性能的要求，不能直接将光电缆固定在线杆上，而是应先在线杆之间架设钢绞线作为吊线，再将光电缆吊挂在吊线下。

⑤ 光电缆敷设：主要是将光电缆吊挂在吊线下，或将自承式光电缆固定在线杆上。

内容二 架空通信线路主要工程量的计算和统计

根据上述架空线路的主要施工内容，其工程量的统计主要包括以下方面。

(1) 施工测量工程量的统计

在架空通信线路施工过程中首先进行的是路由复测，这部分施工测量的工程量以测量的线路距离长度计量，计量单位是 100m。

架空通信线路施工测量长度＝(路由图末长度－路由图始长度)/100(m)
　　　　　　　　　　　＝设计图中各段架空线路长度之和/100(m)

注意：高桩拉线的正拉线长度也应计算在施工测量长度之内。

(2) 立杆工程量的统计

通信架空线路施工的一个主要内容就是在规定位置竖立线杆，立杆的具体工作包括：打洞、清理、立杆、装H杆腰梁、回填夯实、号杆等。架空通信线路立杆的工作量以所立杆的数量计量，计量单位和所立杆的类型有关：如立的是单根杆，立杆工程量的计量单位是"根"；如立的是复合杆（H型杆、品接杆、品接H型杆），则立杆工程量的计量单位是"座"。

注意：在统计架空通信线路工程立杆工程量时，应对不同材质（木电杆、水泥杆）、不同程式（线杆长度、单杆还是复合杆等）的线杆分别统计工程量。同时，由于在立杆过程中需要打洞、回填等过程，显而易见，立杆的实际工作量还和立杆处的土质（综合土、软石、坚石等，具体分类标准可参见相关资料）有关，因此统计立杆工作量时还应对不同土质处的立杆工程量分别统计。实际统计时可首先将工程中的线杆分为木制单杆、水泥制电杆和复合杆，再对每一种线杆按照土质和程式分别统计数量（表 3-82～表 3-84）。

表 3-82　木制单根线杆立杆工程量分类统计表　　　　单位：根

土质 长度	综合土	软石	坚石
8.5m 以下			
10m 以下			

表 3-83　水泥单根线杆立杆工程量分类统计表　　　　单位：根

土质 长度	综合土	软石	坚石
9m 以下			
11m 以下			
13m 以下			

表 3-84　复合线杆立杆工程量分类统计表　　　　单位：座

土质 程式	综合土	软石	坚石
10m 以下 H 杆			
13m 以下水泥 H 杆			
15m 以下品接杆			
15m 以下品接 H 杆			
24m 以下特种品接杆			
24m 以下特种品接 H 杆			

(3) 线杆加固工程量的统计

对于稳定性不能满足要求的架空线路的线杆要按照相应要求采取根部加固措施，常采用的线杆根部加固措施包括水泥墩、卡盘、帮桩、围桩等，具体采用哪种加固措施要视现场土质、线杆高度、线杆负荷、气候环境等具体因素而定。架空通信线路的线杆加固的工程量以加固地点的数量来计量，计量单位视不同的加固方式而不同，有"根""处""块"，具体见下面的线杆加固工程量分类统计表。

对于线杆根部加固工程量要根据不同的加固形式分类统计，如表 3-85 所示。

表 3-85　线杆根部加固工程量分类统计表

加固类型	护桩	木围桩	石笼	石护墩	卡盘	底盘	水泥帮桩	木帮桩	打桩单杆	打桩品接杆	打桩分水架
计量单位	处				块		根		处		
工程量											

(4) 装设拉线工程量的统计

按照相关规定，架空线路中的转角杆、分支杆、耐张杆、终端杆等线杆都应当设置拉线，对于侧向风力较强的线杆也应按照相关规定安装拉线，以保持这些线杆的受力平衡和长期的稳定性。线杆拉线的具体施工内容包括：挖坑，埋设地锚，安装拉线，收紧拉线，做中、上把，清理现场等。线杆拉线的工程量以安装拉线的数量计量，装设普通单股拉线时计量单位是"条"，如果是装设特种拉线时计量单位是"处"。

同时，针对水泥线杆和木线杆及不同的现场情况和要求，线杆拉线的安装可以采用不同规格的拉线和不同的安装工艺方法，通信线杆拉线常采用镀锌钢绞线制作，常用的规格有7/2.2、7/2.6、7/3.0等。而拉线的安装方法常见的有夹板法、另缠法和卡固法等，如图3-12～图3-15所示。

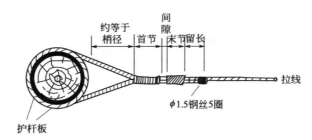

图3-12 木线杆另缠法拉线安装示意图

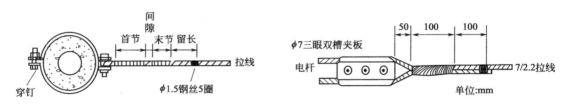

图3-13 水泥线杆另缠法拉线安装示意图　　　图3-14 夹板法拉线安装示意图

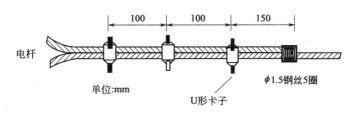

图3-15 卡固法拉线安装示意图

可见，不同的拉线安装方法需用的材料不同，安装施工难度和所需消耗的人工也会不同，因此应对不同安装方法的拉线安装分别统计工程量。再者，由于拉线的安装需要在地上埋设地锚或横木，因此装设拉线的具体工作量还和装设拉线处的土质有关。水泥线杆装设拉线具体可按照表3-86～表3-88统计。

表3-86 夹板法水泥杆拉线安装工程量统计表　　　　单位：条

拉线规格	7/2.2单股拉线			7/2.6单股拉线			7/3.0单股拉线		
土质	综合土	软石	坚石	综合土	软石	坚石	综合土	软石	坚石
工程量									

表 3-87　另缠法水泥杆拉线安装工程量统计表　　　　　　　　　单位：条

拉线规格	7/2.2 单股拉线			7/2.6 单股拉线			7/3.0 单股拉线		
土质	综合土	软石	坚石	综合土	软石	坚石	综合土	软石	坚石
工程量									

表 3-88　卡固法水泥杆拉线安装工程量统计表　　　　　　　　　单位：条

拉线规格	7/2.2 单股拉线			7/2.6 单股拉线			7/3.0 单股拉线		
土质	综合土	软石	坚石	综合土	软石	坚石	综合土	软石	坚石
工程量									

木线杆拉线安装工程量统计表见表 3-89～表 3-91。

表 3-89　夹板法木线杆拉线安装工程量统计表　　　　　　　　　单位：条

拉线规格	7/2.2 单股拉线			7/2.6 单股拉线			7/3.0 单股拉线		
土质	综合土	软石	坚石	综合土	软石	坚石	综合土	软石	坚石
工程量									

表 3-90　另缠法木线杆拉线安装工程量统计表　　　　　　　　　单位：条

拉线规格	7/2.2 单股拉线			7/2.6 单股拉线			7/3.0 单股拉线		
土质	综合土	软石	坚石	综合土	软石	坚石	综合土	软石	坚石
工程量									

表 3-91　卡固法木线杆拉线安装工程量统计表　　　　　　　　　单位：条

拉线规格	7/2.2 单股拉线			7/2.6 单股拉线			7/3.0 单股拉线		
土质	综合土	软石	坚石	综合土	软石	坚石	综合土	软石	坚石
工程量									

特种拉线安装工程量可按表 3-92 分类统计。

表 3-92　装设特种拉线工程量统计表　　　　　　　　　单位：处

拉线规格	2×7/2.6 拉线			2×7/3.0 拉线		
土质	综合土	软石	坚石	综合土	软石	坚石
工程量						
拉线规格	7/2.2 V型拉线			7/2.6 V型拉线			7/3.0 V型拉线		
土质	综合土	软石	坚石	综合土	软石	坚石	综合土	软石	坚石
工程量									
拉线规格	7/2.2 吊板拉线			7/2.6 吊板拉线			7/3.0 吊板拉线		
土质	综合土	软石	坚石	综合土	软石	坚石	综合土	软石	坚石
工程量									

高桩拉线作为一种特种拉线，其组成如图 3-16 所示。

统计高桩拉线工程量时，将高桩拉线施工分成三部分分别统计工程量：

拉桩：竖立拉桩的工程量作为立杆工程量统计，计量单位是根。

正拉线：正拉线架设的工程量参照吊线架设的工程量统计，计量单位是千米条。

地面拉线：地面拉线架设的工程量参照普通拉线的工程量统计，计量单位是条。

(5) 装设撑杆工程量的计算和统计

对于线杆稳定性的加固，除了采用各种形式的拉线之外，也可以采用撑杆的形式，如图3-17所示。

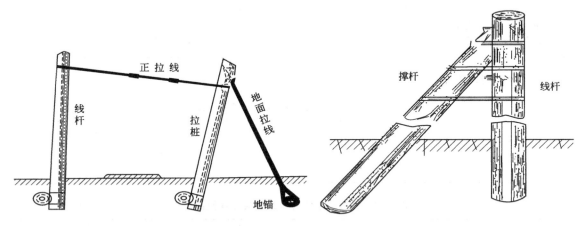

图3-16　高桩拉线示意图　　　　图3-17　通信架空线路线杆撑杆示意图

装设撑杆的具体工作包括：挖坑、装撑杆、装卡盘或横木、回土夯实、固定等。架空通信线路装设撑杆的工程量以所装设的撑杆数量计量，计量单位是根。

注意：由于撑杆的装设需要挖坑，因此对于不同土质处的撑杆装设应分别统计其工程量，同时还应区分撑杆的不同材质。具体可参照表3-93进行统计。

表3-93　撑杆装设工程量统计表

材质	木质撑杆			水泥撑杆		
土质	综合土	软石	坚石	综合土	软石	坚石
计量单位	根					
工程量						

(6) 装设吊线工程量的统计

吊挂式光电缆的敷设需要先在线杆上架设钢绞线以吊挂光电缆，此钢绞线称为光电缆的吊线。

吊线架设的工程量以所架设吊线的长度计量，计量单位是千米条。

注意：统计吊线架设工程量时应区分不同的施工区域、不同的线杆材质、不同的吊线规格分别统计工程量，具体统计时可参照表3-94进行统计。

表3-94　吊线架设工程量统计表　　　　单位：千米条

吊线规格	木电杆架设 7/2.2 吊线				木电杆架设 7/2.6 吊线			
施工区域	平原	丘陵	山区	城区	平原	丘陵	山区	城区
工程量								

续表

吊线规格	水泥杆架设 7/2.2 吊线				水泥杆架设 7/2.6 吊线			
施工区域	平原	丘陵	山区	城区	平原	丘陵	山区	城区
工程量								
吊线规格	木电杆架设 7/3.0 吊线				水泥电杆架设 7/3.0 吊线			
施工区域	平原	丘陵	山区	城区	平原	丘陵	山区	城区
工程量								

（7）装设辅助吊线工程量的计算和统计

按照相关施工规定，当架空线路的杆距较远时应装设辅助吊线，装设辅助吊线的工程量以所装设辅助吊线的距离长度计量，计量单位是条档。

一档架空线路架设一条辅助吊线的工程量为 1 条档。

（8）安装线杆接地线工程量的计算和统计

安装线杆接地线工程量以所安装的接地线的条数计量，计量单位是条。

注意：线杆地线的接地方式有拉线式、直埋式、延伸式等不同的施工方式，统计地线工程量时应区分不同的施工方式分别统计工程量。

（9）架设光电缆工程量的统计

信息通信工程中架设光电缆的工程量以所架设的光电缆长度计量，对于普通光电缆的敷设，计量单位是千米条，对于蝶形光缆的敷设，计量单位是百米条。千米条的含义是一条光（电）缆敷设 1km 的距离，百米条的含义是一条光（电）缆敷设 100m 的距离。

$$光（电）缆敷设长度 = 施工丈量长度 \times K‰ + 设计预留长度$$

式中 K——光电缆敷设的自然弯曲系数，对于直埋通信线路，$K=7$，对于通信管道工程和通信杆路工程，$K=5$。

设计预留长度由设计人员根据实际情况取定，并在图纸设计时给出。

注意：架空光电缆敷设时人工、材料、机械等方面的消耗量，和所敷设光电缆的规格、施工所处地域的地形地貌、施工方法等诸多因素相关，因此，统计架空光电缆架设工程量时要区分不同的光电缆规格、敷设方式、施工所处地域的地形地貌等分开统计。

光电缆规格的划分：光缆通常根据芯数的不同划分为不同的规格，比如 36 芯以下、72 芯以下等；电缆通常根据所含导线的对数划分不同的规格，比如 100 对以下、200 对以下、400 对以下等。架空光电缆敷设工程量统计时，可参照表 3-95～表 3-98 分类统计。

表 3-95 自承式光缆敷设工程量分类统计一览表

光缆规格	36 芯以下	72 芯以下	144 芯以下	288 芯以下	288 芯以上
计量单位	千米条				
工程量					

可见，自承式光缆敷设主要根据芯数区分不同的规格分别统计。

表 3-96　挂钩法敷设架空光缆敷设工程量分类统计表

光缆规格	36芯以下	72芯以下	144芯以下	288芯以下	288芯以上
施工区域	平原地区				
计量单位	千米条				
工程量					
光缆规格	36芯以下	72芯以下	144芯以下	288芯以下	288芯以上
施工区域	丘陵、水田、城区区域				
计量单位	千米条				
工程量					
光缆规格	36芯以下	72芯以下	144芯以下	288芯以下	288芯以上
施工区域	山区				
计量单位	千米条				
工程量					

缠绕法敷设架空光缆工程量的统计方法和上面的挂钩法相类似。

表 3-97　吊线式敷设架空电缆敷设工程量分类统计表

电缆规格	100对以下	200对以下	400对以下
计量单位	千米条		
工程量			

表 3-98　架空自承式电缆分类统计一览表

电缆规格	100对以下	100对以上
计量单位	千米条	
工程量		

（10）挂钩法架设蝶形光缆工程量的统计

在光纤到户（即常说的 FTTH）的光宽带施工过程中，入户光缆常常采用蝶形光缆。采用挂钩法进行蝶形光缆敷设的工程量以所敷设的蝶形光缆长度计量，计量单位是百米条。

内容三　架空通信线路工程量的统计整理

架空通信线路工程量分类计算完成后，应进一步整理出单项工程的工程量汇总统计表，整理完成后的工程量统计表中的"工作项目名称"要尽量明确施工条件和施工要求，以方便后继的定额套用。整理后的架空通信线路工程量汇总统计表样表如表 3-99 所示。

表 3-99　架空通信线路工程量汇总统计表样表

序号	工作项目名称	单位	数量
1	通信架空线路施工测量	100m	4.28
2	城区立 7.5m 水泥电杆（综合土）	根	8
3	城区立 9m 水泥电杆（综合土）	根	2

续表

序号	工作项目名称	单位	数量
4	城区装设 7/2.2 普通单股拉线（综合土）	条	5
5	装设 7/2.6 吊线	千米条	0.428
6	敷设 24 芯架空光缆	千米条	4.75

注意：在整理工程量统计表时"工作项目名称"应尽量表述简洁而具体，例如对于立线杆的工作项目，就应当如上述示例表中所示，要使用尽可能简洁的语言描述清楚所立电杆的规格要求、施工区域、立杆时打洞的土质等相关内容信息。同时各工作项目工程量的计量单位要和国家主管部门颁布的定额中相应条目相一致。

任务七 掌握其他通信线路形式工程量的计算和统计

通信线路施工是信息通信工程建设的重要内容，常见的通信线路施工形式除了通信管道线路和架空通信线路之外，还包括跨洋的海底光缆线路、国内长途的直埋线路、楼宇内部和楼宇群之间的综合布线、老旧小区内的墙壁光（电）缆线路等不同线路形式。大多数通信工程常接触到的线路形式包括长途直埋通信线路、楼宇综合布线以及老旧小区线路改造时的墙壁光电缆线路等，其工程量的计算和统计分别如下。

内容一 直埋通信线路工程量的计算和统计

直埋通信线路是指将光电缆直接埋于地下的一种通信线路施工形式，由于直埋线路具有建设成本较低、可以使用盘长比较长的光电缆从而有效减少接头数量等一系列的优点，因而在长途通信线路建设中得到了十分广泛的应用。

直埋通信线路的施工内容主要包括：施工测量、开挖光（电）缆沟和接头坑、开挖路面、敷设埋式光（电）缆、埋式光电缆的保护等、光（电）缆沟的回填等。因此，直埋通信线路工程施工过程中工程量的计算和统计主要包括以下几个方面。

（1）施工测量工程量的计算和统计

在直埋通信线路的施工过程中首先必须通过相应的施工测量确定直埋光电缆的位置和路由方向。直埋通信线路施工测量的工程量不区分地形和土质，统一以施工测量的距离长度计量，计量单位是 100m。

施工测量的距离＝图末长度－图始长度

(2) 开挖光电缆沟和接头坑工程量的计算和统计

在通过施工测量确定线路的位置和路由方向之后，接下来的工作就是开挖光电缆沟和接头坑，其中的接头坑是指用于埋设光电缆接头的接头盒。直埋通信线路光电缆接头的数量通常按如下方法确定：

直埋电缆接头坑初步设计按照5个/km取定，施工图设计按照实际取定。

直埋光缆接头坑初步设计按照2km标准盘长或每1.7～1.85km取一个接头坑，施工图设计按照实际取定。

光电缆沟所挖土方的体积可由下式计算：

光电缆沟所挖土方体积＝光电缆沟的截面积×光电缆沟开挖长度

光电缆沟开挖长度＝图末长度－图始长度－（截流长度＋过路顶管长度）

直埋通信线路光电缆沟截面的基本形状如图3-18和图3-19所示。

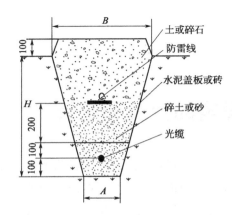

图3-18 石质光电缆沟截面示意图　　图3-19 土质光电缆沟截面示意图

可见，光电缆沟的截面形状为一梯形，因此截面积可计算如下：

光电缆沟截面积 $S=(上底+下底)\times 高/2$

即：

$$S=(B+A)H/2$$

式中　S——光电缆沟的截面积，m^2；

　　　B——光电缆沟的上口宽度，m；

　　　A——光电缆沟的沟底宽度，m；

　　　H——光电缆沟的挖深，m。

光电缆沟开挖土方的工程量可计算如下：

$$V=SL/100 \quad (100m^3)$$

式中　V——光电缆沟开挖土方的工程量，$100m^3$；

　　　S——光电缆沟的截面积；

　　　L——光电缆沟开挖的长度，m。

注意：统计光电缆沟开挖的工程量时要区分不同的土质分别统计，具体可参照表3-100。

表 3-100　光电缆沟开挖工程量统计表

土质	普通土	硬土	砂砾土	冻土	软石	坚石(人工)
计量单位	100m³					
工程量						

(3) 路面开挖工程量的计算和统计

当直埋通信线路需要跨越路面时，可以采用非开挖施工方式，也可以采用开挖施工方式，如果采用开挖施工方式穿越路面，则需要计算和统计路面开挖的工程量。

直埋通信线路开挖路面工程量，以所挖开路面面积计量，计量单位是 100m²。

开挖路面的面积＝经过路面的管道沟宽度×所穿越路面的宽度

公式表示如下：

$$A = BL/100$$

式中　A——开挖路面的面积，100m²；

B——经过路面的管道沟宽度，m；

L——所穿越路面的宽度，m。

注意：开挖路面时既可以人工开挖，也可以机械开挖，工程量统计时需要分开统计。同时，路面开挖的难度也和路面的构筑材质及厚度有关，因此，统计路面开挖工程量时，要区分不同的开挖方式和路面构筑材质及路面厚度分别统计，具体分类统计方法如表 3-101 和表 3-102 所示。

表 3-101　人工开挖路面工程量分类统计一览表　　　　单位：100m²

厚度 成分	100mm 以下部分	超出 100mm 部分的 10mm 倍数
混凝土路面		
柏油路面		
砂石路面		
水泥花砖路面		
条石路面		
混凝土砌块路面		

表 3-102　机械开挖路面工程量分类计算统计表　　　　单位：100m²

厚度 成分	100mm 以下部分	超出 100mm 部分的 10mm 倍数
混凝土路面		
柏油路面		
砂石路面		

(4) 敷设埋式光电缆工程量的计算和统计

直埋通信线路的一项主要工作是敷设埋式光电缆，具体工作包括：检查测试光缆，光缆配盘，清理沟底，排除障碍，人工抬放光缆，复测光缆，加保护等。又可分成敷设埋式光缆和敷设埋式电缆。

敷设埋式光电缆的工程量以所敷设的埋式光电缆的距离长度计量，计量单位是千米条，计算规则如下：

$$光（电）缆敷设工程量 = [施工丈量长度 \times (1 + K‰) + 设计预留长度] / 1000$$

式中的 K 为光电缆的自然弯曲系数，对于埋式光缆，$K = 7$。

注意： 统计埋式光电缆敷设工程量时应区分不同的光电缆规格分别统计其工程量，光电缆规格的区分方法同管道光电缆敷设时的区分方法相同。容易想到，不同地形区域敷设埋式同样距离的光缆工程量是不同的，因此统计敷设埋式光缆的工程量时应区分不同的施工区域分别统计其工程量，按照国家主管部门的相关规定，直埋光缆线路的施工区域分为平原地区、丘陵/水田/城区、山区三类。

① 平原地区敷设埋式光缆。平原地区埋式光缆敷设工程量参照表 3-103 进行统计。

表 3-103　平原地区敷设埋式光缆工程量统计表

光缆规格	36 芯以下	72 芯以下	96 芯以下	144 芯以下	288 芯以下	288 芯以上
计量单位	千米条					
工程量						

② 丘陵、水田、城区敷设埋式光缆。其工程量参照表 3-104 进行统计。

表 3-104　丘陵、水田、城区敷设埋式光缆工程量统计表

光缆规格	36 芯以下	72 芯以下	96 芯以下	144 芯以下	288 芯以下	288 芯以上
计量单位	千米条					
工程量						

③ 山区敷设埋式光缆。其工程量参照表 3-105 进行统计。

表 3-105　山区敷设埋式光缆工程量统计表

光缆规格	36 芯以下	72 芯以下	96 芯以下	144 芯以下	288 芯以下	288 芯以上
计量单位	千米条					
工程量						

直埋电缆的具体工作包括：检验测试电缆、清理沟底、敷设电缆、充气试验等。工程量统计时不再区分不同的施工区域，但须区分不同的规格分别统计，具体可参见表 3-106。

表 3-106　直埋电缆工程量统计表

电缆规格	200 对以下	400 对以下	600 对以下	600 对以上
计量单位	千米条			
工程量				

（5）回填土方工程量的计算和统计

直埋线路光电缆沟回填的工程量以所回填土方的体积计量，计量单位是 $100m^3$。

由于光电缆本身所占的空间相对于光电缆沟的空间非常微小，因此在统计光电缆沟回填的工程量时对光电缆本身所占的体积忽略不计，即光电缆沟回填的工程量就等于光电缆沟开挖的工程量。

注意： 在统计回填工程量时，应针对不同的回填方式分别统计其工程量，回填方式分为

松填和夯填（表 3-107 和表 3-108）。

表 3-107 松填光电缆沟工程量统计表

土质	普通土	硬土	砂砾土	冻土	软石	坚石(人工)
计量单位	100m³					
工程量						

表 3-108 夯填光电缆沟工程量统计表

土质	普通土	硬土	砂砾土	冻土	软石	坚石(人工)
计量单位	100m³					
工程量						

（6）光电缆保护工程量的计算和统计

在直埋光电缆线路的施工过程中，根据不同的地形情况常需对直埋的光电缆采用各种不同形式的保护措施，常见的保护形式有：铺管保护、横铺砖保护、竖铺砖保护、护坎保护、石砌护坡保护、漫水坝保护等。这些保护措施的施工当然要耗费一定的工程量，其工程量的计算和统计方法分别如下。

① 铺管保护工程量的计算和统计。铺管保护是直埋线路中常见的一种保护方式，根据不同的地形情况，可采用的不同的铺管方式：当直埋通信线路需要穿越铁路或通车繁忙的公路时，应对直埋的光电缆铺钢管保护；当直埋线路穿越允许开挖路面或乡村大道时，应采用铺钢管或铺塑料管保护；穿越有动土可能性较大地段时，则可采用铺设大长度半硬塑料管进行保护。因此铺管保护又可细分为铺钢管保护、铺塑料管保护、铺大长度半硬塑料管保护，铺管的具体工作包括接管、铺管、堵管孔等。

直埋通信线路铺管保护的工程量以所铺管的长度计量，其中：

铺钢管和铺塑料管工程量的计量单位是 m，铺大长度半硬塑料管工程量的计量单位是 100m。

② 铺砖保护工程量的计算和统计。按照相关施工规定，直埋通信线路穿越有动土可能性的乡村机耕路或村镇动土可能性较大地段时应进行铺砖保护，具体保护形式又可分为横铺砖保护和竖铺砖保护。直埋通信线路铺砖保护的工程量以铺砖保护的线路长度计量，计量单位是 km。

注意：保护同样长度的线路采用不同的铺砖形式所需的砖块数量是不同的，因此统计铺砖保护的工程量时，应将横铺砖保护和竖铺砖保护的工程量分开统计。

③ 护坎或护坡保护工程量的计算和统计。当直埋通信线路经过地形起伏较大（高差在 0.8m）地段时，为了防止水土流失、保证直埋光电缆的安全，需要采用护坎或护坡保护，如图 3-20 所示。

护坎或护坡保护的工程量以所做护坎或护坡的体积计量，计量单位是 m³。

每处护坎体积的计算方法近似如下：

$$V = HAB$$

式中 V——护坎的体积，m³；

H——护坎总高（地面以上坎高＋光电缆沟的沟深），m；
A——护坎的平均厚度，m；
B——护坎的平均宽度，m。

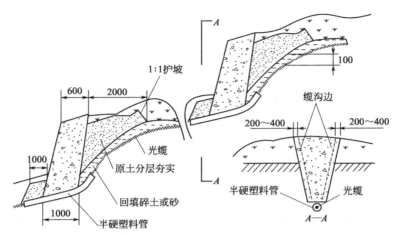

图 3-20　直埋通信线路护坡或护坎保护示意图

每处护坡体积的计算方法近似如下：

$$V = HAB$$

式中　V——护坡的体积，m³；
　　　H——护坡总高（地面以上坎高＋光电缆沟的沟深），m；
　　　A——护坡的平均厚度，m；
　　　B——护坡的平均宽度，m。

注意：护坎或护坡的建筑形式常见的有石砌和三七土，统计护坎或护坡的工程量时，应将两种不同材质的护坎或护坡工程量分开统计。

④ 漫水坝保护工程量的计算和统计。当直埋通信线路穿越或沿靠山涧、溪流等易受水流冲刷的地段时，应当采用漫水坝或挡水墙保护措施，如图 3-21 所示。

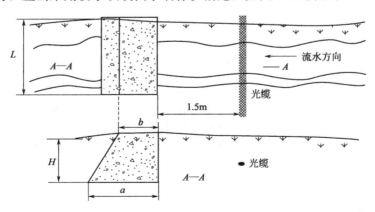

图 3-21　漫水坝或挡水墙保护示意图

漫水坝或挡水墙保护工程量以所做漫水坝或挡水墙体积计量，计量单位是 m³。
体积的计算方法如下：

$$V = HL(a+b)/2$$

式中 V——漫水坝的体积，m^3；
    H——漫水坝的高度，m；
    L——漫水坝沿溪流横截面方向的长度，m；
    a——漫水坝底部厚度，m；
    b——漫水坝顶部厚度，m。

⑤ 堵塞保护工程量的计算和统计。当直埋通信线路经过坡度大于20°、坡长大于30m的斜坡地段时，如果坡面上的光电缆沟有受到水流冲刷的可能，则应增加堵塞保护措施，如图3-22所示。

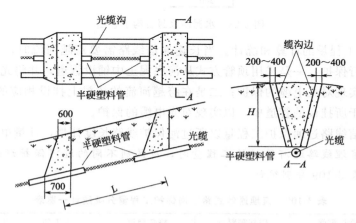

图 3-22 光电缆沟堵塞示意图

直埋通信线路光电缆沟施工的工程量以所做堵塞的体积计量，计量单位是 m^3。

每一处堵塞的体积可近似计算如下：

$$V = HAB$$

式中 V——堵塞的体积，m^3；
    H——光电缆沟的沟深，m；
    A——堵塞的平均厚度，m；
    B——堵塞的平均宽度，m。

⑥ 封石沟工程量的计算和统计。在直埋通信线路施工过程中，有时需要将回填好的石质光电缆沟的沟口用水泥砂浆封闭，以对直埋的光电缆提供保护，该项工作称为水泥砂浆封石沟，如图3-23所示。

水泥砂浆封石沟的工程量以所用的水泥砂浆体积计量，计量单位是 m^3。计算方法如下。

按图3-23，水泥砂浆封石沟的体积＝水泥砂浆封石沟的截面积×水泥砂浆封石沟的长度，即

$$V = haL$$

式中 V——水泥砂浆封石沟的体积，m^3；
    a——所封石沟上口的宽度，m；
    h——封石沟水泥砂浆的厚度，m；
    L——所封石沟的长度，m。

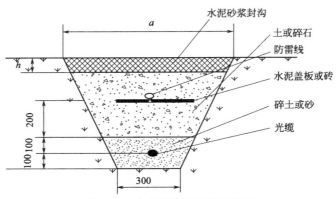

图 3-23 水泥砂浆封石沟示意图

⑦ 过河保护工程量的计算和统计。当长途通信线路需要跨越河流时，通常有两种方法对通信光电缆进行保护：一是采用顶管方式从河底泥土中铺设管道，并将光电缆穿放于所铺设的管道中，以实现对光电缆的保护；二是在跨越河流的桥梁上挂设相应的钢管或塑料管，并将光电缆穿放于所挂设的管道中，以实现对光电缆的保护。

长途直埋通信线路过河保护工程量以所过河保护线路长度计量，计量单位是 m。

注意：统计直埋线路过河保护的工程量时，应区别不同的过河保护形式分别统计工程量，具体可参照表 3-109 分别统计。

表 3-109　直埋通信线路过河保护工程量分类统计一览表

保护形式	桥挂钢管	桥挂塑料管	桥挂槽道	人工顶管	机械顶管
计量单位	m				
工程量					

图 3-24　通信线路标石

（7）埋设标石工程量的计算和统计

按照相关规定，直埋通信线路应在相关规定位置埋设相应的标石，比如线路转角处、接头盒上方等，如图 3-24 所示。埋设标石的具体工作包括：标石埋设、刷色、编号等。

直埋通信线路埋设标石的工程量以所埋设标石的数量计量，计量单位是个。

注意：统计埋设标石的工程量时，应区分不同的地域分别统计，具体分类统计方法可参见表 3-110。

表 3-110　埋设标石工程量分类统计一览表

所处地域	平原	丘陵、水田、城区	山区
计量单位	个		
工程量			

内容二　墙壁光电缆工程量的计算和统计

对于住宅小区或企事业单位的旧有建筑物的室外通信线路的敷设，常采用沿墙壁敷设的形式。墙壁光电缆敷设的具体工作主要包括定位、固定支撑物、光电缆检验、布设墙壁光电缆等，常用的敷设方式有吊线式、自承式、钉固式等。墙壁光电缆敷设的工程量以所敷设光电缆的长度计量，计量单位是百米条。

统计墙壁光电缆敷设工程量时，应区分光、电缆和不同的敷设方式分别统计其工程量，具体可参照表 3-111 和表 3-112。

表 3-111　墙壁光缆敷设工程量统计表

敷设方式	吊线式	钉固式	自承式
计量单位	百米条		
工程量			

表 3-112　墙壁电缆敷设工程量统计表

敷设方式	吊线式		钉固式		自承式	
电缆规格	200 对以下	200 对以上	200 对以下	200 对以上	100 对以下	100 对以上
计量单位	百米条					
工程量						

项目四

信息通信工程概预算定额的查询和套用

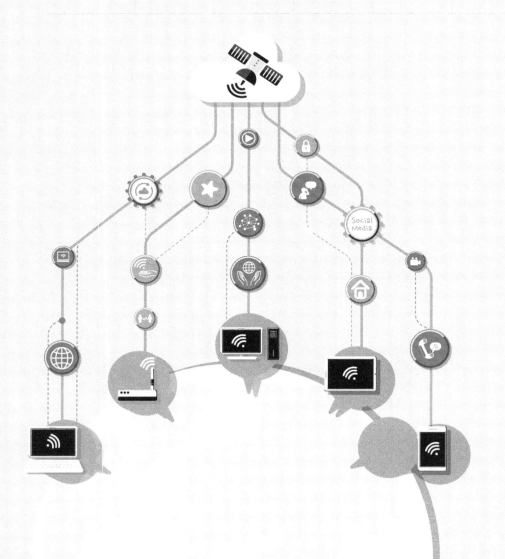

任务一 定额基本知识的了解

内容一 什么是定额?

在社会生产过程中,为了完成某一单位合格产品,就要消耗一定的人工、材料、机具设备和资金,同时由于受技术水平、组织管理水平及其他客观条件的影响,不同的生产单位完成同样的产品其消耗水平是不相同的。为了便于对生产过程中各方面的消耗情况进行考核和管理,就需要有一个统一的平均消耗标准,于是人们提出了定额的概念。

所谓定额,就是在一定的生产技术和劳动组织条件下,完成单位合格产品在人力、物力、财力的利用和消耗方面应当遵守的标准。

分析上述的定额定义可知如下几点。

① 定额就是一种标准,因此同其他标准相类似,定额的执行具有权威性和强制性,同时作为标准,其内容和制定过程也必然具有相应的合理性和科学性,只有这样才能用来指导生产过程的考核、管理,才能被社会所采用。

② 由于定额是一种反映生产单位完成产品生产时在人力、物力、财力的利用和消耗方面应当遵守的标准,由此可以知道,定额的主要内容应是反映产品生产过程中在人力、物力、财力等方面的利用和消耗。

③ 定额是在一定的生产技术和劳动组织条件下测算得到的,它是在相应的生产技术和劳动组织条件下应当遵循的标准,当相应的生产技术和劳动组织条件变化后,相应的定额就失去其应用的条件和基础,也就是说定额作为一种标准是有其适用的条件和范围的。由于生产技术和劳动组织条件都会随着社会的进步不断地发展变化,就要求定额也应不断地完善和补充。

不难理解,由于具体生产内容的不同,不同的生产行业会有各自不同的定额,定额反映了对应行业在一定时期内的生产技术水平和劳动管理水平,是进行生产组织和管理的基本依据。

内容二 定额的特性

由上述定额的定义可知,定额具有下述基本特性。

① 科学性。是指定额的制定过程和最终测算结果应该具有相应的合理性和科学性,以便能够用来指导实际的生产管理。

② 系统性。是指由于实际的生产过程往往具有多种类、多层次、多方面的特性,这就

要求对应的定额必须涵盖生产过程的各个种类、层次、方面，因而必须具有一定的系统性和完整性。

③ 权威性和强制性。定额作为一种行业应当遵循的标准，其执行当然具有相应的权威性和强制性，一旦国家主管部门将定额予以颁布，相应行业的生产单位就必须执行。

④ 稳定性和时效性。定额作为一种标准必须保持一定的稳定性，以便于相关生产单位和管理单位的学习、理解和执行，而不能朝令夕改。同时如前所述，定额又是在一定的生产技术和劳动组织条件下测算编制出来的，因此定额又具有一定的时效性，当生产技术和劳动组织条件发生变化后，定额应当进行相应的修改和完善。因此，定额既要保持一定的稳定性，又要随生产技术和劳动组织条件的变化进行修改、完善，应当是稳定性和时效性的有机统一。

内容三 定额是如何编制出来的？

定额作为一种行业标准，其编制必须遵循一定的原则和过程，以保证所编制出的定额具有必需的科学性和可用性。定额的编制一般需要遵循如下原则。

① 定额应反映社会的平均生产水平。定额作为某个地区甚至全国范围内某个行业应当遵守的标准，其内容不能是某个或某些生产单位的生产水平，而应当是根据正常的施工条件和工艺要求，考虑整个地区甚至整个国家范围内某行业的平均劳动熟练程度和劳动强度、平均的技术水平等生产要素而得到的一个社会平均消耗情况。只有这样编制出的定额才能在相应地区甚至全国范围内的对应行业具有普遍的指导意义，这就需要采用一定的科学统计和测算方法对整个地区或国家范围内的行业生产水平进行统计和测算。

② 定额项目应该涵盖全面。由于定额是生产单位进行成本管理和考核的基本依据，如果定额中的项目不全、缺漏项较多，就会导致根据定额所确定的生产成本失去充分、可靠的依据和基础，进而给生产的考核和管理带来不良影响，因此定额中的项目应能全面涵盖相关行业生产的各个方面，定额对于相应的行业应是系统而全面的。这就要求定额的编制不能一蹴而就，而应当及时补充那些因采用新技术、新结构、新材料和先进经验而出现的新项目。

③ 定额必须具有一定的权威性。定额作为某个地区甚至全国范围内某个行业应当遵守的标准，其内容必须能够得到全行业的认可，必须具有相应的权威性。但是定额编制又是一项政策性和专业性都比较强的工作，为了保证编制结果的权威性，往往需要集中行业内的权威专家组成定额编写的专家组，并实行专家编审责任制。

④ 定额应简便易用。为了便于生产单位使用定额进行生产的管理，定额应该具有好的可操作性，便于相关人员掌握和使用，便于计算机计价程序的开发，以提高定额的使用效率。因此在编制定额时应该做到主要的、常用的、价值量大的项目划分尽量细致，而次要的、不常用的、价值量小的项目则划分相对粗略。

⑤ 定额应是统一性和差别性的统一。为培育统一市场、在尽可能大范围内规范计价行为以及统一生产考核和管理的尺度，要求定额应具有比较大范围的统一性，最好是具有全国范围的统一性，这可由国家主管部门通过颁布全国范围的定额来实现。同时对于我们国家国土范围较大、地区社会经济发展不平衡的现实情况，为了便于各地对于生产单位的日常管理，应允许各地在统一性的基础上根据本地区、本行业的具体情况，编制本地区、本行业的

补充定额，从而在不同地区、不同行业之间实行有差别的管理，也即定额应是统一性和差别性的统一。

在遵循上述各项原则的前提下，定额的编制一般要通过下述各阶段的工作才能完成：

① 编制准备。在正式开始定额编制之前应做好相应的准备工作，主要包括以下方面。

◆ 抽调人员成立定额编制的筹备机构。

◆ 确定定额编制的基本方案，包括：编制目的、指导思想和原则、所编定额的使用范围和基本内容、定额编制人员的组成和来源、定额编制相关经费的落实途径等。

◆ 根据方案联系相关人员组成定额编制工作组。

◆ 确定定额编制的人员分工和时间进度安排。

② 资料收集。定额是根据现有的平均社会生产水平进行测算，并考虑国家相关规范和管理办法编制出来的，因此定额编制的一项主要工作就是收集相关的各种资料，并对资料进行测算和分析。要收集的资料包括以下方面。

◆ 定额使用地区、适用行业的相关统计资料，这些统计资料包含了现有生产条件下在人力、机械仪表、设备材料和资金等方面的消耗情况，以及新技术、新材料、新工艺的使用情况。这些统计资料可以从主管部门、行业协会等相关管理部门收集，也可以由编制组进行行业的调查得到。

◆ 定额使用单位对原有定额的使用意见。定额使用单位对原有定额的使用意见反映了在编制新定额时的改进和努力的方向，是编制新定额时非常重要的参考资料。定额使用单位的意见可以通过召集相关单位的专业人员进行座谈了解，也可以通过发放调查表格进行收集。

◆ 地区、行业管理相关的规定、规范和政策法规资料。定额中有些费用的计取不仅和生产的具体消耗有关，还和管理部门相关的规定、规范和政策法规相关，因此地区、行业管理相关的规定、规范和政策法规资料也是定额编制过程中必不可少的参考资料。

◆ 必要的鉴定和实验数据。对于一些必需而又不易通过其他方式得到的数据，可以通过组织专项的鉴定和实验获得必要信息，以为定额编制做准备。

③ 定额编制。有了相应的资料准备后，就可以进行定额编制了，定额编制的主要工作就是通过对统计资料的分析和测算，计算出每项工作在人工、设备材料和机械仪表台班等方面的消耗量。同时，在进行定额编制时还要首先确定工作项目的划分，以及每项工作工程量的计算规则，并对相应的名称、专业用语、符号代码做好统一规划，以保证整套定额的系统性和统一性。

④ 审核定稿。对于编制完成的定额初稿，应组织经验丰富、认真负责的行业专家组成专家组进行校对审核，以保证定额编制的质量和可靠。并应组织定额水平的测算，即选择典型的生产过程，分别用新老定额进行测算对比，考察生产水平的升降情况，并分析水平升降的原因是否合理。

经审核后编制完成的定额还应征求相关使用单位的意见，并对反馈意见进行汇总分析，根据合理的反馈意见对编制完成的定额进行修改完善，形成最终的定额。

⑤ 报批颁布。定稿后的定额经最后的文字整理后应报请国家主管部门批准予以颁布施行，同时还要编写相应的编制说明文档对定额的编制情况进行说明，以方便定额使用人员对定额的理解掌握和使用。需要说明的内容通常包括以下方面。

◆ 整套定额的组成和组织结构；

- 定额项目、子项目的划分情况；
- 人力、材料、机械仪表的内容范围；
- 定额编制的主要依据；
- 定额编制过程中已经考虑和没有考虑的因素；
- 定额条目中调整系数的使用；
- 其他应说明的事项。

上述定额编制的各项工作完成后还应将定额编制过程中收集的相关资料和统计测算过程资料予以整理存档，以便为以后定额的修编提供历史数据和参考资料。

内容四　信息通信工程建设过程中为什么要使用概预算定额？

信息通信工程概预算作为信息通信工程建设的费用文件，其费用的计算和编制必须具有确定的依据，才能保证计算和编制结果的可信和可靠，定额就是信息通信工程建设费用计算和编制的最主要的依据，在信息通信工程建设的管理和概预算的编制过程中定额具有十分重要的作用，具体包含以下几个方面。

① 定额是编制和修正信息通信工程建设概预算的主要依据。

② 定额是设计和施工方案比较的依据。目的是选择出技术先进可靠、经济合理的方案，在满足使用功能的条件下，达到降低造价和资源消耗的目的。

③ 概算定额是编制主要材料需要量的计算基础。根据概算定额所列材料消耗指标计算工程用料数量，可在施工图设计之前提出供应计划，为材料的采购、供应做好准备。

④ 概算定额是编制概算指标和投资估算指标的依据。

⑤ 定额是施工企业进行经济活动分析的依据。

⑥ 定额是编制标底、投标报价的基础，也是对已完工程进行价款结算的主要依据。

任务二　熟悉我国现行的信息通信工程概预算定额

内容一　我国通信工程概预算定额的发展历程

信息通信工程的建设过程也是社会生产过程的一种，为了对信息通信工程的建设过程进行造价方面的考核和管理，国家主管部门颁布了相应的信息通信建设工程的概预算定额。在我国的信息通信工程建设管理过程中，先后颁布和使用过四个版本的信息通信工程概预算定额。

1. 1990 年版定额，也被通信行业称为"433 定额"

"433 定额"是原国家邮电部于 1990 年通过"邮部［1990］433 号"文件发布的定额，具体包含了《通信工程建设概预、预算编制办法及费用定额》和《通信工程价款结算办法》。该版本定额于 1995 年停止执行。

2. 1995 年版定额，也被通信行业称为"626 定额"

"626 定额"是原国家邮电部于 1995 年以"邮部［1995］626 号"文件形式发布的通信工程概预算定额。由于当时的管理体制中电信和邮政属于同一个系统，因此该版本定额中不仅包含了电信工程的概预算定额，还包含了邮政工程建设的概预算定额，整套定额分为三册，分别是：

第一册　电信设备安装工程定额；

第二册　通信线路建设工程定额；

第三册　邮政设备安装工程定额。

1995 年版定额的具体文件包括《通信建设工程概算、预算编制办法及费用定额》《通信建设工程价款结算办法》《通信建设工程预算定额》（包括上述三册）。

3. 2008 年版定额，也被通信行业称为"75 定额"

"75 定额"是国家工业和信息化部于 2008 年以"工信部规［2008］75 号"文件颁布的通信工程预算定额。由于管理体制的变革，原来的邮电部不复存在，我国的通信行业和邮政行业分属了不同的行业管理部门，通信行业先后归属了我国的原信息产业部和现在的工业和信息化部管理，同时信息通信工程建设的相关技术、材料和施工工艺也发生了较大的变化，原来的定额已经不能适应现在的信息通信工程建设管理需要，于是国家工业和信息化部于 2008 年 5 月发布了工信部规［2008］75 号文件，颁布了新的信息通信工程概预算定额。该版本定额去除了原 1995 年版定额中的邮政设备安装部分，并将信息通信工程进行了细分。

2008 版通信建设工程预算定额将定额项目按照不同的信息通信工程类型分别集结成册，共分五册，分别是：

第一册　通信电源设备安装工程

第二册　有线通信设备安装工程

第三册　无线通信设备安装工程

第四册　通信线路工程

第五册　通信管道工程

后期，考虑到无源光网络（PON）工程的不断推进，以及其他通信技术的发展，国家工信部于 2011 年 9 月又以"工信部通［2011］426 号"文件，发布了《无源光网络（PON）等通信建设工程补充定额》。

2008 版定额（或称"75 定额"）的相关文件包括《通信建设工程概算、预算编制办法（含"通信建设工程施工机械、仪表台班定额"）》《通信建设工程费用定额》《通信建设工程预算定额》（共五册）、《无源光网络（PON）等通信建设工程补充定额》等相关文本。

4. 2016 年版定额，也被通信行业称为"451 定额"

"451 定额"是国家工业和信息化部于 2016 年以"工信部通信［2016］451 号"文件颁布的新版定额。随着通信技术的不断发展、新的施工工艺和施工材料的不断出现，以及国家

信息通信工程概预算

相关管理法规的变化，原 2008 版的通信工程预算定额已经不能满足通信行业的使用需求，有鉴于此，国家工信部及时对原定额进行了补充和完善，于 2016 年 12 月 30 日以"工信部通信〔2016〕451 号"文件的形式，颁布了新版的预算定额，并将定额的名称由 2008 版的"通信建设工程预算定额"，更改为"信息通信建设工程预算定额"。并明确规定，新版定额于 2017 年 5 月 1 日起施行，原 2008 版定额同时废止。

2016 版的"451 定额"保留了 2008 年版定额的分册结构，将定额项目按照不同的信息通信工程类型分别集结成册，共分五册，分别是：

第一册　通信电源设备安装工程；

第二册　有线通信设备安装工程；

第三册　无线通信设备安装工程；

第四册　通信线路工程；

第五册　通信管道工程。

2016 版的"451 定额"使用时相关的文本资料主要包括：《信息通信建设工程概预算编制规程》《信息通信建设工程费用定额》《信息通信建设工程预算定额》。

2016 版的"451 定额"对 2008 版的"75 定额"进行了较大程度的修订和完善，具体不同可参见本教材的附录二。

内容二　我国现行信息通信工程概预算定额的组成

1. 分册结构

我国工业和信息化部于 2016 年 12 月发布了"工信部通信〔2016〕451 号"文件——关于印发《信息通信建设工程预算定额、工程费用定额及工程概预算编制规程的通知》，并随文发布了新的信息通信工程概预算编制规程及新的信息通信工程概预算定额。以下将此新版定额称为 2016 版定额。

2016 版定额将定额项目按照不同的信息通信工程类型分别集结成册，共分五册，分别是：

第一册　通信电源设备安装工程；

第二册　有线通信设备安装工程；

第三册　无线通信设备安装工程；

第四册　通信线路工程；

第五册　通信管道工程。

每一册中包含了和该类工程相关的定额项目，为了使用和交流的方便，对于定额的每一分册分别分配了相应的代号，如表 4-1 所示。

表 4-1　现行通信建设工程预算定额分册与分册代号对照表

册别	分册名称	分册代号	代号含义
第一册	通信电源设备安装工程	TSD	T—通信，S—设备，D—电源
第二册	有线通信设备安装工程	TSY	T—通信，S—设备，Y—有线
第三册	无线通信设备安装工程	TSW	T—通信，S—设备，W—无线
第四册	通信线路工程	TXL	T—通信，XL—线路
第五册	通信管道工程	TGD	T—通信，GD—管道

定额的每一分册都包含了该类信息通信工程常见工作内容所对应的人工、材料、机械、仪器仪表的消耗量,但没有包含上述各项消耗的单位价格。这既是定额的一个主要特点,也是定额编制的一个基本原则,也就是通常所说的"量价分离"。举例来说,我们可以从第五册中查到"通信管道的施工测量"这一工作在人工、仪表等方面的消耗量,但不能从第五册定额中找到所要花费的人工费用和仪表费用。

我们知道,对于信息通信工程概预算的编制来说,仅仅知道人工、材料、机械或仪器仪表的消耗数量是不够的,我们要知道的是最终要耗费多少费用,为了确定每项内容耗费的最终费用,国家主管部门在发布预算定额的同时还发布了相配套的《信息通信建设工程费用定额》《信息通信建设工程概预算编制规程》,以和各分册《信息通信建设工程预算定额》配合使用。现行的信息通信工程概预算定额文件主要包括以下内容。

《信息通信建设工程编制规程》

《信息通信建设工程费用定额》

《通信建设工程预算定额》(共五册)

2. 内容组成

从内容上来说,现行的信息通信建设工程概预算定额主要由以下几部分组成。

(1) 总说明

总说明不仅阐述了定额的编制原则、指导思想、编制依据和适用范围,同时说明了编制定额时已经考虑和没有考虑的各种因素、有关规定和使用方法。总说明的具体内容可参见各定额分册,部分摘录和解释如下(其中斜体字为摘抄的原文,黑体字部分为对应解释)。

四、"预算定额"适用于新建、扩建工程,改建工程可参照使用。本定额用于扩建工程时,其扩建施工降效部分的人工工日按乘以系数 1.1 计取,拆除工程的人工工日计取办法见各册的相关内容。

本条说明了本定额的适用范围是新建、扩建工程,以及扩建和拆除工程的使用方法。

六、定额子目编号原则:

定额子目编号由三部分组成:第一部分为册名代号,表示通信建设工程的各个专业,由汉语拼音(字母)缩写组成;第二部分为定额子目所在的章号,由一位阿拉伯数字表示;第三部分为定额子目所在章内的序号,由三位阿拉伯数字表示。

本条说明了定额中条目的编号原则,比如由此说明可知编号 TXL1-001 的含义是:通信线路分册第一章第 001 个条目。

十一、"预算定额"适用于海拔高程 2000 米以下、地震烈度为七度以下地区,超过上述情况时,按有关规定处理。

本条说明了该定额的地区适用范围。

十二、在以下的地区施工时,定额按下列规则调整:

1. 高原地区施工时,本定额人工工日、机械台班消耗量乘以下表列出的系数。

高原地区调整系数表

海拔高程(米)		2000 以上	3000 以上	4000 以上
调整系数	人工	1.13	1.30	1.37
	机械	1.29	1.54	1.84

2. 原始森林地区（室外）及沼泽地区施工时人工工日、机械台班消耗量乘以系数1.30。

3. 非固定沙漠地带，进行室外施工时，人工工日乘以系数1.10。

4. 其他类型的特殊地区按相关部门规定处理。

以上四类特殊地区若在施工中同时存在两种以上情况时，只能参照较高标准计取一次，不应重复计列。

本条说明了特殊地区施工使用本定额的系数调整方法。

十五、本定额中注有"××以内"或"××以下"者均包括"××"本身；"××以外"或"××以上"者则不包括"××"本身。

本条则对本定额中的数字表示进行了说明，例如在定额第四册（通信线路工程分册）中有一条定额条目"立9米以下水泥杆"，这其中的"9米以下"就包含了9米本身。

由上述各例可见，定额的总说明中包含的各项说明信息往往是我们在使用定额时需要注意的地方，因此我们在查询具体的条目之前一定要仔细阅读并正确理解总说明中各说明条目的含义，因为只有这样才能正确套用定额。

（2）册说明

如前所述，现行的信息通信建设工程预算定额按照专业类别的不同将预算定额分成了五册，为了指导每一册的使用，对每一册还编制了相应的册说明。册说明主要阐述该册的内容、编制基础以及使用该册时应注意的问题及有关规定等。每一册的册说明可参见相应分册的定额，册说明也是概预算编制人员在使用概预算定额时必须了解的内容。如通信线路工程分册（即第四册）的册说明摘录如下：

一、《通信线路工程》预算定额适用于通信光（电）缆的直埋、架空、管道、海底等线路的新建工程。

二、通信线路工程，当工程规模较小时，人工工日以总工日为基数按下列规定系数进行调整：

1. 工程总工日在100工日以下时，增加15%；

2. 工程总工日在100~250工日时，增加10%。

三、本定额中带有括号和分数表示的消耗量，系供设计选择；"*"表示由设计确定其用量。

四、本定额拆除工程，不单立子目，发生时按下表规定执行：

序号	拆除工程内容	占新建工程定额的百分比/%	
		人工工日	机械台班
1	光（电）缆（不需清理入库）	40	40
2	埋式光（电）缆（清理入库）	100	100
3	管道光（电）缆（清理入库）	90	90
4	成端电缆（清理入库）	40	40
4	架空、墙壁、室内、通道、槽道、引上光（电）缆	70	70
5	线路工程各种设备以及除光（电）缆外的其他材料（清理入库）	60	60
6	线路工程各种设备以及除光（电）缆外的其他材料（不清理入库）	30	30

五、敷设光（电）缆工程量计算时，应考虑敷设的长度和设计中规定的各种预留长度。

可见：该定额分册的册说明包含了以下信息：本册定额的适用范围（册说明第一条）、小工日调整方法（册说明第二条）、本定额用于拆除工程时的使用方法（册说明第四条）等。因此，各册定额的册说明也是概预算编制人员必须认真了解的一项内容。

（3）章节说明

如同学校的教材一样，在各册定额内容的组织结构中，又将定额内容进一步细分成不同的章、节，以方便定额项目的查询。对于定额分册的章节内容，定额中还编制了相应的章节说明，以指导定额的使用。

章、节说明的具体内容可参见相应的定额，部分定额的章、节说明举例说明如下，例如，定额第四分册（通信线路工程分册）第三章的章说明就包含了如下内容。

第三章 敷设架空光（电）缆

说明

一、挖电杆、拉线、撑杆坑等的土质系按综合土、软石、坚石三类划分。其中综合土的构成按普通土 20%、硬土 50%、砂砾土 30%。

二、本定额中立电杆与撑杆、安装拉线部分为平原地区的定额，用于丘陵、水田、城区时按相应定额人工的 1.3 倍计取；用于山区时按相应定额人工的 1.6 倍计取。

三、更换电杆及拉线按本定额相关子目的 2 倍计取。

四、组立安装 L 杆，取 H 杆同等杆高人工定额的 1.5 倍；组立安装井字杆，取 H 杆同等杆高人工定额的 2 倍。

五、高桩拉线中电杆至拉桩间正拉线的架设，套用相应安装吊线的定额；立高桩套用相应立电杆的定额。

六、安装拉线如采用横木地锚时，相应定额中不含地锚铁柄和水泥拉线盘两种材料，需另增加制作横木拉线地锚的相应子目。

七、本定额相关子目所列横木的长度，由设计根据地质地形选取。

八、架空明线的线位间如需架设安装架空吊线时，按相应子目人工定额 1.3 倍计取。

九、敷设档距在 100 米及以上的吊线、光（电）缆时，其人工按相应定额 2 倍计取。

十、拉线坑所在地表有水或严重渗水，应由设计另计取排水等措施费用。

十一、有关材料部分的说明：

1. 本定额中立普通品接杆高为 15 米以内，特种品接杆高为 24 米以内，工程中具体每节电杆的长度由设计确定。

2. 各种拉线的钢绞线定额消耗量按 9 米以内杆高、距高比 1:1 给定，如杆高与距高比根据地形地貌有变化，可据实调整换算其用量，杆高相差 1 米单条钢绞线的调整数如下：

制式	7/2.2	7/2.6	7/3.0
调整量	±0.31kg	±0.45kg	±0.60kg

再摘录部分节说明如下：

第一节 立杆

一、立水泥杆

工作内容：打洞、清理、组接电杆、立杆、装卡盘、装 H 杆腰梁、回填夯实、号杆等。

第二节 安装拉线

一、水泥杆单股拉线

工作内容：挖地锚坑，埋设地锚，安装拉线，收紧拉线、做中、上把、清理现场等。

由摘录的上述章、节说明可见，定额分册的章说明中包含了本章主要分部、分项工程的工作内容，工程量计算方法和本章节的相关规定、计量单位、起讫范围、应扣除和应增加的部分等。因此，定额的章、节说明和定额的使用密切相关，必须全面掌握。

（4）定额项目表

定额项目表是信息通信工程概预算定额中所包含的各定额项目的列表，是最为主要的部分，也是定额使用过程中要查询的主要内容，定额中的其他组成部分都是为定额项目表中定额项目的使用服务的。定额项目表的具体内容可参见具体的定额分册，部分摘录如下作为示例。

定额编号			TGD1-017	TGD1-018	TGD1-019	TGD1-020	TGD1-021	TGD-022
项目			人工开挖管道沟及人（手）孔坑					
			普通土	硬土	砂砾土	冻土	软石	坚石
定额单位			100m³					
名称		单位	数 量					
人工	技工	工日	—	—	—	—	6.00	24.00
	普工	工日	26.25	42.92	62.92	115.42	218.25	420.92
主要材料								
机械	燃油式空气压缩机(含风镐)6m³/min	台班	—	—	—	—	3.00	10.00

图 4-1 信息通信工程预算定额项目表示例图

由图 4-1 可见，定额项目表中主要包括以下内容。

① 定额项目名称。定额项目名称表示本定额项目对应的施工项目，如上图中的"开挖管道沟及人（手）孔坑"就是本定额项目的项目名称，它表示本定额项目是通信管道施工过程中"开挖管道沟及人（手）孔坑"这一工作内容所对应的定额。但要注意的是，有些情况下，同一工作内容的定额项目又会根据施工时所消耗材料、机械、仪器仪表等具体情况的不同细分成不同的定额条目，如上图所示的"开挖管道沟及人（手）孔坑"这一工作内容，显然在不同的土质情况下完成同样的开挖工作需要采用不同的施工工具和方法，比如，普通土情况下采用铁锹等简单工具人工开挖即可完成，而软石情况下就必须先进行爆破再使用风镐才能完成开挖工作，显然两种情况下所要消耗的人工、材料、机械都是不同的，因此定额中作为不同的定额条目分别列出。

② 定额编号。定额编号是定额项目所对应的定额条目的代号，定额编号的规则遵循定额总说明第十三条（定额子目编号原则），如图 4-1 中的"TGD1-018"等就是定额编号。定额编号一般与定额项目是一一对应的。

③ 计量单位。如图 4-1 中的"100m³"。

④ 人工。是指该定额项目下单位工程所消耗的人工，单位是"工日"。所谓工日是指一个工人工作 8 小时。按照我国现行概预算定额的编制办法，将信息通信工程施工人员又分为技术工人（简称技工）和普通工人（简称普工），所谓技工是指具有一定技术的施工人员，比如光纤熔接需要使用光纤熔接机，其操作需要工人经过培训掌握相应的操作技术后才能完成，因此通过光纤熔接进行光缆接续的施工人员就称为技工。与此相对应，普工就是指没有专门操作技术而只能提供体力劳动的普通工人，比如普通土质下开挖管道沟，只需普通人用铁锹挖土就可完成，不需要挖土人员具有专门的操作技术，因此这类人员就称为普工。定额项目表中将技工工日和普工工日分开统计。

注意：定额项目表中经常会看到某项目的消耗数量没有给出具体的数字，而是"—"，这是表示该定额项目不需要消耗此项内容，比如上图中的"普通土开挖管道沟和人（手）孔坑"项目的人工消耗情况，可以看到技工消耗是"—"，普工消耗是 26.25 工日，这就表示在普通土土质情况下开挖 $100m^3$ 的管道沟或人（手）孔坑不需要消耗技工，而需要一个普工工作 26.25 个工日，假如一日工作 8 小时，也就是需要一个普工工作 26.25 天。

⑤ 主要材料。是指该定额条目下完成单位工程量所要消耗的主要材料，包括所要消耗材料的种类、每种材料消耗量的计量单位以及在对应计量单位下所要消耗的数量。

如图 4-1 中定额项目表所示，"软石土质情况下开挖管道沟和人（手）孔坑"工作需要消耗的主要材料种类就包括硝铵炸药、雷管（金属壳）、导火索，每种材料消耗量的计量单位分别是"kg"、"个"、"m"，在完成该定额项目单位工程量（$100m^3$）的情况下每种材料所消耗的数量分别是"33.00"、"100.00"、"100.00"。也就是说，在软石土质情况下开挖 $100m^3$ 管道沟和人（手）孔坑需要消耗的主要材料是：铵炸药 33.00kg、金属壳雷管 100.00 个、导火索 100.00m。

注意：定额项目表中给出了每一个工作项目所要消耗的主要材料的种类、计量单位、单位工程量下的消耗数量，但是定额项目中并没有给出每种材料的价格，这就是定额编制的"量价分离原则"，即定额中只反映各项内容（人工、材料、机械、仪表）的消耗量，而不反映对应消耗内容的价格。

⑥ 机械。有些信息通信工程的施工只借助人力是无法完成的，比如图 4-1 中所示的"软石土质情况下开挖管道沟和人（手）孔坑"，再比如通信管道施工过程中的"开挖混凝土路面"，完成这些工作显然必须借助一定的机械才能完成。因此，我国现行的信息通信工程预算定额中对于需要借助机械才能完成的对应项目，在定额项目表中给出了所要消耗机械的种类、消耗量的计量单位以及单位工程量下的消耗量。按照现行的概预算编制办法，机械消耗量都是以"台班"作为计量单位的，所谓台班，是指一台机械工作 8 个小时，如果一天工作 8 小时算作一个班次，一个台班就是指一台机械工作一天。

如图 4-1 中"软石土质情况下开挖管道沟和人（手）孔坑"定额项目，从图中看到，其机械消耗情况是：要消耗的机械种类是"燃油式空气压缩机（含风镐）$6m^3/min$"、消耗量的计量单位是"台班"、单位工程量下的消耗量是 3.00。也就是说在软石土质情况下开挖 $100m^3$ 管道沟或人（手）孔坑，需要使用出风量 $6m^3/min$ 的燃油式空气压缩机（含风镐）3.00 个台班。

⑦ 仪表。有些信息通信工程的施工必须借助于一定的仪器仪表才能完成，比如光缆接续中的光纤熔接，就必须借助光纤熔接机才能完成，因此，我国现行的信息通信工程预算定

额中对于需要借助仪器仪表才能完成的对应项目，在定额项目表中给出了所要消耗仪器仪表的种类、消耗量的计量单位以及单位工程量下的消耗量。按照现行的概预算编制办法，仪器仪表消耗量也都是以"台班"作为计量单位的。

（5）备注

备注也是定额的一个组成部分，用来对相应的定额项目的使用进行注解说明。备注一般位于需要注解说明的定额项目表下面，并以"注:"字开头。如定额第五分册（通信管道分册）第二章第一节"混凝土管道基础"部分定额项目表下面就给出如下的备注：

注：本定额是按管道基础厚度为 80mm 时取定的。当基础厚度为 100mm、120mm 时，定额分别乘以 1.25、1.50 系数。

该备注放在"混凝土管道基础"部分定额项目表下面，注解说明了该部分定额编制时所考虑的因素和适用条件，也说明了实际使用该部分定额项目时应进行的处理。显而易见定额中的备注部分也是我们使用定额必须仔细阅读并真正理解的部分。

（6）附录

附录也是现行信息通信工程预算定额的一个组成部分，是指定额文本后所附加的一些对定额相关内容的补充说明，如"土壤及岩石分类表"，或者为了方便定额使用而附加的相应内容。附录一般作为附加内容放于对应分册的最后，如定额第五分册（通信管道工程预算定额）最后就附加了如下的一些附录。

附录一、土壤及岩石分类表
附录二、开挖土（石）方工程量计算
附录三、主要材料损耗率及参考容重表
附录四、水泥管管道每百米表管群体积参考
附录五、通信管道水泥管块组合图
附录六、100米长管道基础混凝土体积一览表
附录七、定型人孔体积参考表
附录八、开挖管道沟土方体积一览表
附录九、开挖100米长管道沟上口路面面积
附录十、开挖定型人孔土方及坑上口路面面积
附录十一、水泥管通信管道包封用混凝土体积一览表

这些附录可以减少对应部分工程量的计算，大大方便概预算的编制。

任务三　信息通信工程概预算定额的使用方法

对于信息通信工程概预算编制人员来说，除了要知道概预算定额的主要内容和组成结构，更关心的一个问题是概预算定额如何使用。对于信息通信工程概预算定额的使用，主要是根据所完成的工程量统计表,通过查询定额确定各工作项目在人工、材料、机械、仪器仪表方面的消耗。信息通信工程概预算定额的查询可按如下步骤来完成。

① 根据工作内容确定所属分册,即首先根据工作内容确定对应的定额项目应该在哪一册。

② 查阅所确定分册的目录,确定所属的章、节。

③ 查阅所确定章节的定额项目表,找到对应的定额条目。

④ 查阅所找到的定额条目,确定对应工作在人工、材料、机械、仪表方面的单位消耗量。

⑤ 对照定额的总说明、册说明、章节说明以及备注等说明内容,并参照实际施工要求,确定是否需要进行系数调整。

比如要查询丘陵地区档距110m的水泥杆上架设7/2.2规格的光缆吊线施工时在人工、材料、机械、仪表方面的定额单位消耗量,就可按照上述步骤查询如下。

① 确定所属分册。由于架设光缆吊线属于架空通信线路施工的内容,我们可以知道该工作内容对应的定额条目应该在第四册(通信线路工程定额)定额分册中。

② 确定所属章节。查阅第四分册的目录可知,该分册的第三章是"敷设架空光(电)缆",而第三章的第三节则是"架设吊线",和所要查询的"架设光缆吊线"的工作内容相符。所以可以确定所属的章节应该是第三章、第三节。

③ 确定对应定额条目。按照定额分册的目录指示,将第四分册定额翻到第73页,可以看到该节首先给出的是木线杆上架设吊线的定额,再继续翻到第75页,就可以看到水泥杆上架设吊线的定额项目表,再对照实际的施工要求"丘陵地区"和吊线规格是7/2.2,就可以确定对应的定额条目编号是TXL3-169。

④ 确定单位消耗量。从对应的定额条目TXL3-169对应的定额项目表中可以查阅到架设吊线的单位是"千米条",并可以查阅到架设单位数量(即1千米条)的吊线在人工、材料、机械和仪表方面的消耗量。

⑤ 确定是否需要系数调整。查看第四分册第三章的章说明部分,可以看到章说明的第九条"敷设档距在100米及以上的吊线、光(电)缆时,其人工按相应定额的2倍计取",由此可知,对于本实例中所要求的在档距110m的水泥杆上架设吊线来说,由于档距在100m以上,其人工消耗量需要进行系数调整,即按照定额项目所对应的人工消耗量两倍计取。

任务四

了解信息通信工程概预算定额使用过程中应注意的主要事项

如前所述,正确查询定额是确定信息通信工程人力、材料、机械以及仪表消耗量的基础，对定额必须能够正确、熟练地使用，为此，必须注意以下事项。

（1）必须注意是否需要进行系数调整

现行的通信建设工程预算定额是按照社会平均技术水平和劳动组织条件经过一定的测算而得到的，其内容只能反映普遍的、通用的施工内容和施工工艺方法，而不可能面面俱到。对于实际需要采用的、而定额中没有直接对应条目的部分施工内容，可以通过使用相近的定额条目乘以一定的调整系数而得到其相应的消耗量。那么，哪些情况下需要进行系数调整（也即需要乘以调整系数）？需要调整时系数又该如何选取？就需要我们在使用定额时必须加以注意。

对于我国现行的信息通信工程建设预算定额来说，其定额组成中的总说明、册说明、章节说明以及备注这些相应的使用说明部分对需要进行系数调整的情况，以及系数调整的方法给出了相应的规定和说明，因此，在使用定额时必须认真阅读、并正确理解上述的各项说明内容，以便在需要的时候能够正确地对定额项目表中所示的各方面消耗量进行系数调整。

当然，定额项目表中包含的定额项目繁多，需要进行系数调整的情况也比较多，靠死记硬背显然是不行的。对于信息通信工程概预算编制的初学者而言可以通过多翻阅相应的说明内容，或者借助于计算机概预算编制软件的提示来确定调整系数。随着概预算编制经验的不断积累，对于定额项目的系数调整自然就会慢慢熟悉起来。

（2）必须随时关注定额的发展变化

正如定额的概念所反映的，定额是在一定的生产技术和劳动组织条件下测算得到的，定额的内容具有一定的时效性。随着生产技术和劳动组织条件的发展变化，以及国家相应管理政策的变化，已有的定额内容就可能需要做出相应的调整或补充，在这种情况下，国家主管部门往往会发布相应的通知对原有定额内容进行相应的调整或补充。因此，信息通信工程概预算的编制人员必须随时关注和了解定额内容的调整或变化情况，以保证定额使用的正确性。

【任务总结】

本教学任务主要是通过对信息通信工程概预算定额相知识的了解，掌握我国现行信息通信工程建设概预算定额的构成和使用方法，从而能够正确地查询和使用定额，确定信息通信工程过程中人工、材料、机械和仪表的消耗量。本任务牵涉的主要知识点和技能主要包括以下方面。

① 定额的概念和主要特性。定额是反映一定的技术和生产组织条件下完成单位合格产品在人工、机械、材料等方面消耗应当遵循的标准。作为标准，定额的编制必须具备一定的科学性，其内容必须具有相应的权威性，其执行也具有强制性。同时，由于定额是在一定的技术和生产组织条件下测算编制出来的，因此其内容具有一定的相对性，应该随着技术和生产组织条件的发展不断更新完善。

② 我国现行信息通信工程建设概预算定额的组成结构。我们现阶段编制通信建设工程概预算使用的是国家工业和信息化部2016年451号文件所发布的定额，常称为2016版定额或451定额。现行定额根据通信建设工程所属专业的不同将定额项目表集结成五个分册，分别是：

第一册　通信电源设备安装工程（册代号TSD）；

第二册　有线通信设备安装工程（册代号 TSY）；
第三册　无线通信设备安装工程（册代号 TSW）；
第四册　通信线路工程（册代号 TXL）；
第五册　通信管道工程（册代号 TGD）。

③ 我国现行信息通信工程建设概预算定额的使用方法。通信定额的查询可遵循如下过程：

确定所属分册——→查看分册目录确定所属章节——→查询所属章节的定额项目表——→确定所对应定额条目。

同时使用定额条目确定人工、材料、机械仪表的消耗量时还应查看定额的总说明、册说明、章节说明以及定额项目表下面的备注，以确定是否需要进行系数调整。

【思考与练习】

1. 简答题
(1) 什么是定额？
(2) 定额有哪些基本特性？
(3) 我国现行的信息通信工程概预算定额分成哪几个分册？
(4) 我国现行的信息通信工程概预算定额主要由哪几部分组成？

2. 填空题
(1) 我国现行的信息通信工程概预算定额主要包括第一册_____、第二册_____、第三册_____、第四册_____、第五册_____共五个分册。
(2) 定额编号 TSW3-002 对应的定额项目在_____分册的第_____章。

3. 综合练习题
试为下表中的各工作项目查找对应的定额条目，并确定对应的调整系数。

序号	定额编号	工作项目名称	调整系数
1		安装直流配电屏	
2		人工开挖混凝土路面(30cm 厚)	
3		做 120mm 厚、35cm 宽 C10 混凝土管道基础	
4		平原地区敷设埋式光缆(36 芯)	
5		拆除架空自承式电缆(50 对)	
6		丘陵地区木电杆架设 7/2.2 吊线 120m(档距 120)	
7		安装组合式馈电屏	
8		LTE/4G 基站系统调测 6 载扇	
9		地面铁塔(50m 高)安装定向天线	

项目五
信息通信工程概预算表格的编制

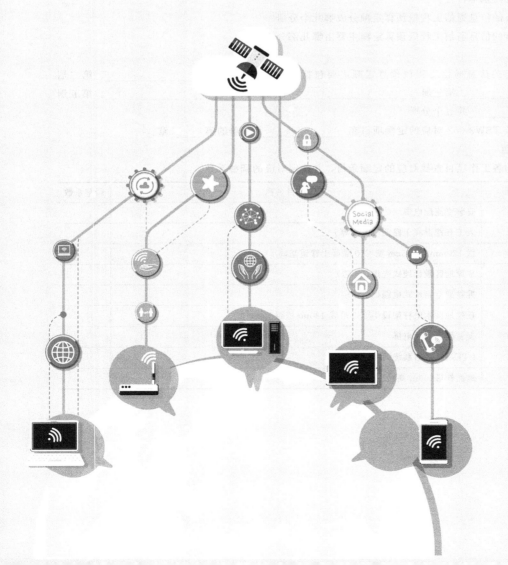

任务一 信息通信工程概预算相关信息的确定

内容一 工程项目管理的基础知识了解

在确定信息通信工程的概预算信息时需要用到一部分工程项目管理的相关知识，在此作以简单介绍。

1. 几个基本概念

（1）建设项目

建设项目是指按一个总体设计进行建设、经济上实行统一核算、行政上有独立的组织形式、实行统一管理的建设单位。凡属于一个总体设计中分期分批进行建设的主体工程和附属配套工程、综合利用工程等都应作为一个建设项目。

由上述定义可知，建设项目是一个比较大的工程建设管理方面的概念，由于涵盖的建设内容较多、投资较大，建设周期也比较长，一般需要分期、分批建设。比如中国移动通信公司如果要新建一张覆盖全国的 5G 移动通信网络，就需要包含各个省份的室内交换、传输设备的安装、室外的基站天线设备的安装、传输线路建设等建设内容，需要投入的资金量会比较大，建设周期也会比较长。

（2）单项工程

单项工程是指具有单独的设计文件，建成后能够独立发挥生产能力或效益的工程。相对于建设项目，单项工程是一个较小的工程管理概念，一个较大的建设项目一般可以分成多个单项工程进行建设和管理，比如前述的中国移动通信公司的 5G 移动通信网络建设项目，就可以将各省份的网络建设作为单项工程分期、分批进行建设和管理，最后再将各省份的网络互相连接成一张覆盖全国的移动通信网络进行管理。

通信建设工程的概预算就是针对单项工程来编制的。

（3）单位工程

单位工程是指具有独立的设计，可以独立组织施工的工程。单位工程又是一个比单项工程更小的工程管理概念。

上述工程建设管理的几个概念之间的关系可以用图 5-1 表示。

图 5-1 项目管理概念关系示意图

2. 工程的建设性质

根据工程建设的基础和起点的不同,通常又将工程建设的性质分成如下几类。

① 新建项目:顾名思义,新建项目是指从无到有、新开始建设的项目。同时按照国家的相关规定,对于基础较小、需要重新进行总体设计,且建成后新增加的固定资产价值超过原有固定资产价值3倍以上的项目,也看作新建项目。如我国第三代移动信息通信工程的建设项目,由于是从无到有的过程,因此就属于新建项目。

② 扩建项目:是指为了扩大原有项目的生产能力和效益,或者为了对原有项目增加新的生产能力或效益而在已有项目基础上扩充建设的项目。如通信网络的扩容项目就属于扩建项目。

③ 改建项目:是指为提高原有项目的生产效益、改进产品质量,而对原有项目的设备或工艺流程进行改进的建设项目。包括在原有项目基础上而增加的附属和辅助性的生产设施建设项目、生产设备的改装项目等也属于改建项目。如通过增加相应的部分设备,将2G的移动通信网络升级到2.5G的移动通信网络的工程项目就属于通信网络的改建项目。

④ 恢复项目:是指因自然灾害、战争或人为的灾害等原因造成全部或部分报废,而后又投资在原地进行恢复建设的工程项目。对于因灾被毁而需要重新建设的工程项目,不论是按照原有的规模进行恢复重建,还是在恢复重新时进行规模的扩充,都作为恢复项目看待。如地震地区被损毁而需要在原地重新建设的信息通信工程建设项目即是恢复项目。

⑤ 迁建项目:是指由于各种原因将工程迁移到其他地方建设的工程项目,当将工程迁移到其他地方建设时,不论是否维持原有的工程规模都作为迁建项目。

不同性质的信息通信工程概预算的计费方法是有差别的。

3. 信息通信工程的建设过程及所需费用文件

为了保证工程建设的效率和质量,信息通信工程建设需要遵循一定的基本管理过程。一般信息通信工程的建设过程可分为三个大的阶段,如图5-2所示。

(1) 工程立项阶段

立项阶段是工程建设的起始阶段,也是工程建设的准备阶段,立项阶段要完成的主要工作包括以下方面。

① 提出项目建议书

凡列入长期计划或建设前期工作计划的项目,应该有批准的项目建议书。各部门、各地区、各企业根据国民经济和社会发展的长远规划、行业规划、地区规划等要求,经过调查、预测、分析,提出项目建议书。

② 编制可行性研究报告

对于投资加大、较为复杂的建设项目在立项阶段应对项目的可行性进行研究,并编制可行性研究报告,可行性研究的主要目的是对项目在技术上是否可行和经济上是否合理进行科学的分析和论证,以为项目的立项提供较为充分的依据。

(2) 工程实施阶段

信息通信工程经过立项阶段的可行性研究并获得立项批准后,就可以进入工程实施阶段。工程实施阶段是信息通信工程建设的具体施工阶段,也是最主要的工程建设阶段,工程实施阶段包含的工作内容较多,主要包括以下方面。

① 工程设计。工程建设获得立项批准后,就要开始对工程的性能、结构、设备选型等

方面进行设计。根据工程设计的具体内容和详细程度不同，信息通信工程的设计又可分成初步设计、详细设计和施工图设计。

所谓初步设计，是指在项目设计的开始阶段，根据批准的可行性研究报告，以及有关的设计标准、规范，并通过现场勘察对工程进行的设计。此时可能一些具体的细节问题还不能确定，因此只能先对工程的总体情况进行比较粗略的初步设计。

而详细设计又称技术设计，是指随着设计过程的不断深入，那些初步设计阶段没有明确的细节问题不断得到明确，此时就可对工程建设的各种细节进行比较详细的设计。信息通信工程的详细设计是信息通信工程施工招标和设备购买的主要依据。

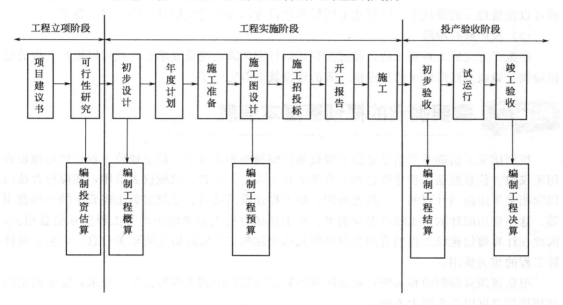

图 5-2　信息通信工程建设阶段及对应费用文件示意图

工程设计文件是安排建设项目和组织施工的主要依据，一个建设项目，在资源利用上是否合理，场区布置是否紧凑、适度，设备选型是否得当，技术、工艺、流程是否先进合理，生产组织是否科学、严谨，是否能以较少的投资取得产量多、质量好、效率高、消耗少、成本低、利润大的综合效果，在很大程度上取决于设计质量的好坏和水平的高低。因此设计文件必须由具有工程勘察设计证书和相应资质等级的设计单位编制。实际信息通信工程的设计一般由具有相应设计资质的信息通信工程设计单位负责完成。

所谓施工图设计是指根据施工现场的实际环境和施工技术条件，对工程建设的施工细节进行设计，并最终绘制出工程的施工图纸。施工图设计所完成的施工图纸是直接指导工程施工的技术文件。

而根据工程项目的复杂程度不同，信息通信工程的设计又可分成一阶段设计、二阶段设计、三阶段设计。

一阶段设计是指对于较小的信息通信工程建设项目在设计时一步完成，直接进行施工图设计。

二阶段设计是指对于较为复杂的信息通信工程设计，分成初步设计和施工图设计两阶段完成。

三阶段设计是指对于大型信息通信工程的设计，通常采用初步设计、技术设计、施工图设计三个阶段完成。

采用不同的设计阶段对概预算编制的要求是不同的。

② 工程施工招标。为了降低信息通信工程的施工成本，按照工程建设的相关规定，现在的信息通信工程建设一般通过公开招标的方式确定工程的施工方和工程监理方。在信息通信工程的设计完成后，就可以根据工程的设计结果进行工程施工方和监理方的招标，以确定工程的施工方和监理方。

③ 工程施工。在通过公开招标确定了信息通信工程建设的施工方和监理方后，施工方就可以在监理方的监理下，按照施工图纸和建设方的要求完成信息通信工程的施工。

(3) 投产验收阶段

在施工方完成工程施工后，经过工程试运行完全满足建设要求后，就可以组织工程的建设验收，验收通过后整个信息通信工程的建设就全部完成了。

内容二　需要确定的概预算基本信息

按照国家工信部关于信息通信工程概预算编制的相关规定，信息通信工程总体的建设费用不仅包含信息通信工程建设过程中直接消耗的人工、材料、机械仪表费用，还应包含按照国家相关规定应当计列的一些其他费用，如工程建设其他费、建筑安装工程费中的一些费用等，这些费用的计取和工程的专业类型、施工现场与施工企业的距离等工程实际信息相关，因此在计算通信建设工程的费用之前必须先明确这些工程实际施工的相关信息，以便正确计算工程的相关费用。

根据概预算编制的相关规定和实际概预算文件编制的相关内容及格式要求，需要确定的概预算信息可以分为两大方面。

1. 工程基本信息

工程的基本信息主要是指信息通信工程的一些总体的基本信息，主要包括以下内容。

① 建设项目名称：指建设项目的名称，如×××通信网络建设项目。

② 单项工程名称：指本概预算文件所对应的单项工程的名称。

③ 建设单位名称：指工程的投资建设单位的名称。

④ 概预算编制单位名称：指本概预算文件的编制单位的名称。

⑤ 概预算编制相关人员信息：本概预算文件编制相关的编制人员、校对人员、审核人员的姓名。

2. 工程属性信息

主要包括以下内容。

① 所要编制的概预算类型。指所要编制的费用文件的类型，可选类型包括概算、预算、结算、决算。

② 单项工程的建设性质。指单项工程的建设性质是新建工程、扩建工程还是拆除工程。

③ 单项工程类型。是指单项工程的专业类型，包括通信线路工程、通信管道工程、综合布线工程、移动通信基站设备安装工程、有线通信设备安装工程、无线设备安装工程、通信电源设备安装工程等类型。

正确选择信息通信工程的类型是编制信息通信工程概预算的一项必不可少的基础工作，因为按照国家主管部门的相关规定，不同类型的信息通信工程所要计取的具体费用可能不同，比如通信线路工程或通信管道工程的概预算编制过程中可以计取工程干扰费，而通信设备安装工程就不能计取工程干扰费。对于能够计取的同一项费用，不同类型的信息通信工程采用的费率也可能并不相同，例如：不同类型的信息通信工程概预算费用中都可计入辅助材料费，表 5-1 所示是我国工信部 2016 年所颁布的信息通信工程概预算费用定额中所给出的辅助材料费费率表。

表 5-1 辅助材料费费率表

工程名称	计算基础	费率/%
通信设备安装工程	主要材料费	3.0
电源设备安装工程		5.0
通信线路工程		0.3
通信管道工程		0.5

由表 5-1 可见，不同类型的信息通信工程其辅助材料费的费率是不同的。因此，在编制信息通信工程概预算时，必须根据工程的实际情况正确选择工程的专业类型。

④ 是否计取小工日调整。按照国家主管部门的相关规定，对于信息通信工程概预算的编制，当通信线路和通信管道工程建设消耗的总工日小于 100 工日时，可以按照相关规定调增 15%，总工日在 100~250 工日之间时，可以调增 10%，但也有的建设方要求不进行调整。因此对于小型的通信线路建设工程概预算编制，在编制概预算之前必须明确如果该工程的总消耗工日小于 250 工日时是否按照相关规定计取小工日调整。

⑤ 施工现场与施工企业的距离。指施工企业驻地距施工现场的距离，以公里计。

⑥ 大型机械的调遣吨位。当施工企业需要从远距离调遣大型施工机械时，无疑需要消耗一定的资金费用，大型施工机械的调遣费用根据所调遣施工机械的多少和调遣的距离来计算。施工过程中需要远距离调遣的大型施工机械的多少就以所调遣机械的吨位计量，计量单位是吨。

⑦ 大型机械的调遣距离。即所调遣施工机械的距离，以公里计。

⑧ 是否计取预备费及相应的费率。预备费是指在初步设计及概算内难以预料的工程费用。预备费又可分为基本预备费和价差预备费，其中基本预备费主要是指以下方面。

◆ 进行技术设计、施工图设计和施工过程中，在批准的初步设计和概算范围内所增加的工程费用。

◆ 由一般自然灾害所造成的损失和预防自然灾害所采取的措施费用。

◆ 竣工验收为鉴定工程质量，必须开挖和修复隐蔽工程的费用。

而价差预备费是指考虑初步设计编制工程概算时设备、材料的参考价格与以后设备和材料的实际采购价格之间的差别而计列的一项补偿费用。

根据国家主管部门的相关规定，当编制通信建设工程初步设计概算或一阶段设计工程的施工图预算时，应该按照一定的费率记取预备费，但实际编制信息通信工程的概预算时，也有工程的投资建设方提出要求不需记取预备费。因此，在实际编制信息通信工程该预算时必须明确本工程是否需要记取预备费，当需要记取预备费时，还必须设定预备费的费率。

⑨ 施工队伍的调遣距离。与机械调遣费用相类似，当工程施工需要从较远的距离调遣施工队伍时，也需要在工程的概预算文件中计列一定的施工队伍调遣费用。按照国家主管部门的相关规定，施工队伍调遣费由施工队伍的调遣距离、需要调遣的人数以及施工队伍的单程调遣费用等几个方面的因素共同决定。其中施工队伍的调遣距离是指从施工队伍的驻地到施工现场的距离，以公里计，如某工程施工队伍的调遣距离为 40 公里。

⑩ 施工队伍的调遣人数。指工程施工时需要调遣的施工队伍人数。

⑪ 施工队伍的单程调遣费用。是指施工队伍调遣时的单程费用，以"元"为单位。

⑫ 主要材料运输距离。对于信息通信工程概预算的编制，其中的材料和设备费用不仅包含材料的购买原价，而且应包含材料和设备的运输费用，显而易见，材料的运输费用是和材料的运输距离有关的。因此，在编制通信建设工程的概预算时必须明确材料的运输距离信息，材料的运输距离是指从材料的生产或经销厂家到施工单位材料存放仓库的距离，以"千米"为单位。

⑬ 各主要材料的运杂费系数。材料运杂费是指材料自来源地运至工地仓库（或指定堆放地点）所发生的费用，材料运杂费的计算是通过材料的购买价格乘以费率系数而得到的，该费率系数就称为主要材料的运杂费系数。在编制信息通信工程的概算或预算时，必须明确主要材料的运杂费系数，以便计算概预算文件中的材料费。

⑭ 材料的运输保险费系数。材料的运输保险费也是编制信息通信工程概预算时材料费中所包含的一项费用，具体是指材料（或器材）自来源地运至工地仓库（或指定堆放地点）所发生的保险费用。其确定方法是用材料的购买原价乘以一定的系数来得到，该系数就称为材料的运输保险费系数。

⑮ 材料的采购及保管费系数。按照相关规定，信息通信工程建设的材料费还应包含材料的采购及保管费，材料的采购及保管费是指为组织材料采购及材料保管过程中所需要的各项费用，其确定方法是用材料的购买原价乘以一定的系数来得到，该系数就称为材料的采购及保管费系数。

内容三 概预算相关信息的确定

1. 概预算相关信息确定的主要依据

由上可见，在编制信息通信工程的概预算时，需要确定的相关信息还是比较多的，当然这些相关信息的确定不能由概预算的编制人员自由随意来定，而是要遵循一定的规则和依据，只有这样编制出来的概预算结果才是真实可靠的，才能得到相关单位的认可，才能用来指导信息通信工程的建设和管理。总体来说，上述各相关信息的确定依据主要包括以下几个方面。

① 工程建设的实际情况。如前所述，信息通信工程概预算作为工程建设和管理的费用文件，其内容反映的是工程建设过程在人力、材料等相关方面的消耗，显然，概预算文件中各项费用的计算结果应和工程的实际消耗结果尽量一致。因此，信息通信工程概预算编制过程中各相关信息确定的一个主要依据就是工程建设的实际情况，如前述的"施工现场与施工企业的距离""大型机械的调遣吨位""大型机械的调遣距离""施工队伍的调遣距离""施工队伍的调遣人数"等相关信息的确定，都应依据工程建设的实际情况来确定。

尤其是对于通信建设工程决算或结算文件的编制来说，由于此时工程建设过程已经实际完成，各实际情况已经发生，因此各相关信息就应完全根据实际情况确定，如是否有施工机械调遣情况，是否有施工队伍调遣情况，以及具体的施工机械调遣吨位和调遣距离，施工队伍的调遣人数、调遣距离等信息实际都已明确，因此完全可以根据实际情况确定相关概预算信息。

② 工程投资建设方的要求。在实际的信息通信工程建设和概预算编制过程中，为了便于工程的管理或其他实际原因，工程的投资建设方往往会对工程概预算编制过程中某些费用的记取与否，以及记取的方法提出自己的要求，对于这种情况，信息通信工程概预算编制过程中相关信息的确定就应依据工程投资建设方的要求。如编制通信建设工程的概算时是否记取预备费等。

③ 国家主管部门的相关规定。对于通信建设工程概算和预算的编制来说，由于工程的实际施工尚未发生，编制工程建设概算时甚至施工企业都未确定，工程的材料和器材可能也尚未实际采购，当然也就无法根据实际施工情况确定概预算编制的相关信息。为了方便信息通信工程概预算文件的编制，国家相关部门颁布了相应的费用定额及相关的规章、规定，并在费用定额和相关规定中明确了相关信息的确定方法。此时，国家主管部门的相关规定就成为确定概预算编制相关信息的基本依据。

2. 概预算相关信息的具体确定

（1）工程基本信息的确定

由于信息通信工程概预算的编制是在信息通信工程的设计和施工图纸出来后进行的工作，因此"建设项目名称""单项工程名称""建设单位名称"等工程相关的基本信息可以从工程的设计文件中查阅得到。

（2）工程属性信息的确定

根据上述的相关信息确定的依据和原则，各相关基本属性信息的确定如下所述。

① 概预算类型的确定。如前所述，概预算作为信息通信工程建设过程中的费用文件的统称，包含了概算、预算、决算、结算等不同的具体类型，不同类型的费用文件对定额的使用、所包含的具体费用及费用的确定方法各不相同，因此在编制信息通信工程概预算时，必须首先确定所要编制的概预算的类型。信息通信工程的不同建设阶段对应不同类型的费用文件。

在工程的设计阶段：如工程采用三阶段设计或二阶段设计，则初步设计时须编制工程概算，施工图设计时须编制工程预算；如工程采用一阶段设计，则应编制工程预算。

在工程的竣工验收阶段：初步竣工时编制的费用文件是工程结算，工程全部验收编制的费用文件是工程决算。

② 工程建设性质的确定。工程的建设性质在工程的立项和设计文件中会有描述，因此该工程信息可以从工程的立项和设计文件中查阅确定。

③ 单项工程类型的确定。如前所述，由于不同的信息通信工程类型其计费不同，因此编制信息通信工程概预算时必须确定单项工程的工程类型。单项工程是根据工程的实际建设内容来确定的。

④ 是否计取小工日调整。该参数的确定主要根据工信部的相关规定和工程投资建设方的相关要求确定：如工程建设方明确提出本工程不计取小工日调整，则将该参数设置为"不计取小工日调整"；如工程建设方没有提出明确的要求，则按照工信部的规定将该参数设置

为"计取小工日调整"。

⑤ 施工机械调遣费相关信息的确定。施工机械调遣费相关信息包括了前述的"施工机械调遣吨位""施工机械调遣距离"等信息，如果建设方明确要求本工程不计取施工机械调遣费，则将"施工机械调遣吨位"和"施工机械调遣距离"两个参数全部设置为"0"，如果工程建设方没有提出明确的不计取要求，则该信息的确定按照国家主管部门的规定。

◆ 如果编制的是概算和预算，大型施工机械的调遣吨位按照表 5-2 确定。

表 5-2 大型施工机械调遣吨位表

机械名称	吨位	机械名称	吨位
混凝土搅拌机	2	水下光(电)缆沟挖冲机	6
电缆拖车	5	液压顶管机	5
微管微缆气吹设备	6	微控钻孔敷管设备(25吨以下)	8
气流敷设吹缆设备	8	微控钻孔敷管设备(25吨以上)	12
回旋钻机	11	液压钻机	15
型钢剪断机	4.2	磨钻机	0.5

◆ 如果编制的是工程的结算和决算，则按照工程建设过程中实际发生的施工机械调遣情况按实确定相关信息和施工机械调遣费用。

⑥ 施工队伍调遣费相关信息的确定。施工队伍调遣费相关信息包括了"施工队伍调遣人数""施工队伍调遣的单程费用""施工队伍的调遣距离"等，按照国家主管部门的相关规定，当施工企业距施工现场的距离小于或等于35km时，不计取施工队伍调遣费，这种情况下将施工队伍调遣费相关的前述各项信息的值都视为"0"即可。当施工企业和施工现场的距离大于35km时，如果工程投资建设方明确提出不计取施工队伍调遣费，则同样将施工队伍调遣费相关的前述各项信息的值都视为"0"即可；反之，则按照国家相关规定确定施工队伍调遣的相关信息。

◆ 如果编制的是工程概算或预算，首先根据工程合同施工方的实际情况确定施工队伍的调遣距离，而后根据工信部信息通信工程概预算费用定额的相关规定，按照表 5-3 确定施工队伍调遣人数。

由表 5-3 可见，信息通信工程概算和预算编制过程中，施工队伍调遣人数的确定和信息通信工程的类型有关，即在工程所消耗的总工日相同的情况下，不同专业类型的信息通信工程需要调遣的人数是不同的，这就是我们前面强调的要正确选择工程类型的原因。

而施工队伍调遣的单程费用则按照表 5-4 确定。

表 5-3 施工队伍调遣人数表

通信设备安装工程			
概(预)算技工总工日	调遣人数/人	概(预)算技工总工日	调遣人数/人
500 工日以下	5	4000 工日以下	30
1000 工日以下	10	5000 工日以下	35
2000 工日以下	17	5000 工日以上，每增加 1000 工日增加调遣人数	3
3000 工日以下	24		

续表

通信线路、通信管道工程			
概(预)算技工总工日	调遣人数/人	概(预)算技工总工日	调遣人数/人
500 工日以下	5	9000 工日以下	55
1000 工日以下	10	10000 工日以下	60
2000 工日以下	17	15000 工日以下	80
3000 工日以下	24	20000 工日以下	95
4000 工日以下	30	25000 工日以下	105
5000 工日以下	35	30000 工日以下	120
6000 工日以下	40	30000 工日以上,每增加 5000 工日增加调遣人数	3
7000 工日以下	45		
8000 工日以下	50		

表 5-4　施工队伍调遣的单程费用表

调遣里程 L/km	调遣费/元	调遣里程 L/km	调遣费/元
$35<L\leqslant100$	141	$1600<L\leqslant1800$	634
$100<L\leqslant200$	174	$1800<L\leqslant2000$	675
$200<L\leqslant400$	240	$2000<L\leqslant2400$	746
$400<L\leqslant600$	295	$2400<L\leqslant2800$	918
$600<L\leqslant800$	356	$2800<L\leqslant3200$	979
$800<L\leqslant1000$	372	$3200<L\leqslant3600$	1040
$1000<L\leqslant1200$	417	$3600<L\leqslant4000$	1203
$1200<L\leqslant1400$	565	$4000<L\leqslant4400$	1271
$1400<L\leqslant1600$	598	$L>4400$km 时,每增加 200km 增加	48

◆ 如果编制的是工程结算或决算文件,则施工队伍调遣的相关信息(调遣人数、调遣距离、单程调遣费用等)按照工程施工过程中实际发生的情况确定。

⑦ 主要材料运输距离的确定。主要材料的运输距离确定材料运杂费的计取结果,该信息按照实际材料的运输距离进行确定。

⑧ 主要材料运杂费费率的确定。按照工信部信息通信工程概预算费用定额的相关规定,主要材料的运杂费系数根据材料的运输距离和材料类别进行确定,编制概算时,除水泥及水泥制品的运输距离按 500km 计算,其他类型的材料运输距离按 1500km 计算,具体如表 5-5 所示。

由表 5-5 可知:在确定材料运杂费系数时,首先将信息通信工程的主要材料分成了光缆、电缆、塑料及塑料制品、木材及木制品、水泥及水泥构件、其他等几个不同类别,然后根据不同的运距确定运杂费系数,因此在确定材料的运杂费系数时,应首先将工程实际使用的材料分别归类到相应的材料类别,然后分别确定材料的运杂费系数。

⑨ 材料运输保险费费率的确定。对于信息通信工程概算或预算的编制,按照主管部门的规定,材料运输保险费的费率固定为 0.1%。对于信息通信工程决算或结算的编制,材料

运输保险费费率按照实际情况确定。

表 5-5 主要材料运杂费费率表

费率/% \ 器材名称 \ 运距 L/km	光缆	电缆	塑料及塑料制品	木材及木制品	水泥及水泥构件	其他
L≤100	1.3	1.0	4.3	8.4	18.0	3.6
100<L≤200	1.5	1.1	4.8	9.4	20.0	4.0
200<L≤300	1.7	1.3	5.4	10.5	23.0	4.5
300<L≤400	1.8	1.3	5.8	11.5	24.5	4.8
400<L≤500	2.0	1.5	6.5	12.5	27.0	5.4
500<L≤750	2.1	1.6	6.7	14.7	—	6.3
750<L≤1000	2.2	1.7	6.9	16.8	—	7.2
1000<L≤1250	2.3	1.8	7.2	18.9	—	8.1
1250<L≤1500	2.4	1.9	7.5	21.0	—	9.0
1500<L≤1750	2.6	2.0	—	22.4	—	9.6
1750<L≤2000	2.8	2.3	—	23.8	—	10.2
L>2000km 每增 250km 增加	0.3	0.2	—	1.5	—	0.6

⑩ 材料采购及保管费费率的确定。根据工信部的相关规定，在编制信息通信工程概算或预算时，材料采购及保管费费率按照表 5-6 确定。

表 5-6 材料采购及保管费费率表

工程名称	计算基础	费率/%
通信设备安装工程	材料原价	1.0
通信线路工程		1.1
通信管道工程		3.0

从表 5-6 中可以再次看到，费率的确定和单项工程所属的专业类型有关，因此，在编制信息通信工程概预算文件时，一定要首先选择正确的工程专业类型。

⑪ 是否计取预备费。在编制三阶段设计、二阶段设计信息通信工程的概算，和编制一阶段设计信息通信工程的施工图预算时，如果工程建设方明确要求不计取预备费，则将该信息参数设为"不计取预备费"。反之，如果建设方没有提出明确要求，则按照相关要求应将该信息参数确定为"计取预备费"，并按照相关规定确定预备费费率，如表 5-7 所示。

表 5-7 预备费费率表

工程名称	计算基础	费率/%
通信设备安装工程	工程费＋工程建设其他费	3.0
通信线路工程		4.0
通信管道工程		5.0

由表 5-7 可见，预备费费率也是和工程的专业类型相关的。

内容四 概预算基本信息确定举例

假设×××市电信公司投资建设某新建住宅小区的配线管道工程,该工程采用一阶段设计,由×××信息通信工程设计研究院负责完成施工图设计,现要求编制该工程的施工图预算,并要求如下。

① 本工程不计取小工日调整。
② 本工程施工企业与施工现场的距离约40km。
③ 本工程不计取施工机械调遣费。
④ 本工程主要材料运输距离约40km。

试根据要求确定本工程概预算编制的相关信息。

由根据上述信息可确定本工程的相关信息如下。

① 工程名称:某住宅小区配线管道工程。
② 建设单位:×××市电信公司。
③ 概预算编制单位:×××信息通信工程设计研究院。
④ 工程类型:由于该工程为配线管道工程,因此该工程的工程类型为"通信管道工程"。
⑤ 工程性质:由于该工程所在地域为新建住宅小区,显而易见,本工程的建设性质应为"新建工程"。
⑥ 概预算类型:编制要求中已经明确要编制该工程的施工图预算,因此概预算类型应确定为"预算"。
⑦ 是否计取小工日调整:工程建设方已经明确要求,本工程不计取小工日调整。
⑧ 施工企业与施工现场的距离:40km。
⑨ 大型施工机械调遣吨位、施工机械调遣距离:由于工程建设方要求本工程不计取施工机械调遣费,因此,可确定大型施工机械调遣吨位为"0吨",大型施工机械的调遣距离为"0km"。
⑩ 施工队伍调遣的相关信息,由于建设方没有提出特殊要求,且施工企业与施工现场的距离:40km,因此应按照规定确定相关信息并计取施工队伍调遣费。根据给定的相关信息,施工队伍的调遣距离可确定为40km,查阅表5-4可知,单程队伍的调遣费用为141元,施工队伍的调遣人数需要根据后继计算出工程消耗的总工日并查阅表5-3确定,查表时应注意本工程的工程类型为通信管道工程。
⑪ 主要材料运输距离:40km。
⑫ 主要材料运杂费费率:由于本工程材料的运输距离为40km,查阅表5-8可知本工程主要材料的运杂费费率如表5-8所示。

表 5-8 材料运杂费费率表

器材名称 费率/% 运距 L/km	光缆	电缆	塑料及塑料制品	木材及木制品	水泥及水泥构件	其他
40	1.3	1.0	4.3	8.4	18.0	3.6

⑬ 材料运输保险费费率：0.1%。

⑭ 采购及保管费费率：根据表 5-6 可知，本工程为通信管道工程，材料采购及保管费费率为 3.0%。

⑮ 是否计取预备费及预备费费率：由于本工程采用的是一阶段设计，且建设方没有要求不计取预备费，那么编制施工图预算时就应计取预备费，并通过查阅表 5-7 可知，预备费费率应为 5.0%。

【任务总结】

本教学项目主要是根据相关规定和建设方要求确定工程概预算编制过程中所需的相关信息，以便为后继的概预算相关费用的计算做好相应的准备。通过本教学项目的完成，应该做到以下方面。

① 熟悉信息通信工程概预算编制过程中需要确定哪些相关信息，为什么必须明确这些相关的信息。

② 了解概预算相关信息确定的基本依据是什么。

③ 能够根据工程的实际情况和国家的相关规定具体确定工程的相关信息。

任务二 建筑安装工程量概（预）算表（表三甲）的编制

内容一　了解建筑安装工程量概（预）算表（表三甲）基础知识

1. 表三甲的基本概念

建筑安装工程量概预算表通常简称表三甲，顾名思义，该表格是反映信息通信工程中建设过程中建筑安装工程量的概预算表格，是国家规定的十张信息通信工程概预算表格中的一张，也是信息通信工程概预算编制过程中要编制的第一张表格。表三甲反映了信息通信工程建设过程中施工的具体内容项目，以及每个施工项目工程量的大小，同时也直接反映了信息通信工程建设过程中人工的消耗情况，包括技工和普工分别的消耗情况。信息通信工程建设过程中的人工消耗量的大小以工日表示。

2. 为什么要填写表三甲？

任何信息通信工程的建设都需要消耗一定的人力、材料以及相应的机械/仪表。比如我们要建设一段通信管道，就需要有相应的工人和技术人员完成管道线路的测量、管道沟的开挖、管道基础及人手孔的建设、管道的敷设等一系列的工作，同时在施工过程中也可能要使用挖掘机、起重机等相应的施工机械，当然也要消耗相应的钢筋、水泥、砖块、通信管道等工程材料。信息通信工程概预算文件就是对信息通信工程建设过程中人力、机械仪表和工程材料等方面的消耗情况进行计算和统计的费用文件，其中信息通信工程建设过程中的人力消耗就用概预算文件中的表三甲表示，因此，在信息通信工程概预算文件编制过程中，首先要根据工程量的统计结果填写表三甲。

3. 表三甲中要填写哪些内容？

国家工信部在通信建设工程概预算编制规程中规定的表三甲样式如表 5-9 所示。

表 5-9　建筑安装工程量＿＿＿算表（表三甲）

建设项目名称：

单项工程名称：　　　　　　建设单位名称：　　　　　　表格编号：　　　　第　　页

序号	定额编号	项目名称	单位	数量	单位定额值		合计值	
					技工	普工	技工	普工
I	II	III	IV	V	VI	VII	VIII	IX

设计负责人：　　　　审核：　　　　编制：　　　　编制日期：　　年　　月

可见，表三甲中要填写的内容可分为两个大的方面。

（1）表头表尾信息

表头表尾信息主要表示了工程相关的一些基本信息和概预算编制的一些基本信息，具体包括：单项工程名称、建设单位名称、设计、审核、编制等相关人员名称、表格的编制日期。

（2）表格内容

表三甲的主要表格内容包括工程各项工作的人工消耗。

① 建设项目名称：指工程量统计时各工作项目的名称，例如通信管道工程的"施工测量""开挖管道沟"等，或架空线路工程的"立水泥线杆""装设拉线"等。

② 定额编号：指工作项目在所适用定额分册中所对应的定额编号。

③ 单位：指定额中所对应定额条目的计量单位，一般也是工程量统计时的计量单位。

④ 数量：指根据所确定的计量单位所确定的工程量大小。

⑤ 单位定额值：指概预算定额中所规定的某项目内容所对应的技工和普工消耗量，即定额中所规定的技工和普工的工日值。

⑥ 合计值：指某工作项目在统计的工程量下所消耗的技工和普工工日数值。

4. 表三甲的填写有哪些格式要求？

为了便于相互的沟通交流，我国主管部门在信息通信工程概预算编制规程中对概预算文件的表格规定了统一格式，概预算编制人员在编制信息通信工程的概预算文件时按照相应的表格格式填写就行了。表三甲的具体格式见表5-9。

内容二 表三甲的填写方法

如前所述，表三甲的内容包括表头表尾信息和表格内容，其中的表头信息可以从工程的设计文件中找到，表尾信息则可以从项目组人员分工中得知。所以表三甲填写的关键在于表格中内容的填写，下面就来看一下表三甲的填写方法。

1. 表三甲表格内容的填写依据

根据前面所了解的表三甲表格中各项内容的含义，表三甲表格内容的填写依据主要包括两个方面。

（1）通信建设工程的工程量统计

表三甲表格中的"项目名称"和"数量"栏目中要填的内容都来自于工程量的统计，所以工程量统计是表三甲填写的主要基础和依据，只有工程量统计正确了，才能知道表三甲中应该填入哪些项目内容，才能保证"数量"栏目填入的数值是正确的。

（2）通信建设工程的概预算定额

国家主管部门颁布的信息通信工程概预算定额中规定了信息通信工程建设过程中常见施工项目的人力、机械仪表和工程材料的消耗标准，这是编制概预算文件的根本依据和主要基础。表三甲中的"定额编号""单位""单位定额值"几个栏目的内容就要通过查询相应定额而得到。

2. 表三甲内容的填写步骤

首先填写表三甲表头的"单项工程名称"和"建设单位名称"，而后可按如图5-3所示过程填写表三甲的表格内容。

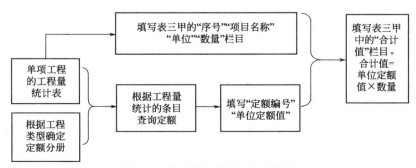

图5-3 表三甲的填写过程示意图

填写过程解释如下。

第一步：根据工程量统计表填写表三甲的"序号""项目名称""单位""数量"栏目，即将工程量统计表中的工程内容条目和对应的"单位""数量"逐条抄写到表三甲对应的栏目中，并在表三甲的"序号"栏目中按照项目条目的先后填写顺序编上序号。

第二步：根据工程量统计表中的工作项目和适用的定额，查询每条工作项目所对应的"定额编号"和"单位定额值"，并填入表三甲的对应栏目中。

第三步：根据前面所填的"单位定额值"和"数量"栏目，相乘后得每项的合计技工工日和普工合计工日，填入表三甲的工日合计栏目中。

第四步：检查核对初步完成的表三甲是否有工作项目的遗漏、重复，定额项目是否查询正确，合计值的计算有无差错等，检查无误后表三甲表格内容的填写就完成了。

初步编制完成的表三甲经过相关人员的校对、审核并在表格尾部签上"设计""审核""编制"等相关人员的姓名和编制日期，整个表三甲的填写就全部完成了。表三甲的编制既可以手工编制完成，也可以采用专门的工具软件编制完成，分别举例如下。

内容三 表三甲的手工填写举例

已知：某架空通信线路工程建设基本信息如下。

建设项目：××市光纤宽带村村通建设项目。

工程名称：××市×××村通信线路工程。

建设单位名称：中国移动××市分公司。

并知该工程施工区域为丘陵地区，土质为综合土。

要求如下：

（1）本工程按要求计取小工日调整。

（2）本工程施工企业与施工现场的距离约40km。

（3）本工程不计取施工机械调遣费和施工队伍调遣费。

（4）本工程主要材料运输距离约40km。

该单项工程的工程量统计表如表5-10所示。

表 5-10　某架空通信线路工程的工程量统计表

序号	项目名称	单位	数量
1	架空线路施工测量	100m	6.5
2	立7.5m水泥线杆（丘陵地区、综合土）	根	10
3	水泥杆夹板法装7/2.2单股拉线（丘陵地区、综合土）	条	2
4	水泥杆夹板法装7/2.6单股拉线（丘陵地区、综合土）	条	2
5	装7.5m水泥撑杆（丘陵地区、综合土）	根	2
6	水泥杆架设7/2.2吊线（档距不大于60m）（丘陵地区）	千米条	0.65
7	架设架空光缆（8芯）（挂钩法、丘陵地区）	千米条	0.655

要求根据上述工程实际情况，编制该工程的施工图预算。

试根据上述信息填写该通信管道工程预算文件的表三甲。

根据前述的表三甲填写步骤。

第一步：先将表头信息和"项目名称""单位""数量"栏目，并将各施工项目顺序编号填入"序号"栏，如表5-11所示。

表5-11　建筑安装工程量　预　算表（表三甲）（1）

建设项目名称：××市光纤宽带村村通建设项目
单项工程名称：××市×××村通信线路工程
建设单位名称：中国移动××市分公司　　表格编号：　　第　　页

序号	定额编号	项目名称	单位	数量	单位定额值		合计值	
					技工	普工	技工	普工
Ⅰ	Ⅱ	Ⅲ	Ⅳ	Ⅴ	Ⅵ	Ⅶ	Ⅷ	Ⅸ
1		架空线路施工测量（丘陵地区、综合土）	100m	6.5				
2		立7.5m水泥线杆（丘陵地区、综合土）	根	10				
3		水泥杆夹板法装7/2.2单股拉线（丘陵地区、综合土）	条	2				
4		水泥杆夹板法装7/2.6单股拉线（丘陵地区、综合土）	条	2				
5		装7.5m水泥撑杆（丘陵地区、综合土）	根	2				
6		水泥杆架设7/2.2吊线（档距不大于60m）（丘陵地区）	千米条	0.65				
7		架设架空光缆（8芯）（挂钩法、丘陵地区）	千米条	0.655				
		小计						

设计负责人：　　　　审核：　　　　编制：　　　　编制日期：　　年　　月

第二步：根据工程量统计表中的工作项目查找信息通信工程概预算定额的通信线路工程分册，找出各具体工作项目的定额编号、工日单位定额值填入表三甲中的"定额编号"和"单位定额值"栏目，如表5-12所示。

表5-12　建筑安装工程量　预　算表（表三甲）（2）

建设项目名称：××市光纤宽带村村通建设项目
单项工程名称：××市×××村通信线路工程
建设单位名称：中国移动××市分公司　　表格编号：　　第　　页

序号	定额编号	项目名称	单位	数量	单位定额值		合计值	
					技工	普工	技工	普工
Ⅰ	Ⅱ	Ⅲ	Ⅳ	Ⅴ	Ⅵ	Ⅶ	Ⅷ	Ⅸ
1	TXL1-002	架空线路施工测量（丘陵地区、综合土）	100m	6.5	0.46	0.12		
2	TXL3-001	立7.5m水泥线杆（丘陵地区、综合土）	根	10	0.52	0.56		
3	TXL3-051	水泥杆夹板法装7/2.2单股拉线（丘陵地区、综合土）	条	2	0.78	0.60		
4	TXL3-054	水泥杆夹板法装7/2.6单股拉线（丘陵地区、综合土）	条	2	0.84	0.60		
5	TXL3-048	装7.5m水泥撑杆（丘陵地区、综合土）	根	2	0.62	0.62		
6	TXL3-169	水泥杆架设7/2.2吊线（档距不大于60m）（丘陵地区）	千米条	0.65	4.25	4.54		
7	TXL3-192	架设架空光缆（8芯）（挂钩法、丘陵地区）	千米条	0.655	9.05	10.63		
		小计						

设计负责人：　　　　审核：　　　　编制：　　　　编制日期：　　年　　月

第三步：根据前面所填的"单位定额值"和"数量"栏目，相乘后得每项的合计技工工日和普工合计工日，填入表三甲的工日合计栏目中。

需要注意的是：在计算和填写"合计值"时，记得在需要的地方乘以调整系数，如本例中在丘陵地区施工，立水泥杆、装设拉线和撑杆都需要乘以调整系数，如表5-13所示。

表 5-13 建筑安装工程量   预   算表（表三甲）(3)

建设项目名称：××市光纤宽带村村通建设项目
单项工程名称：××市×××村通信线路工程
建设单位名称：中国移动××市分公司　　　表格编号：　　　第　　页

序号	定额编号	项目名称	单位	数量	单位定额值		合计值	
					技工	普工	技工	普工
I	II	III	IV	V	VI	VII	VIII	IX
1	TXL1-002	架空线路施工测量（丘陵地区、综合土）	100m	6.5	0.46	0.12	2.99	0.78
2	TXL3-001	立7.5m水泥线杆（丘陵地区、综合土）	根	10	0.52	0.56	6.76	7.28
3	TXL3-051	水泥杆夹板法装7/2.2单股拉线（丘陵地区、综合土）	条	2	0.78	0.60	2.03	1.56
4	TXL3-054	水泥杆夹板法装7/2.6单股拉线（丘陵地区、综合土）	条	2	0.84	0.60	2.18	1.56
5	TXL3-048	装7.5m水泥撑杆（丘陵地区、综合土）	根	2	0.62	0.62	1.61	1.61
6	TXL3-169	水泥杆架设7/2.2吊线（档距不大于60m）（丘陵地区）	千米条	0.65	4.25	4.54	2.76	2.95
7	TXL3-192	架设架空光缆（24芯）（挂钩法、丘陵地区）	千米条	0.655	9.05	10.63	5.69	4.49
		小计					24.02	20.24

设计负责人：　　　　审核：　　　　编制：　　　　编制日期：　　年　　月

注意：根据第四册第三章定额的章说明，本册定额中给出的立线杆、装设拉线和撑杆的人工单位定额值都是平原地区的人工消耗量，在丘陵、水田、城区和山区施工时，要乘以相应的调整系数，本例中由于是在丘陵地区施工，所以表三甲中的"立7.5m水泥线杆""水泥杆夹板法装7/2.2单股拉线""水泥杆夹板法装7/2.6单股拉线""装7.5m水泥撑杆"项目的合计值计算时都需要在"单位定额值"×"数量"的基础上，再乘以调整系数，查询定额第四册第三章的章说明可知，在丘陵地区施工的调整系数是1.3。

这样表三甲就初步填写完成了，但是，仔细阅读定额第四册的册说明可知，通信线路工程在合计总工日小于250工日时允许进行小工日调整。本例中从初步完成的上述表三甲可知，工程总计消耗技工工日为24.02工日，累积消耗普工工日为20.24工日。

工程消耗的总工日为24.02+20.24＝44.26工日。

查询定额第四册的册说明可知，小工日调整规定如图5-4所示。

> 二、通信线路工程，当工程规模较小时，人工工日以总工日为基数按下列规定系数进行调整：
> 1. 工程总工日在100工日以下时，增加15%；
> 2. 工程总工日在100～250工日时，增加10%。

图 5-4 通信线路工程小工日调整的规定截图

根据上述定额中关于小工日调整的相关规定，结合本工程总工日小于100工日且要求根据定额规定进行小工日调整的预算编制要求，还需要对初步完成的表三甲进行小工日调整，调整方法增加 15%。经过小工日调整后的表三甲如表 5-14 所示。

再经过检查核对，确认没有错误后，该实例表三甲的填写就完成了。

表 5-14　建筑安装工程量　预　算表（表三甲）（4）

建设项目名称：××市光纤宽带村村通建设项目
单项工程名称：××市×××村通信线路工程
建设单位名称：中国移动××市分公司　　表格编号：　　第　　页

序号	定额编号	项目名称	单位	数量	单位定额值		合计值	
					技工	普工	技工	普工
Ⅰ	Ⅱ	Ⅲ	Ⅳ	Ⅴ	Ⅵ	Ⅶ	Ⅷ	Ⅸ
1	TXL1-002	架空线路施工测量（丘陵地区、综合土）	100m	6.5	0.46	0.12	2.99	0.78
2	TXL3-001	立 7.5m 水泥线杆（丘陵地区、综合土）	根	10	0.52	0.56	6.76	7.28
3	TXL3-051	水泥杆夹板法装 7/2.2 单股拉线（丘陵地区、综合土）	条	2	0.78	0.60	2.03	1.56
4	TXL3-054	水泥杆夹板法装 7/2.6 单股拉线（丘陵地区、综合土）	条	2	0.84	0.60	2.18	1.56
5	TXL3-048	装 7.5m 水泥撑杆（丘陵地区、综合土）	根	2	0.62	0.62	1.61	1.61
6	TXL3-169	水泥杆架设 7/2.2 吊线（档距不大于 60m）（丘陵地区）	千米条	0.65	4.25	4.54	2.76	2.95
7	TXL3-192	架设架空光缆（24 芯）（挂钩法、丘陵地区）	千米条	0.655	9.05	10.63	5.69	4.49
		小计					24.02	20.24
		通信线路工程总工日小于 100 工日，增加 5%					3.60	3.04
		合计					27.62	23.28

设计负责人：　　　审核：　　　编制：　　　编制日期：　年　月

内容四　使用概预算软件填写表三甲

从上面表三甲的实例填写过程可以知道，概预算表格的手工填写工作量大且容易出错。同时可以看到，表三甲填写的主要工作量在于定额的查询和合计值的计算，而信息查询和数值计算正是计算机所擅长的工作，可以想象，如果能编写相应的软件让计算机来帮助我们完成概预算表格的填写无疑可以大大提高概预算表格填写的效率和准确性。

实际上，现在已经有不少公司开发了风格各异的信息通信工程概预算软件，如盛发信息通信工程概预算软件、成捷讯信息通信工程概预算软件、广州建软公司的超人信息通信工程概预算软件等。这些专业的信息通信工程概预算软件，都是以国家颁布的《通信建设工程概算、预算编制规程及费用定额》以及五册《信息通信建设工程预算定额》为依据，并结合当前通信行业发展现状而研制开发的，虽然界面和风格不同，但是操作的基本过程大都相似。本教材以广州建软公司开发的超人通信工程概预算软件 2017 版为例，介绍利用信息通信工程概预算软件进行通信工程概预算编制的基本过程，软件进一步的使用技巧可详细阅读软件的帮助文档。

利用超人信息通信工程概预算软件填写表三甲的操作步骤如下。

第一步：打开广州建软公司的信息通信工程概预算软件 2017 版，根据前述任务五的方法完成工程概预算文件信息的设置。操作界面如图 5-5 所示。

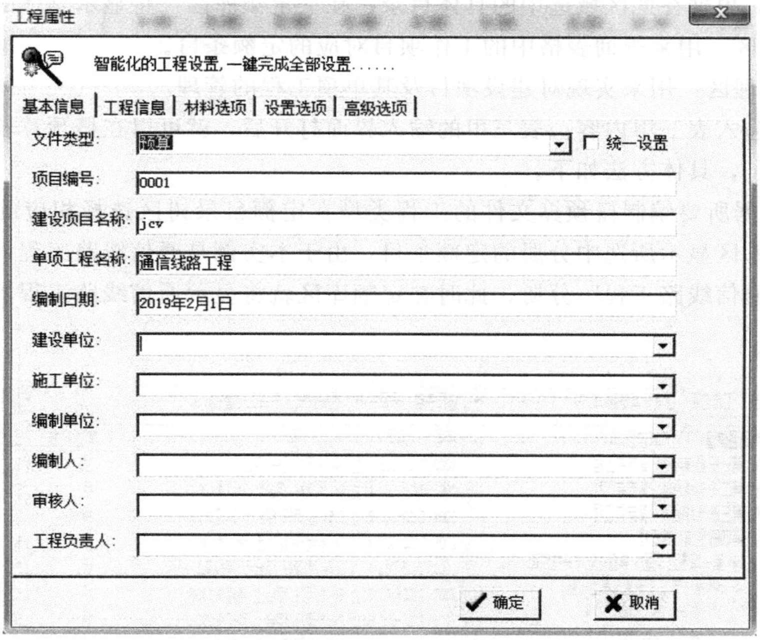

图 5-5 超人概预算软件工程信息设置操作界面

第二步：打开概预算软件的表三甲输入界面，如图 5-6 所示。

图 5-6 超人概预算软件表三甲输入界面

软件的操作界面除了上面的菜单和快捷按钮之外，可以分成如下几个主要区域。

① 表格管理区：用来实现在不同概预算表格之间的切换和报表输出。

② 表格填写区：用来输入表格内容，包括定额标号、项目名称、单位、数量、单位定额值、合计值等栏目。

③ 定额目录树：此处列出了我国工业和信息化部颁发的 2016 版信息通信工程概预算定

额的目录结构，根据在此区域选中的具体目录，在"定额库区"将显示具体的定额条目。

④ 定额库区：用来查询表格中的工作项目对应的定额条目。

⑤ 项目管理区：用来实现对建设项目及其单项工程的管理。

第三步：输入表三甲内容。表三甲的输入界面打开后，就可以在概预算软件中填写表三甲的表格内容了，具体方法如下。

① 首先根据所要编制概预算文件的工程类型在定额目录树区选择相应的定额分册，此时就将在定额库区显示所选中分册的定额条目，由于本实例是通信线路工程，因此在定额目录树区选择"通信线路工程"分册，此时在定额库区就将显示通信线路工程的定额条目，如图 5-7 所示。

图 5-7 定额库区选择示意图

② 在定额目录树区依次找到工程量统计表中每个条目在选定的定额分册中所属的章和节，再在定额库区找到所对应的定额条目。例如对于实例工程量统计表中的"立 7.5m 水泥杆"条目，首先在定额目录树区找到其所属的第三章第一节，则在定额库区就会显示出所有和立相关的水泥杆相关的定额条目，就可找到要找的"立 7.5m 水泥杆综合土"所对应的定额条目，如图 5-8 所示。

工程量统计表中的其他条目也可按上述方法找到其所对应的具体定额条目。

如果不知道要找的定额条目所属的章节，也可直接在定额库区的定额条目筛选区输入要查找的定额条目并回车或点击"筛选"按钮，即可直接找到要查找的定额条目，如图 5-9 所示。

③ 在定额库区双击选中的定额条目，软件界面将会弹出工程量数量输入界面，如图 5-10 所示，在弹出的界面中填入对应项目工程量统计时的"数量"，并勾选相应的调整系数选项，然后点击"确定"按钮，即可将相应的项目填入表三甲中。

点击图 5-10 中的"确定"按钮后，表三甲的表格填写区就会自动增加一行，到此就完成了表三甲中一条施工项目的输入工程，如图 5-11 所示。

图 5-8 定额条目选择示意图

图 5-9 定额条目筛选示意图

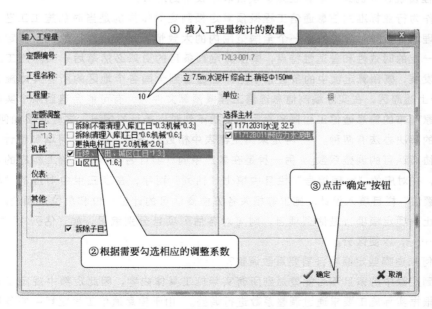

图 5-10 输入工程量的操作界面

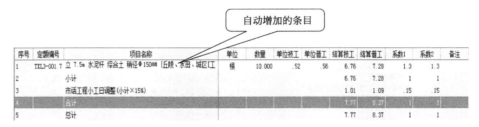

图 5-11 表三甲中增加的条目

④ 按照上述方法就可将实例工程的全部工程施工项目填入表三甲中，实例工程完成后的表三甲如图 5-12 所示。

序号	定额编号	项目名称	单位	数量	单位技工	单位普工	结算技工	结算普工
1	TXL1-002	光（电）缆工程施工测量 架空	百米	6.500	.46	.12	2.99	0.78
2	TXL3-001	立 9m 以下水泥杆 综合土 [丘陵、水田、城区[工日*1.3;]]	根	10.000	.52	.56	6.76	7.28
3	TXL3-051	水泥杆夹板法装 7/2.2 单股拉线 综合土 [丘陵、水田、城区[工日*1.3;]]	条	2.000	.78	.6	2.03	1.56
4	TXL3-054	水泥杆夹板法装 7/2.6 单股拉线 综合土 [丘陵、水田、城区[工日*1.3;]]	条	2.000	.84	.6	2.18	1.56
5	TXL3-048.2	装7.5米水泥撑杆 综合土 稍径Φ130mm [丘陵、水田、城区[工日*1.3;]]	根	2.000	.62	.62	1.61	1.61
6	TXL3-169	水泥杆架设 7/2.2 吊线 丘陵	千米条	0.650	4.25	4.54	2.76	2.95
7	TXL3-192.3	挂钩法架设架空光缆 丘陵、城区、水田 8 芯	千米条	0.655	8.68	6.86	5.69	4.49
8		小计					24.02	20.24
9		通信线路小工日调整（小计×15%）					3.60	3.04
10		合计					27.62	23.28
11		总计					27.62	23.28

图 5-12 用概预算软件填写完成的表三甲

引申与拓展

表三甲编制过程中的常见问题及解决办法

1. 工程量统计表的某个条目在定额项目表中找不到怎么办？

由于作为行业标准的信息通信工程概预算定额制定时依据的是当时的施工工艺、施工技术以及管理水平，同时考虑的是一个全国范围内的大致情况，因此现行的概预算定额条目的确定具有一定的时效性和普适性特点，概预算定额条目的更新必然落后于实际施工工艺和施工技术的发展，概预算定额中的条目也不能保证覆盖到全国各个地区的所有具体施工项目内容。由于上述原因，在实际编制信息通信工程概预算文件时，有可能会遇到某个实际的施工项目在国家颁布的信息通信工程概预算定额中找不到对应条目的情况，这时应该如何办呢？

通常的解决办法有两种。一种是采用定额表中相近的条目，必要时可增加设计、施工等相关各方协商认可的调整系数。另一种是在表三甲的"项目名称"栏目填上相应的实际施工内容名称，在对应的"定额编号"栏目中填上"估列"两字，在表三甲中对应的"单位"和"单位定额值"栏目填入设计、施工等相关各方协商认可的计量单位和单位定额值。如果表三甲中不止一项定额项目是估列项目，则可对各估列项目分别编号，如"估列 1""估列 2""估列 3"……，以便区分。

2. 如何知道哪些定额项目需要系数调整？

考虑到定额中的条目不可能覆盖到所有实际施工具体内容，因此定额中规定了部分定额条目可以根据实际施工要求通过调整系数进行调整。由于信息通信工程定额中的条目繁多，信息通信工程概预算编制人员不可能全部记住哪些条目需要进行系数调整，尤其是刚从事概预算编制工作的人员更是常常会遗漏某些定额条目的系数调整。那么如何防止系数调整的遗漏呢？

一种途径是靠概预算编制人员的工作经验来防止调整系数的遗漏。俗话说"熟能生巧"，随着工作经验的增加，并经常翻查概预算定额，概预算编制人员对于常见项目的系数调整慢慢地就会熟悉起来，这对防止调整系数的遗漏会有一定的作用。

另一种途径是尽量采用可靠的信息通信工程概预算软件来完成概预算文件的编制。比较成熟的概预算软件都已经把国家颁布的信息通信工程概预算定额植入到软件中以供用户查询，当遇到需进行系数调整的概预算条目时，概预算软件都会提醒用户根据实际情况设置相应的调整系数，从而可以有效地防止调整系数的遗漏。相对于概预算编制人员的经验而言，采用成熟的概预算软件完成概预算文件的编制可以更可靠地防止遗漏设置调整系数。

【任务总结】

通过本教学任务的完成，我们学会了通过人工或计算机软件完成概预算表格中表三甲的填写方法，在表三甲的填写过程中应注意以下几点。

① 概预算文件表三甲的填写可以采用手工完成，也可以采用相应的信息通信工程概预算软件来完成，采用概预算软件完成概预算文件的编制具有效率高、计算准确的特点。

② 在概预算文件表三甲的填写过程中应注意实际给定施工条件和国家定额中的施工条件一致，以确定是否需要进行系数调整。

③ 在根据相应的工程项目套用定额条目时，一定要注意相应工作项目工程量统计的计量单位是否和定额项目表中对应定额条目的计量单位一致，只有在计量单位一致的情况下才能直接套用相应的定额条目。计量单位不一致时，一定要先将工程量统计的计量单位转换为对应定额条目的计量单位后再套用相应的定额。

④ 整个表格初步完成后一定要回过头来检查核对一遍，以避免重复、遗漏和定额套用错误。

任务三

建筑安装机械使用费概、预算表（表三乙）和仪器仪表使用费概、预算表（表三丙）的编制

内容一　表三乙和表三丙概述

在实际信息通信工程的施工过程中不仅消耗一定量的人工和设备材料，有的情况下还需

要使用一定的机械才能完成,比如城市市区内通信管道工程的施工,对于水泥路面和柏油路面的开挖显然单靠人工是不行的,这时就需要使用路面切割机、破碎机等施工机械。实际上,为了保证施工的质量并提高施工的效率,很多信息通信工程的施工都必须借助各种各样的施工机械。信息通信工程概预算文件作为信息通信工程建设和管理的费用文件,其费用计算时理应反映信息通信工程建设过程中机械方面的费用消耗,为此,我国现行的信息通信工程概预算编制办法中规定:在信息通信工程概预算编制时专门计列一项"机械使用费"以反映信息通信工程建设过程中的机械使用方面的费用消耗,并在概预算表格中用"建筑安装机械使用费概(预)算表"(即通常所说的表三乙)对机械使用费进行计算和统计。

同样道理,对于有些信息通信工程的施工建设过程,还需使用特定的仪器仪表以保证施工的质量,比如在光缆接续过程中则需要使用光纤熔接机以完成光纤的接续。为此,我国现行的信息通信工程概预算编制办法中规定:在信息通信工程概预算编制时专门计列一项"仪器仪表使用费"以反映信息通信工程建设过程中的仪器仪表使用方面的费用消耗,并在概预算表格中用"建筑安装工程仪器仪表使用费概(预)算表"(即通常所说的表三丙)对仪器仪表使用费进行计算和统计。

根据我国工业和信息化部 2016 年颁布的《信息通信建设工程概预算编制规程》的相关规定,现行的信息通信工程建筑安装机械使用费概、预算表(表三乙)和仪器仪表使用费概、预算表(表三丙)的格式及内容分别如表 5-15 和表 5-16 所示。

表 5-15 建筑安装工程机械使用_____算表(表三乙)

建设项目名称:

单项工程名称:　　　　　建设单位名称:　　　　　表格编号:　　第　　页

序号	定额编号	项目名称	单位	数量	机械名称	单位定额值		合计值	
						数量/台班	单价/元	数量/台班	合价/元
I	II	III	IV	V	VI	VII	VIII	IX	X

设计负责人:　　　　审核:　　　　编制:　　　　编制日期:　　年　　月

表 5-16　建筑安装工程仪器仪表使用费_____算表（表三丙）

建设项目名称：

单项工程名称：　　　　　　建设单位名称：　　　　　　　　　表格编号：　　　第　　页

序号	定额编号	项目名称	单位	数量	仪表名称	单位定额值		合计值	
						数量/台班	单价/元	数量/台班	合价/元
Ⅰ	Ⅱ	Ⅲ	Ⅳ	Ⅴ	Ⅵ	Ⅶ	Ⅷ	Ⅸ	Ⅹ

设计负责人：　　　　审核：　　　　编制：　　　　编制日期：　　年　　月

内容二　表三乙和表三丙的主要内容

由上可见，表三乙和表三丙的样式和内容基本相同，所不同的只是表三乙是机械使用费概预算表格，其第Ⅵ栏内容是"机械名称"，而表三丙是仪器仪表使用费表格，所以其第Ⅵ栏内容是"仪表名称"。表格中各项内容的基本含义如下。

第Ⅰ栏"序号"：指表中各行内容的顺序编号。

第Ⅱ栏"定额编号"：指消耗机械或仪器仪表的工作项目在信息通信工程概预算定额的定额项目表中所对应的定额项目编号。

第Ⅲ栏"项目名称"：指信息通信工程施工过程中消耗机械或仪器仪表的工作项目的名称。

第Ⅳ栏"单位"：指信息通信工程施工过程中消耗机械或仪器仪表的工作项目工程量的统计单位。

第Ⅴ栏"数量"：指在第Ⅳ栏对应的计量单位下，信息通信工程施工过程中消耗机械或仪器仪表的工作项目工程量的数量。

第Ⅵ栏"机械名称"（表三乙）或"仪表名称"（表三丙）：指第Ⅲ栏"项目名称"所对应的工作项目所需消耗的机械名称（表三乙）或仪器仪表名称（表三丙）。

第Ⅶ栏"单位定额值中的数量"：指第Ⅱ栏"定额编号"所对应的定额项目在定额项目

表中所对应的相应机械或仪表的消耗数量。该数量以"台班"为单位，所谓台班是指一台机械或仪器仪表工作 8 个小时所完成的工作量。

第Ⅷ栏"单位定额值中的单价"：指第Ⅵ栏中填写的机械或仪器仪表工作一个台班所对应的价格。

第Ⅸ栏"合计值中的数量"：指第Ⅲ栏所对应的工作项目在第Ⅳ栏所对应的单位和第Ⅴ栏所对应的数量下，消耗第Ⅵ栏所述机械（表三乙）或仪器仪表（表三丙）的合计台班数量。

第Ⅹ栏"合计值中的合价"：指第Ⅲ栏所对应的工作项目在第Ⅳ栏所对应的单位和第Ⅴ栏所对应的数量下，消耗第Ⅵ栏所述机械（表三乙）或仪器仪表（表三丙）的合计费用。

内容三 表三乙和表三丙的填写方法

由前述表三乙和表三丙中所要填写的主要内容可知，表三乙和表三丙填写的主要内容是需要机械或仪表的工作项目名称、需要消耗的机械或仪表名称，以及所要消耗的机械或仪器仪表的台班数量、费用合计。其中"工作项目"及其对应的"单位""数量"等内容来自单项工程的工程量统计，而"定额标号"及其对应的"单位定额值中的数量"来自国家主管部门颁布的《信息通信建设工程预算定额》，机械或仪器仪表的定额单价则来自国家主管部门颁布的《信息通信建设工程费用定额》。因此，表三乙和表三丙填写的主要依据来自三个方面，分别是：单项工程的工程量统计表、《信息通信建设工程预算定额》以及《信息通信建设工程费用定额》。

信息通信工程概预算表格中表三乙和表三丙既可以采用手工填写，也可以采用相应的概预算计算机软件填写，具体填写方法分别如下。

1. 手工填写

手工填写就是由概预算编制人员根据已完成的单项工程的工程量统计表，通过人工查询相应分册的信息通信工程建设预算定额，和《信息通信建设工程费用定额》，并计算和统计所消耗的机械或仪器仪表的台班和费用，表三乙和表三丙的手工填写过程基本相同，以表三乙的手工填写为例，具体填写过程说明如下。

第一步：逐项查询工程量统计表中各项工作项目在国家主管部门颁布的通信建设工程预算定额中所对应的定额项目，如果某工作项目在预算定额中对应的定额项目有机械方面的消耗，则将工程量统计表中相应工作项目的"项目名称""单位""数量"分别抄写到表三乙的第Ⅲ栏、第Ⅳ栏、第Ⅴ栏中，该工作项目对应的定额项目的定额编号填入表三乙的第Ⅱ栏中，将所消耗的机械名称填入表三乙的第Ⅵ栏中，再将定额项目表中该机械的台班消耗量填入表三乙的第Ⅶ栏中。如果某工作项目在预算定额中对应的定额项目没有机械方面的消耗，则继续查询下一工作项目。按照上述方法逐项查询，直到全部工作项目查询完成。

第二步：对于第一步完成后表三乙第Ⅵ栏中所列各消耗的机械，从国家颁布的《信息通信建设工程费用定额》中查询出对应的台班单价，填入相应行的第Ⅷ栏中。

第三步：计算合计值。方法是将表三乙中有机械消耗的行的第Ⅴ栏中的数量值乘以第Ⅶ栏中的数量值，并将所得的乘积填入表三乙的第Ⅸ栏中，而后将第Ⅸ栏中的数量值乘以第Ⅷ栏中的单价值，并将所得的乘积填入表三乙的第Ⅹ栏中。

第四步：核对、整理。按照上述步骤将表三乙初步完成后，应对初步完成的各查询和计算结果进行检查和核对，以保证定额查询和计算正确无误。同时核对有无项目需要进行系数调整，对于需要进行系数调整的项目，应用初步计算出的合计值乘以调整系数，作为该项目最终的合计值。核对无误后在表三乙的第Ⅰ栏中对表中各行内容按照从前到后的顺序编上序号。表三乙的填写计算完成了。

表三丙的填写同表三乙的填写完全类似，只不过表三丙中需要查询和计算的是仪器仪表的消耗情况。

2. 利用计算机软件填写

现在的信息通信工程概预算编制越来越多地使用专门的计算机软件来完成，表三乙和表三丙当然也可以使用计算机软件进行编制。使用计算机软件编制表三乙和表三丙的过程比较简单，一般是在表三甲编制完成后，计算机概预算软件可以根据表三甲中的工作项目和计算机中存储的概预算定额自动生成单项工程的表三乙和表三丙。

内容四 表三乙和表三丙填写的注意事项

表三乙和表三丙的填写比较简单，需要注意以下事项。

① 在实际的概预算编制过程中，可能会有个别实际的工作项目在定额项目表中找不到直接对应的定额项目，当然此时的"定额编号"、机械或仪器仪表消耗的"单位定额值"就无法从现行的定额中查询得到，因此也就无法计算该机械或仪器仪表的台班消耗量和费用消耗。对于这种情况，通常有两种解决办法。一是如果定额项目表中有工作内容相近的定额项目，则可套用该相近的定额项目的机械或仪器仪表的台班消耗量，并根据实际情况按照一定的折算系数进行折算，当然所采用的折算系数应由工程建设的建设方、施工方、监理方等相关各方协商确定，并得到相关各方的共同认可。二是由于采用新的施工工艺，施工内容在现行定额中相近的定额条目都找不到，此时表三乙和表三丙的第Ⅱ栏"定额编号"中可填入"估列"，该项目对应的机械以及仪器仪表的单位消耗值可有工程建设的相关各方协商确定。如果一张表中估列的项目不止一项，应对估列的各项加以顺序编号，如"估列1""估列2""估列3"……，以方便对估列的项目加以区分。

② 随着信息通信工程施工技术和施工设备的不断发展，可能在实际施工过程中使用的较新的施工机械、仪器仪表并没有包含在现行的定额中，此时虽然可以在定额中找到工作项目所对应的定额编号，但却不能直接从现行的定额中查询到对应机械或仪器仪表的单位消耗台班数量和台班单价，因此也就无法计算该机械或仪器仪表的台班消耗量和费用消耗。此时，对应机械或仪器仪表的单位消耗量以及机械或仪器仪表定额单价也应由工程建设各方协商确定。

内容五 表三乙和表三丙的填写举例

已知某架空通信线路工程的工程量统计如表 5-17 所示，并知施工区域为丘陵地区，土质为综合土。试填写该工程的表三乙和表三丙。

表 5-17　某架空通信线路工程量统计表

序号	项目名称	单位	数量
1	架空线路施工测量	100m	6.5
2	立 7.5m 水泥线杆（丘陵地区、综合土）	根	10
3	水泥杆夹板法装 7/2.2 单股拉线（丘陵地区、综合土）	条	2
4	水泥杆夹板法装 7/2.6 单股拉线（丘陵地区、综合土）	条	2
5	装 7.5m 水泥撑杆（丘陵地区、综合土）	根	2
6	水泥杆架设 7/2.2 吊线（档距不大于 60m）（丘陵地区）	千米条	0.65
7	架设架空光缆（8 芯）（挂钩法、丘陵地区）	千米条	0.655

根据前述的表三乙和表三丙的填写方法，先来填写表三乙。

第一步：查询工程量统计表中各工作项目对应的定额条目，并根据查询结果将需要消耗机械的项目相关信息内容分别填写表三乙的第Ⅱ、Ⅵ、Ⅶ栏，可得到表 5-18。

表 5-18　填写表三乙（1）

序号	定额编号	项目名称	单位	数量	机械名称	单位定额值		合计值	
						数量	单价	数量	合价
Ⅰ	Ⅱ	Ⅲ	Ⅳ	Ⅴ	Ⅵ	Ⅶ	Ⅷ	Ⅸ	Ⅹ
1	TXL3-001	立 8m 水泥线杆	根	10	汽车起重机(5t)	0.04			
2	TXL3-048	装水泥撑杆	根	2	汽车起重机(5t)	0.05			

第二步：查询所消耗机械的台班单价，并填入表三乙相应行的第Ⅷ栏中（表 5-19）。

表 5-19　填写表三乙（2）

序号	定额编号	项目名称	单位	数量	机械名称	单位定额值		合计值	
						数量	单价	数量	合价
Ⅰ	Ⅱ	Ⅲ	Ⅳ	Ⅴ	Ⅵ	Ⅶ	Ⅷ	Ⅸ	Ⅹ
1	TXL3-001	立 8m 水泥线杆	根	10	汽车起重机(5t)	0.04	516		
2	TXL3-048	装水泥撑杆	根	2	汽车起重机(5t)	0.05	516		

第三步：计算合计值，并填入表三乙的第Ⅸ栏和第Ⅹ栏中，得表 5-20。

表 5-20　填写表三乙（3）

序号	定额编号	项目名称	单位	数量	机械名称	单位定额值		合计值	
						数量	单价	数量	合价
Ⅰ	Ⅱ	Ⅲ	Ⅳ	Ⅴ	Ⅵ	Ⅶ	Ⅷ	Ⅸ	Ⅹ
1	TXL3-001	立 8m 水泥线杆	根	10	汽车起重机(5t)	0.04	516	0.40	206.40
2	TXL3-048	装水泥撑杆	根	2	汽车起重机(5t)	0.05	516	0.10	51.60

第四步：检查、整理。对上述表格内容核对整理后可得如表 5-21 所示的表三乙。

从整理后的表三乙可以知道，本工程的机械使用费为 258.00 元。

与此类似，可得本工程的表三丙如表 5-22 所示。

表 5-21　填写表三乙（4）

序号	定额编号	项目名称	单位	数量	机械名称	单位定额值		合计值	
						数量	单价	数量	合价
I	II	III	IV	V	VI	VII	VIII	IX	X
1	TXL3-001	立 8m 水泥线杆	根	10	汽车起重机(5t)	0.04	516	0.40	206.40
2	TXL3-048	装水泥撑杆	根	2	汽车起重机(5t)	0.05	516	0.10	51.60
		合计							258.00

表 5-22　填写表三丙

序号	定额编号	项目名称	单位	数量	仪表名称	单位定额值		合计值	
						数量	单价	数量	合价
I	II	III	IV	V	VI	VII	VIII	IX	X
1	TXL1-002	架空线路施工测量	100m	6.5	激光测距仪	0.05	119	0.33	38.68
	合计								38.68

从整理后的表三丙可以知道，本工程的仪器仪表使用费为 38.68 元。

【任务总结】

本项目的主要学习任务是通过相关基础知识的学习，完成本书附录 1 所附工程项目的概预算表三乙和表三丙的编制，通过本项目任务的完成，应该掌握以下几点。

（1）了解信息通信工程概预算表格中表三乙和表三丙的基本概念，能够正确描述表三乙和表三丙的基本概念、主要内容、填写依据等相关知识。

（2）掌握信息通信工程概预算表格中表三乙和表三丙的基本填写方法和技巧，能够手工和使用相应的计算机概预算软件正确填写给定工程的表三乙和表三丙。

【表三编制思考与练习】

1. 填空

（1）在信息通信工程概预算表格中，表三甲中内容反映的主要是信息通信工程在_____方面的消耗量。

（2）在信息通信工程概预算表格中，表三乙中内容反映的主要是信息通信工程在_____方面的费用消耗。

（3）在信息通信工程概预算表格中，表三丙中内容反映的主要是信息通信工程在_____方面的费用消耗。

2. 简答

（1）表三甲反映了信息通信工程建设过程中哪些方面的消耗情况？

（2）表三甲填写的基本依据有哪些？

（3）试简述手工填写表三甲的基本过程。

（4）在定额项目表中找不到工程量统计表的某个条目应如何处理？

（5）表三甲的填写应注意哪些主要问题？

（6）在填写表三乙和表三丙的过程中，工程所消耗的机械和仪器仪表的单价是从哪里得到的？

（7）在填写表三乙和表三丙的过程中，表三乙和表三丙中的"合价"（即表的第 X 栏）是如何计算得到的？

任务四

器材/设备概预算表（表四）的编制

内容一 器材/设备概预算表（表四）概述

通过前面的学习我们已经知道，信息通信工程的建设不仅要消耗一定的人工、机械或仪表，而且还会消耗一定的设备和材料，作为工程建设过程中进行成本控制和管理的费用文件，通信建设工程的概预算文件理应反映信息通信工程建设过程中在器材/设备方面的费用消耗。为此，在我国工信部颁布的《通信建设工程概预算编制规程》中明确规定，在通信建设工程概预算表格中计列"器材/设备_____算表"（简称表四），以反映信息通信工程建设过程在设备、器材方面的费用消耗。考虑到从国外引进设备/器材牵涉的一些特殊费用，《通信建设工程概预算编制规程》中又进一步将表四分成"国内器材_____算表（表四甲）"和"引进器材_____算表（表四乙）"，表四甲和表四乙统称表四。

由上可见，表四（包括表四甲和表四乙）是概预算表格中用来反映信息通信工程建设过程中器材/设备方面费用消耗的表格。

根据国家工信部关于发布《通信建设工程概算、预算编制规程》中的相关规定，通信建设工程概预算"国内器材_____算表（表四甲）"和"引进器材_____算表（表四乙）"分别如表 5-23 和表 5-24 所示。

表 5-23 国内器材_____算表（表四甲）

建设项目名称：

单项工程名称： 　　　　建设单位名称： 　　　　表格编号： 　　第 　　页

序号	名称	规格程式	单位	数量	单价/元	合计/元			备注
					除税价	除税价	增值税	含税价	
Ⅰ	Ⅱ	Ⅲ	Ⅳ	Ⅴ	Ⅵ	Ⅶ	Ⅷ	Ⅸ	Ⅹ

设计负责人： 　　　审核： 　　　编制： 　　　编制日期： 　　年 　　月

表 5-24 引进器材_____算表（表四乙）

建设项目名称：
单项工程名称：　　　　　　　建设单位名称：　　　　　　　表格编号：　　　第　　页

序号	中文名称	外文名称	单位	数量	单价		合计			
					外币（ ）	折合人民币/元 除税价	外币（ ）	折合人民币/元		
								除税价	增值税	含税价
Ⅰ	Ⅱ	Ⅲ	Ⅳ	Ⅴ	Ⅵ	Ⅶ	Ⅷ	Ⅸ	Ⅹ	Ⅺ

设计负责人：　　　　　审核：　　　　　编制：　　　　　编制日期：　　　年　　月

由上可见表四甲的内容主要包含如下几项。

第Ⅰ栏"序号"：指表中各行内容的顺序编号。

第Ⅱ栏"名称"：指所用主要材料或需要安装的设备或不需要安装的设备、工器具、仪表的名称。如通信管道工程中所用的水泥、管道等材料名称，或通信设备安装工程中所安装的各种设备的名称等。

第Ⅲ栏"规格程式"：指表中所列主要材料或需要安装的设备或不需要安装的设备、工器具、仪表的规格程式。如水泥标号，管道的直径、长度等。

第Ⅳ栏"单位"：指表中所列主要材料或需要安装的设备或不需要安装的设备、工器具、仪表的计量单位。

第Ⅴ栏"数量"：指在给定的计量单位下，信息通信工程所消耗的主要材料或需要安装的设备或不需要安装的设备、工器具、仪表的数量。

第Ⅵ栏"单价"：指在给定的计量单位下，信息通信工程所消耗的主要材料或需要安装的设备或不需要安装的设备、工器具、仪表的单位价格。

第Ⅶ栏、第Ⅷ栏、第Ⅸ栏为器材消耗费用的"合计"值：指信息通信工程所消耗的每种主要材料或需要安装的设备或不需要安装的设备、工器具、仪表的合计价格。其中第Ⅶ栏、第Ⅷ栏、第Ⅸ栏分别为合计值的除税价、增值税和含税价。

第Ⅹ栏"备注"：主要材料或需要安装的设备或不需要安装的设备、工器具、仪表需要说明的有关问题。

表四乙是引进器材的概预算表，其内容和表四甲类似，只是由于表四乙表示的是引进器

材的概预算表，因此表中除了器材的中文名称和人民币价格外，还要求列出所用器材的外文名称和外币价格。

根据《通信建设工程概预算编制规程》的相关规定，表四甲和表四乙除需依次填写需要主要材料、安装的设备或不需要安装的设备、工器具、仪表之后还需计取下列费用。

① 小计：是指对表中所列各主要材料、安装的设备或不需要安装的设备、工器具、仪表等购买价格的合计。

② 运杂费：是指材料自来源地运至工地仓库（或指定堆放地点）所发生的费用。

③ 运输保险费：指材料（或器材）自来源地运至工地仓库（或指定堆放地点）所发生的保险费用。

④ 采购及保管费：指为组织材料采购及材料保管过程中所需要的各项费用。

⑤ 采购代理服务费：指委托中介采购代理服务的费用。

⑥ 合计：指表中所有上述费用的合计。

内容二 器材/设备概预算表（表四）的编制

1. 表四的编制依据

表四甲和表四乙的内容如前所述，那么这些表格中的相关内容又依据什么填写呢？根据《信息通信建设工程概预算编制规程》的相关规定和信息通信工程概预算文件的实际编制过程，表四填写的主要依据可以归纳为以下几个方面。

① 在编制通信建设工程的概算和施工图预算时，工程器材/设备相关的很多费用还未实际发生，此时表四中各项内容的填写依据主要包括以下方面。

a. 信息通信工程的设计和施工图纸。信息通信工程的设计和施工图纸是工程施工内容的详细描述，也是统计工程建设所需器材和设备的最为根本的依据。

b. 国家主管部门颁布的相关定额。如前所述，定额反映了工程建设在人力、材料和机械、仪表等方面的消耗，具体来说，定额中反映了各项具体施工内容所需消耗器材的种类、规格、数量等信息，定额也是编制工程概预算时必须遵守的标准，因此，相关定额就成为了确定工程建设器材/设备消耗的另一个主要依据。对于现在的信息通信工程概预算的编制来说，所依据的主要是国家工业和信息化部 2016 年所颁布的《信息通信建设工程预算定额》。

c. 器材/设备的订货合同及询价结果。工程设计和施工图纸中只反映了所要施工的具体内容，而由于贯彻"量价分离"原则，定额中只反映了所消耗材料的种类、规格和数量，但是表四中最终需要填写的是工程建设在器材/设备方面消耗的费用，因此还必须知道所需器材/设备的价格，器材/设备的订货合同及询价结果就是确定所需器材/设备价格的根本依据，因此也是表四编制的依据之一。

d. 国家主管部门颁布的费用定额及建设方要求。表四中不仅反映信息通信工程建设过程中直接消耗的器材和设备名称、数量和费用，还需包含运杂费、运输保险费、采购保管费、采购代理服务费等相关费用，这些费用确定的依据就是国家主管部门颁布的费用定额和工程建设方提出的计费要求。

② 在编制通信建设工程的决算和结算文件时，由于所需器材/设备都已经实际采购并使用，因此，实际使用的主要材料各主要材料、安装的设备或不需要安装的设备、工器具、仪

表的种类、规格、价格都已有实际记录,因此通信建设工程决算和结算文件中表四编制的主要依据就是实际的器材/设备消耗记录。

上述表四的填写依据是表格中各项数据内容的来源,因此在动手填写表四之前必须收集和整理上述各项依据资料,明确相关要求,以便为表四的填写做好相应的准备。

2. 器材/设备概预算表(表四)具体编制过程

通信建设工程概预算文件中表四的编制可以采用手工编制,也可以采用相应的计算机概预算软件编制,两种编制方法各有利弊。

(1)器材/设备概预算表(表四)的手工编制

信息通信工程概(预)算文件中表四手工编制的基本过程如下。

第一步:根据信息通信工程的设计和施工图纸统计工程量,得到工程施工的工程量汇总表,如表 5-25 所示。

表 5-25　信息通信工程施工工程量汇总表示例

序号	项目名称	单位	数量	备注

第二步:根据所属工程类型查找相应分册的概预算定额,得到信息通信工程建设的主材统计表,如表 5-26 所示。

表 5-26　信息通信工程建设主材统计表示例

序号	项目名称	定额编号	器材名称	型号规格	单位	使用量

第三步:对主材统计表进行分类整理得到工程的主材用量表,如表 5-27 所示。

表 5-27　信息通信工程建设主材用量表示例

序号	器材名称	型号规格	单位	使用量	备注

第四步:收集主材用量表中所列各器材/设备的订货合同和市场价格信息,确定所要耗用器材/设备的单位价格。

第五步:根据第三步和第四步的工作结果填写表四中各项器材/设备的相关信息和器材费用小计。其中表四中的"名称""规格程式""单位""数量"等内容来自主材用量表,"单价"栏目的数据来自器材/设备的订货合同和市场价格信息,每种材料所对应的费用"合计"值为"数量"和"单价"的乘积。即表四甲的"合计值"(第Ⅶ栏)="数量"(第Ⅴ栏)×"单价"(第Ⅵ栏);表四乙的"合价"(第Ⅷ栏)="数量"(第Ⅴ栏)×"单价"(第Ⅵ栏)。

第六步：根据国家工信部信息通信建设工程费用定额的相关规定和建设方要求，填写表四中的运杂费、运输保险费、采购保管费、采购代理服务费等费用数据，并对整个表四的费用进行合计。

编制通信建设工程的设计概算和施工图预算时，各相关费用计算如下：

① 运杂费。运杂费＝材料原价×器材运杂费费率。

其中"器材运杂费费率"可从国家颁布的《信息通信建设工程费用定额》中的"器材运杂费费率表"查询得到。需要注意的是：

a. 运杂费费率不仅和材料的材质有关，还和材料的运输距离有关，详见《信息通信建设工程费用定额》中的"器材运杂费费率表"。因此在确定材料的运杂费费率是首先需要将所用的各种材料按照其材质的不同正确归入相应的类别，并根据实际的运输距离确定合适的费率。

b. 《信息通信建设工程费用定额》中的"器材运杂费费率表"只是直接给出了运输距离小于或等于2000km的材料运杂费费率，当材料的运输距离大于2000km时，其运杂费费率的确定方法则是"$L>2000$km 每增 250km 增加×××%"，也即是说，当材料的运输距离大于2000km时，其运杂费费率就不能从表中直接查出了，而必须经过一定的计算才能得到。例如架空光缆的运输距离为2800km，则其运杂费费率就应为 $2.8\%+[(2800-2000)/250]\times 0.2\%=3.4\%$。

② 运输保险费。运输保险费＝材料原价×保险费率 0.1%。

③ 采购及保管费。采购及保管费＝材料原价×采购及保管费费率。其中"采购及保管费费率"可从国家颁布的《通信建设工程费用定额》中查询得到。

④ 采购代理服务费。采购代理服务费按实计列。

在编制通信建设工程的结算和决算文件时，上述各费用按实计列。

第七步：检查核对。对初步填写完成的表四中的各项费用进行检查核对，并对发现的漏填、错填等错误进行纠正。

(2) 表四的计算机编制

信息通信工程概预算的表四也可以采用信息通信工程概预算软件利用计算机编制完成，采用信息通信工程概预算软件编制表四时，一般先设置好信息通信工程的相关信息并填写好表三甲，概预算软件通常会自动生成表四中的材料种类，并自动设置好相应的计费费率。需要注意的是：概预算软件自动生成的材料种类和规格是根据定额生成的，可能和工程实际使用的材料并不完全一致，因此应根据工程实际情况对计算机自动生成的材料进行仔细核对，和实际情况不一致的情况要进行相应修改。而后，将所确定的材料价格输入计算机生成的表四中，计算机概预算软件就可计算出工程建设所消耗的器材费用。

下面举一实例来看一下信息通信工程概预算文件中表四的填写方法。

内容三 表四填写示例

已知某架空通信线路工程的工程量统计表和主要材料价格分别如表 5-28 和表 5-29 所示，并知，该工程所用器材设备均从国内直接采购，不计取器材/设备的采购代理服务费。该工程采用一阶段设计，施工区域为丘陵地区，土质为综合土。试编写该工程施工图预算的表四，其中水泥及水泥制品的材料运输距离按照 500km 计算，其他材料的运输距离按照

1500km 计算。

表 5-28 示例工程的工程量统计表

序号	项目名称	单位	数量
1	架空线路施工测量	100m	6.5
2	立 7.5m 水泥线杆（丘陵地区、综合土）	根	10
3	水泥杆夹板法装 7/2.2 单股拉线（丘陵地区、综合土）	条	2
4	水泥杆夹板法装 7/2.6 单股拉线（丘陵地区、综合土）	条	2
5	装 7.5m 水泥撑杆（丘陵地区、综合土）	根	2
6	水泥杆架设 7/2.2 吊线（档距不大于 60m）（丘陵地区）	千米条	0.65
7	架设架空光缆（8 芯）（挂钩法、丘陵地区）	千米条	0.655

表 5-29 示例工程的主要材料价格

序号	器材名称	型号规格	单位	单价（除税价格）/元	增值税税率
1	水泥	C32.5	kg	0.58	16%
2	水泥线杆	8000×150mm	根	270	16%
3	水泥卡盘		块	81.79	16%
4	水泥拉线盘		套	32	16%
5	架空光缆	8 芯	m	1.1	
6	镀锌钢绞线	7/2.2	kg	7.2	16%
7	镀锌钢绞线	7/2.6	kg	7.2	16%
8	镀锌铁线	φ4.0	kg	5	16%
9	镀锌铁线	φ3.0	kg	5	16%
10	镀锌铁线	φ1.5	kg	5	16%
11	拉线衬环		个	0.97	16%
12	拉线抱箍		套	17.89	16%
13	地锚铁柄		套	19.43	16%
14	卡盘抱箍		套	7.71	16%
15	吊线箍		套	12	16%
16	镀锌穿钉	长 50mm	副	1.16	16%
17	镀锌穿钉	长 100mm	副	1.71	16%
18	三眼单槽夹板		副	7.48	16%
19	三眼双槽夹板		副	9.27	16%
20	电缆挂钩		只	0.16	16%
21	保护软管		m	1.8	16%

1. 手工编制

根据前述表四的填写过程，本示例的表四可填写如下。

第一步：统计工程量，得到工程施工的工程量汇总表。由于题中已经直接给出本工程施工的工程量统计表，因此本项目第一步工作可以省略。

第二步：统计工程所要耗用的主要材料，形成主材统计表。根据工程量统计表查询相应的定额，得出该工程的主要材料统计表。由于本示例工程已经明确是通信架空线路工程，因此根据给出的工程量统计表中的施工内容查询《信息通信建设工程预算定额》的"通信线路分册（即第四分册）"，可得主要材料统计表如表 5-30 所示。

表 5-30　示例工程的主要材料统计表

序号	项目名称	定额编号	器材名称	型号规格	单位	使用量
1	架空线路施工测量	TXL1-002				
2	立 7.5m 水泥线杆（综合土）	TXL3-001	水泥线杆	7500×150mm	根	1.01×10＝10.1
			水泥	C32.5	kg	0.2×10＝2
3	水泥杆夹板法装 7/2.2 单股拉线（综合土）	TXL3-051	镀锌钢绞线	7/2.2	kg	3.02×2＝6.04
			镀锌铁线	φ4.0	kg	0.22×2＝0.44
			镀锌铁线	φ3.0	kg	0.3×2＝0.6
			镀锌铁线	φ1.5	kg	0.02×2＝0.04
			地锚铁柄		套	1.01×2＝2.02
			水泥拉线盘		套	1.01×2＝2.02
			三眼双槽夹板		副	2.02×2＝4.04
			拉线衬环		个	2.02×2＝4.04
			拉线抱箍		套	1.01×2＝2.02
4	水泥杆夹板法装 7/2.6 单股拉线（综合土）	TXL3-054	镀锌钢绞线	7/2.6	kg	3.8×2＝7.6
			镀锌铁线	φ4.0	kg	0.22×2＝0.44
			镀锌铁线	φ3.0	kg	0.55×2＝1.1
			镀锌铁线	φ1.5	kg	0.04×2＝0.08
			地锚铁柄		套	1.01×2＝2.02
			水泥拉线盘		套	1.01×2＝2.02
			三眼双槽夹板		副	2.02×2＝4.04
			拉线衬环		个	2.02×2＝4.04
			拉线抱箍		套	1.01×2＝2.02
5	装水泥撑杆（综合土）	TXL3-048	水泥电杆	7500×150mm	根	1.01×2＝2.02
			拉线抱箍		套	2.02×2＝4.04
			水泥卡盘		块	1.01×2＝2.02
			卡盘抱箍		套	1.01×2＝2.02
6	水泥杆架设 7/2.2 吊线（档距不大于 60m）	TXL3-169	镀锌钢绞线	7/2.2	kg	221.27×0.65＝143.8255
			吊线箍		套	23.23×0.65＝15.0995
			镀锌穿钉	长 50mm	副	23.23×0.65＝15.0995
			镀锌穿钉	长 100mm	副	1.01×0.65＝0.6565
			三眼单槽夹板		副	23.23×0.65＝15.0995
			镀锌铁线	φ4.0	kg	2.0×0.65＝1.3
			镀锌铁线	φ3.0	kg	1.2×0.65＝0.78
			镀锌铁线	φ1.5	kg	0.1×0.65＝0.065
			拉线抱箍		套	4.04×0.65＝2.626
			拉线衬环		个	8.08×0.65＝5.252

续表

序号	项目名称	定额编号	器材名称	型号规格	单位	使用量
7	架设架空光缆(8)(挂钩法、丘陵地区)	TXL3-192	塑料电缆	8芯	m	1007.00×0.655=659.59
			电缆挂钩		只	2060.00×0.655=1349.3
			镀锌铁线	$\phi1.5$	kg	1.02×0.655=0.6681
			保护软管		m	25×0.655=16.375

第三步：对主材统计表进行分类整理得到工程的主材用量表，如表 5-31 所示。

表 5-31 示例工程的主要材料用量表

序号	器材名称	型号规格	单位	使用量(保留2位小数)	备注
1	水泥线杆	7500×150mm	根	10.1+2.02=12.12	立杆和竖撑杆用
2	水泥	C32.5	kg	2	
3	镀锌钢绞线	7/2.2	kg	6.04+143.8255=149.87	架设7/2.2拉线和吊线使用
4	拉线抱箍		套	2.02+2.02+4.04+2.626=10.71	架设7/2.2和7/2.6拉线、水泥撑杆和吊线时使用
5	拉线衬环		个	4.04+4.04+5.252=13.33	
6	镀锌铁线	$\phi4.0$	kg	0.44+0.44+1.3=2.18	
7	镀锌铁线	$\phi3.0$	kg	0.78+1.1+0.6=2.48	
8	镀锌铁线	$\phi1.5$	kg	0.04+0.08+0.065+0.6681=0.85	架设7/2.2和7/2.6拉线、吊线及架空光缆时使用
9	镀锌钢绞线	7/2.6	kg	7.6	架设7/2.6拉线时使用
10	地锚铁柄		套	2.02+2.02=4.04	
11	水泥拉线盘		套	2.02+2.02=4.04	架设7/2.2和7/2.6拉线时使用
12	三眼双槽夹板		副	4.04+4.04=8.08	
13	水泥卡盘		块	2.02	安装水泥撑杆时使用
14	卡盘抱箍		副	2.02	
15	吊线箍		副	15.10	
16	镀锌穿钉	长 50mm	副	15.10	架设吊线时使用
17	镀锌穿钉	长 100mm	副	0.66	
18	三眼单槽夹板		副	15.10	
19	架空光缆	8芯	m	659.59	
20	电缆挂钩		只	1349.3	架设光缆时使用
21	保护软管		m	16.38	

第四步：收集主材用量表中所列各器材/设备的订货合同和市场价格信息，确定所要好用器材/设备的单位价格。由于示例中已经提供各相关材料的参考单价，直接使用即可。

第五步：根据第三步和第四步的工作结果填写表四中各项器材/设备的相关信息和器材费用小计。在进行材料的费用初步统计时，为了方便后继的运杂费的计算，可以将工程所用材料按照光缆类、电缆类、水泥及水泥制品、塑料制品、木制品和其他类进行分类统计。由于示例中已经明确本工程材料全部采用国内材料，因此只要填写表四甲即可。初步完成的示例工程表四甲如表 5-32 所示。

表 5-32 初步完成的示例工程表四甲

序号	名称	规格程式	单位	数量	单价/元	合计/元 除税价	合计/元 增值税	合计/元 含税价
1	水泥	C32.5	kg	2	0.58	1.16	0.18	1.34
2	水泥线杆	7500×150mm	根	12.12	270	3272.40	523.58	3795.98
3	水泥卡盘		块	2.02	81.79	165.22	26.44	191.66
4	水泥拉线盘		套	4.04	32	129.28	20.68	149.96
	水泥制品类小计					3568.06	570.88	4138.94
5	架空光缆	8芯	m	659.59	1.1	725.54	0	725.54
	光缆类小计					725.54	0	725.54
6	镀锌钢绞线	7/2.2	kg	149.87	7.2	1079.03	172.35	1251.38
7	镀锌钢绞线	7/2.6	kg	7.6	7.2	54.72	8.74	63.46
8	镀锌铁线	φ4.0	kg	2.18	5	10.90	1.74	12.64
9	镀锌铁线	φ3.0	kg	2.48	5	12.40	1.98	14.38
10	镀锌铁线	φ1.5	kg	0.85	5	4.25	0.68	4.93
11	拉线衬环		个	13.33	0.97	12.93	2.07	15.00
12	拉线抱箍		套	10.71	17.89	78.50	12.56	91.06
13	地锚铁柄		套	4.04	19.43	15.57	2.49	18.07
14	卡盘抱箍		套	2.02	7.71	181.20	28.99	210.19
15	吊线箍		副	15.1	12	17.52	2.80	20.32
16	镀锌穿钉	长50mm	副	15.1	1.16	1.13	0.18	1.31
17	镀锌穿钉	长100mm	副	0.66	1.71	112.95	18.07	131.02
18	三眼单槽夹板		副	15.1	7.48	74.90	11.98	86.89
19	三眼双槽夹板		副	8.08	9.27	215.89	34.54	250.43
20	电缆挂钩		只	1349.3	0.16	29.48	4.72	34.20
21	保护软管		m	16.38	1.8	78.50	12.56	91.06
	其他类小计					2093.00	334.88	2427.88
	合计					6386.61	905.77	7292.38

第六步：根据国家工信部通信建设工程费用定额的相关规定和建设方要求，填写表四中的运杂费、运输保险费、采购保管费、采购代理服务费等费用数据，并对整个表四的费用进行合计。

仔细阅读国家颁布的《信息通信建设工程费用定额》可知，对于本示例工程，材料的运杂费计算如表 5-33 所示。

材料的运输保险费计算如下：

运输保险费＝材料原价×保险费率 0.1%＝6386.01×0.1%≈6.39（元）

采购保管费＝材料原价×采购及保管费费率，由于本工程属于通信线路工程，按照《通信建设工程费用定额》的相关规定，其采购及保管费费率为 1.1%，因此本工程的材料采购及保管费计算如下：

采购及保管费＝材料原价×采购及保管费费率＝6386.01×1.1%≈70.25（元）

采购代理服务费：按照示例要求，本工程所用材料由建设单位直接采购，不计采购代理服务费，因此，本工程的采购代理服务费为 0 元。

根据上述计算结果，可编制出本示例工程的完整表四甲如表 5-34 和表 5-35 所示。

表 5-33 示例工程主要材料运杂费表

序号	材料类别	器材名称	材料原价合计	运杂费费率	运杂费	备注
1	水泥及水泥构件	水泥 水泥线杆 水泥卡盘 水泥拉线盘	3568.06	27.0%	963.38	水泥及水泥构件按照500km取定运杂费费率
2	光缆	架空电缆(8芯)	725.54	2.4%	17.41	光缆按照1500km取定运杂费费率
3	其他	镀锌钢绞线 镀锌钢绞线 镀锌铁线 镀锌铁线 镀锌铁线 拉线衬环 拉线抱箍 地锚铁柄 卡盘抱箍 吊线箍 镀锌穿钉 镀锌穿钉 三眼单槽夹板 三眼双槽夹板 电缆挂钩 保护软管	2093.00	9.0%	188.37	其他类材料按照1500km取定运杂费费率

表 5-34 工程器材预算表
(国内主要器材)

建设项目名称：××市光纤宽带村村通建设项目
单项工程名称：××市×××村通信线路工程
建设单位名称：中国移动××市分公司　　　　表格编号：TXL-4 甲 A　　共 2 页　第 1 页

序号	名称	规格程式	单位	数量	单价/元	合计/元			备注
						除税价	增值税	含税价	
1	水泥	C32.5	kg	2	0.58	1.16	0.18	1.34	
2	水泥线杆	7500×150mm	根	12.12	270	3272.40	523.58	3795.98	
3	水泥卡盘		块	2.02	81.79	165.22	26.43	191.65	
4	水泥拉线盘		套	4.04	32	129.28	20.68	149.96	
	水泥制品小计					3568.06	570.89	4138.94	
5	架空光缆	8芯	m	659.59	28.71	18936.83	0.00	18936.83	
	光缆类小计					18936.83		18936.83	
6	镀锌钢绞线	7/2.2	kg	149.87	7.2	1079.06	172.65	1251.71	
7	镀锌钢绞线	7/2.6	kg	7.6	7.2	54.72	8.76	63.48	
8	镀锌铁线	φ4.0	kg	2.18	5	10.90	1.74	12.64	
9	镀锌铁线	φ3.0	kg	2.48	5	12.40	1.98	14.38	
10	镀锌铁线	φ1.5	kg	0.85	5	4.25	0.68	4.93	
11	拉线衬环		个	13.33	0.97	12.93	2.07	15.00	
12	拉线抱箍		套	10.71	17.89	191.60	30.66	222.26	
13	地锚铁柄		套	4.04	19.43	78.50	12.56	91.06	
14	卡盘抱箍		副	2.02	7.71	15.57	2.49	18.07	

信息通信工程概预算

表 5-35 工程器材预算表
（国内主要器材）（续）

建设项目名称：××市光纤宽带村村通建设项目
单项工程名称：××市×××村通信线路工程
建设单位名称：中国移动××市分公司　　　　表格编号：TXL-4 甲 A　　　共 2 页　第 2 页

序号	名称	规格程式	单位	数量	单价/元	合计/元			备注
						除税价	增值税	含税价	
15	吊线箍		副	15.1	12	181.20	28.99	210.19	
16	镀锌穿钉	长 50mm	副	15.1	1.16	17.52	2.80	20.32	
17	镀锌穿钉	长 100mm	副	0.66	1.71	1.13	0.18	1.31	
18	三眼单槽夹板		副	15.1	7.48	112.95	18.07	131.02	
19	三眼双槽夹板		副	8.08	9.27	74.90	11.98	86.89	
20	电缆挂钩		只	1349.3	0.16	215.89	34.54	250.43	
21	保护软管		m	16.38	1.8	29.48	4.72	34.20	
	其他类小计					2093.00	334.88	2427.88	
	小计					6386.61	905.77	7292.38	
	运杂费(水泥及水泥构件类)=材料原价×运杂费费率27.0%					963.38	134.87	1098.25	
	运杂费(光缆类)=材料原价×运杂费费率2.4%					17.41	2.44	19.85	
	运杂费(其他类)=材料原价×运杂费费率9.0%					188.37	26.37	214.74	
	运输保险费=材料原价×保险费费率0.1%					6.39	0.89	7.28	
	采购及保管费=材料原价×采购及保管费费率1.1%					70.25	9.84	80.09	
	采购代理服务费					0.00	0.00	0.00	
	合计					7632.28	1107.24	8739.52	

设计负责人：　　　　审核：　　　　编制：　　　　编制日期：　　　年　　月

第七步：对上述完成的表四甲进行检查，核对材料有无重复、遗漏，各计算数据是否正确，检查无误后，本示例工程的表四甲就编制完成了。

2. 计算机编制

对于表四的编制来说，当工程复杂需使用的材料较多时，完全采用手工进行统计计算工作量大、效率也比较低，此时也可以采用专门的计算机概预算软件进行统计计算，以完成概预算文件中表四的编制。

采用概预算软件进行表四的编制时，首先应完成相应的一些准备工作，主要包括以下方面。

① 设置好工程相关的基本属性信息，因为这些信息会影响到表四中材料的运杂费、采购及保管费等费用的计算。

② 填写好工程的表三甲，因为表三甲中反映了工程的具体施工内容，这直接决定了工程施工过程中所要消耗的器材/设备、仪器仪表的种类和数量。

③ 明确工程中所要消耗的各种器材/设备、仪器仪表的购买价格，这些价格即是表四中要填入的器材的"单价"。

有了上述准备工作后，现在的信息通信工程概预算软件基本可以根据上述信息、通过计算机自动查询相应的定额，自动生成工程的表四表格。

对于本示例工程，采用广州建软公司开发的超人概预算软件填写表四的基本过程如下：

第一步：打开超人通信工程概预算软件，点击"工程设置"快捷按钮设置工程信息，操作界面如图 5-13 所示。

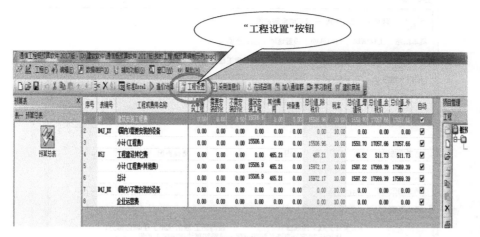

图 5-13 进入"工程信息设置"操作界面示意图

第二步：设置"工程基本信息"，操作界面如图 5-14 所示。

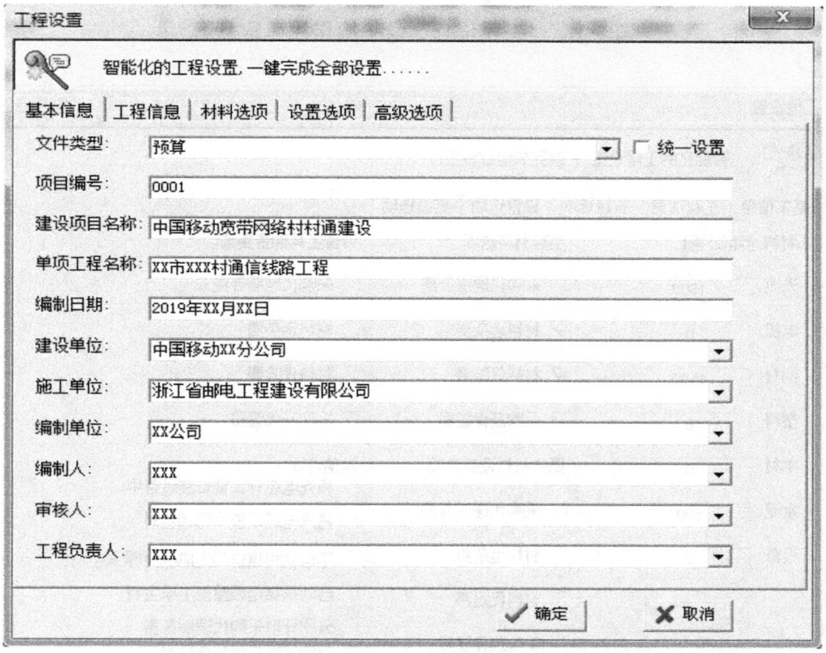

图 5-14 "工程基本信息"设置操作界面

根据所编制概预算工程的相关实际信息，设置好图 5-14 中的各项工程基本信息，概预算软件所生成表格的表头和表尾信息，就来自此处的设置。

第三步：设置"工程信息"，操作界面如图 5-15 所示。

按照图 5-15 所示，设置好工程相关的"建设类型"（"新建工程"还是"改扩建工程"）、"工程类型"（通信线路工程/设备安装工程/通信管道工程）、"施工地区调整"信息、"海拔高度"信息等相关信息。

第四步：设置"材料选项"相关信息，操作界面如图 5-16 所示。

图 5-15 "工程信息"设置操作界面示意图

图 5-16 "材料选项"相关信息设置界面

第五步：设置材料价格信息。在完成前面四步的相关设置后，概预算软件通常根据工程建设方给定的材料价都能够自动生成工程的概预算表四。但是，概预算软件自动生成表四时所用的材料单价是概预算软件编制时的材料价格，不可能和实际工程的材料价格完全一致，因此，在让概预算软件自动生成表四之前，还必须根据工程实际使用的材料价格，修改概预算软件中的材料价格信息。

由于概预算软件是根据表三甲自动生成表四的，所以材料价格信息可以在表三甲中进行修改。在概预算软件中打开填写完成的表三甲，从上到下依次点击表三甲中每一条施工项目，核对每一项施工所用材料的单价信息是否和工程给定的价格信息一致。以广州建软公司的超人通信工程概预算软件为例，其材料价格信息的修改方法如下。

打开表三甲，选中相应施工项目，点开定额项目区的"子目主材"标签，就可以看到选中施工项目所需要的主要材料信息，如图5-17所示。

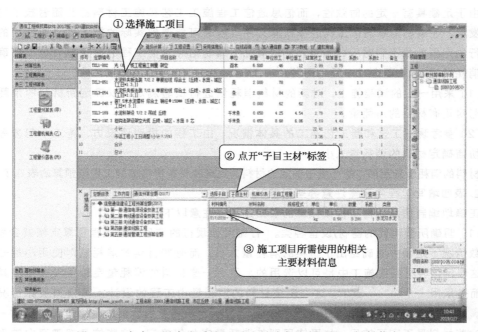

图 5-17　在表三甲中查看施工项目所对应的主要施工材料信息

在图5-17中所看到的主要材料信息区域，用鼠标左键双击相应材料"单价"栏目所对应的单元格，材料价格就会变为修改状态，如图5-18所示。

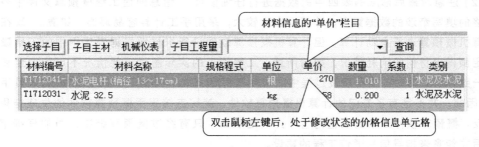

图 5-18　材料价格信息的修改操作界面

在图5-18中处于修改状态的单元格中，输入实际的材料单价（除税价）信息，输入完成后，鼠标左键点击其他区域，即可完成材料价格信息的修改。

按照上述方法，核对并修改工程所用到的每一项主要材料的价格信息，全部核对无误后，点击"存盘"按钮，将修改后的表三甲存盘。

第六步：在表三甲中的材料价格信息全部修改无误后，点击概预算软件表格管理区中的"表四 器材预算表"，再点击"乙供主材（自购）"表格，就可以看到概预算软件自动生成的工程概预算表四甲。使用概预算软件的自动提取表四功能，就可生成本工程的概预算表四甲。

引申与拓展
表四填写过程中的常见问题及解决办法

1. 表四填写的时候遇到定额中没有的新材料如何处理？

由于定额具有一定的时效性，而信息通信工程施工工艺和施工材料都会随着技术的进步不断发展，在编制信息通信工程的概预算文件时就有可能遇到实际的施工项目或使用的器材在现行的定额中找不到对应的条目，这种情况下编制信息通信工程的概预算时又如何确定材料的消耗量呢？ 处理方式一般有两种。

（1）采用一定的试验施工，对新的材料消耗量进行试验测定，以确定新材料的消耗量或新工艺对现有材料的消耗量。

（2）参考现有工艺和新工艺施工的具体情况，由工程的投资建设方、施工承包方等相关各方协商确定材料的消耗量大小。

材料的消耗量确定后，就可根据确定的材料消耗量和材料价格编制工程概预算的表四了。

2. 表四填写过程中还需注意哪些问题？

正确地编制信息通信工程概预算的表四还需要注意以下几点。

（1）明确所要消耗的器材/设备种类。 仔细阅读现行的信息通信工程预算定额就会发现，大多数情况下定额中明确给出了材料的消耗量大小，而有些材料的消耗量则使用小括号括起来，这表示该种材料在施工中是可以选用的，另有一些材料的消耗量定额中没有给出具体数字，而是采用一个"*"表示，这表示该材料的消耗量由工程的设计人员根据实际情况自行确定。 对于选用或者由工程设计人员按实际情况确定消耗量的材料，在编制表四之前一定要明确这些材料是否实际使用，如果使用则其消耗量应如何确定，这些信息都需要向工程的设计人员进行询问确定，才能保证表四中计算的材料消耗费用是准确的，才能使表四的计算结果符合工程的实际消耗情况。

（2）注意对最后形成的表四中的数据进行仔细核对。 信息通信工程概预算文件中表四这一表格的填写牵涉的数据繁多，计算量也比较大，采用手工计算容易漏算、错算。 现在多采用计算机概预算进行自动计算，但计算机概预算软件只能机械地根据表三甲中的工程量通过查询定额得出材料的消耗情况，如前所述，工程施工的实际器材消耗情况不可能完全和定额中的一致，与此同时，工程建设过程中所消耗器材/设备的价格还需要概预算编制人员手工输入。 因此，并不是有了专门的计算机概预算软件，就可直接采用概预算软件的生成结果，恰恰相反，概预算软件生成的表格内容（尤其是表四）只有经过概预算编制人员的仔细审查、核对后才能拿来指导信息通信工程的建设。

综上所述，无论是用人工还是采用专门的计算机概预算软件编制的表四，最后都必须进行仔细的检查、核对，包括所消耗器材/设备的种类、数量、价格，以及运杂费、运输保险费、采购保管费、采购代理服务费等费用计算的费率等数据是否正确。

（3）正确填写表四的关键在于细心和耐心，即对表四中各项数据的计算、核对要做到细心，并有耐心。

【任务总结】

本学习任务的主要工作是通过实例学习信息通信工程概预算文件中表四的编制,本学习任务相关的知识和技能可小结如下。

(1) 表四是信息通信工程概预算文件中用来反映信息通信工程建设过程中器材/设备费用消耗的表格。

(2) 表四又可细分为表四甲(国内器材_____算表)和表四乙(国外引进器材_____算表)。

(3) 表四填写的基本依据是信息通信工程施工的工程量统计、国家颁布的预算定额、建设方的计费要求、器材/设备的订货合同和市场价格信息、信息通信工程施工过程中器材/设备的实际消耗记录。

(4) 通过本学习任务的学习要掌握的基本技能是手工和利用计算机概预算软件填写表四的基本过程。

【思考与练习】

(1) 表四的内容反映了信息通信工程建设过程中哪方面的费用消耗?
(2) 表四中要填写的"器材名称"和"数量"信息来自于哪些信息和资料?
(3) 表四中要填写的器材"单价"信息如何得到?

任务五 建筑安装工程费概预算表(表二)的编制

内容一 建筑安装工程费概预算表的初步了解

1. 建筑安装工程费的基本概念

建筑安装工程费是信息通信工程建设过程中用于各种通信设施建设和通信设备安装的费用的总称,建筑安装工程费通常简称为建安费。按照我国工信部 2016 年颁布的《信息通信建设工程费用定额》的规定,信息通信工程的建安费具体又包含了一系列费用,具体如图 5-19 所示。

建筑安装工程费概预算表就是反映信息通信工程建设过程中建筑施工和设备安装方面费用消耗的一张概预算表格,通常简称表二。

表二的具体形式如表 5-36 所示。

可见,表二中需要填写的内容是建安费各项具体费用的计算依据和计算结果,显而易

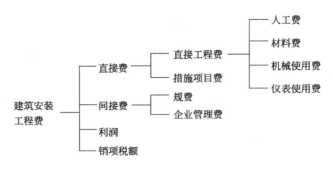

图 5-19 建筑安装工程费构成示意图

见,要想正确填写表二,必须首先了解表中各项费用的具体含义和计算方法。

仔细观察表二中所需计算和填写的各项费用,可以发现表二中所需计算和填写的费用之间存在分级的结构,所有费用组成分别标记为:一、(一)、1、(1) 字样序号的四级结构,计算和填写表二中的各项费用时,应按照"(1)→1→(一)→一"的顺序,由底层费用至高层费用,逐级计算和填写。

表 5-36　建筑安装工程费用____算表(表二)

工程名称:　　　　　建设单位名称:　　　　　表格编号:　　　　　第　页

序号	费用名称	依据和计算方法	合计/元	序号	费用名称	依据和计算方法	合计/元
Ⅰ	Ⅱ	Ⅲ	Ⅳ	Ⅰ	Ⅱ	Ⅲ	Ⅳ
	建安工程费(含税价)			7	夜间施工增加费		
	建安工程费(除税价)	一+二+三		8	冬雨季施工增加费		
一	直接费	(一)+(二)		9	生产工具用具使用费		
(一)	直接工程费	1+2+3+4		10	施工用水电蒸汽费		
1	人工费	(1)+(2)		11	特殊地区施工增加费		
(1)	技工费			12	已完工程及设备保护费		
(2)	普工费			13	运土费		
2	材料费	(1)+(2)		14	施工队伍调遣费		
(1)	主要材料费			15	大型施工机械调遣费		
(2)	辅助材料费			二	间接费	(一)+(二)	
3	机械使用费			(一)	规费	1+2+3+4	
4	仪表使用费			1	工程排污费		
(二)	措施费	1+2+3+4+5+…+15		2	社会保障费		
1	文明施工费			3	住房公积金		
2	工地器材搬运费			4	危险作业意外伤害保险费		
3	工程干扰费			(二)	企业管理费		
4	工程点交、场地清理费			三	利润		
5	临时设施费			四	销项税额		
6	工程车辆使用费						

设计负责人:　　　　　审核:　　　　　编制:　　　　　编制日期:　　年　　月

2. 表二中包含的具体费用

图 5-19 中各项费用的具体含义和所包含的实际内容请参照我国工信部颁布的《信息通信建设工程费用定额》，在此不再详细抄录。作为信息通信工程概预算的编制人员，必须仔细阅读并真正理解《信息通信建设工程费用定额》中所列的各项费用，明确各项费用的真实含义和所对应的实际费用内容。在阅读《信息通信建设工程费用定额》时应注意以下几点。

① 建筑安装工程费中牵涉的概念较多，这些概念是编制实际信息通信工程概预算时表二的基础。

② 信息通信工程建筑安装工程费包含的具体费用较多，必须清楚各项具体费用的包含与归属关系，不能混淆。如"企业管理费"是包含在"间接费"中，而"人工费"则是归属于"直接工程费"的一项费用。

③ 在《信息通信建设工程费用定额》定额中多次出现了"人工费"的概念，如"直接工程费中"中包含人工费，而"机械使用费"和"仪表使用费"中包含人工费，"企业管理费"中也包含"管理人员工资"，管理人员工资也可以看作是企业管理的人工费。实际编制信息通信工程概预算文件时必须注意区分这几个不同的"人工费"。

"直接工程费"中的"人工费"是指直接参与建筑安装工程施工的生产人员开支的相关费用，如工程施工工人开支的工资、各种补贴等。

"机械使用费"和"仪表使用费"中的人工费则是指机械和仪表的直接操作人员开支的费用，如挖掘机的驾驶员、光纤接续人员等。

"企业管理费"中的人工费则是指施工企业管理人员的工资开支。

④ "机械使用费"和"仪表使用费"中不包含机械和仪器仪表的购买费用。

⑤ 注意区分"材料运杂费"和"工地器材搬运费"："材料运杂费"是指材料（或器材）自来源地运至工地仓库（或指定堆放地点）所发生的费用，而工地器材搬运费是指由工地仓库（或指定地点）至施工现场转运器材而发生的费用，如图 5-20 所示。

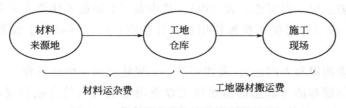

图 5-20 材料运杂费和工地器材搬运费

⑥ 根据"工程干扰费"的定义，并不是所有的通信建设工程都可以收取"工程干扰费"，而是只有通信线路工程、通信管道工程在受干扰的情况下才能收取"工程干扰费"。

⑦ 注意区分"措施费"中的"工程车辆使用费"和"直接工程费中"的"机械使用费"。"机械使用费"中的车辆指直接用于施工的车辆，如载重汽车、挖掘机、起重机等；而"工程车辆使用费"中的车辆是指服务于工程施工的接送施工人员、生活用车等，如接送施工人员的载客汽车等。

⑧ 注意区分"生产工具用具使用费"中的生产工具用具和"机械使用费"及"仪表使用费"中的机械/仪表：价值达到 2000 元以上、能够构成施工企业固定资产的机械、仪器仪表看作"机械使用费"及"仪表使用费"中的机械/仪表（如光纤熔接机），其相关费用列于"机械使用费"或"仪表使用费"中；价值达不到 2000 元、不能够构成施工企业固定资产的

机械、仪器仪表则看作生产工具用具（如测量用的皮卷尺），其相关费用列于"生产工具用具使用费"中。

还应注意的是："机械使用费"及"仪表使用费"中不包含机械/仪表的购置费用，而"生产工具用具使用费"中是包含生产工具用具的购置费用的。

⑨ 从"运土费"的定义可知，并不是所有的通信建设工程都可计取运土费，而是只有直埋（光）电缆工程、通信管道工程才可以计取运土费。

3. 表二中费用的计算方法

在了解了建筑安装工程费所包含的各项含义之后，重点关注一下各项费用的计算方法。对于信息通信工程概预算中建安费各项费用的计算方法，在我国工信部颁布的《信息通信建设工程费用定额》中有着较为详细的说明，在此不再详细抄录，需要注意的是以下两方面。

① 建筑安装工程费中很多项费率的取定都和信息通信工程的类型有关，如辅助材料费的费率、材料采购及保管费费率、环境保护费费率、工地器材搬运费费率、工程干扰费费率、临时设施费费率等，因此在选取相应的费率时必须正确划分工程的类型。

② 措施费中所包含的许多费用的计费基础都是人工费，如工地器材搬运费、临时设施费、冬雨季施工增加费等。因此在编制信息通信工程概预算时，人工费必须计算准确，否则将会导致建安费的计算错误。这就要求人工工日的统计必须是正确的。

内容二　建筑安装工程费概预算表（表二）的填写

1. 表二填写的主要依据

按照通信建设工程概预算表格的填写顺序，表二是在表三（含表三甲、表三乙、表三丙）、表四（含表四甲和表四乙）填写完成后才能填写的一张表格。表二填写的基础和依据主要包括以下方面。

① 表三（含表三甲、表三乙、表三丙）。其中表三甲提供了计算人工费所需的技工工日和普工工日统计；表三乙提供了机械使用费统计数据；表三丙提供了仪器仪表使用费统计数据。

② 表四（含表四甲和表四乙）。表四提供了工程建设的主要材料费。

③ 我国工信部颁布的《信息通信建设工程费用定额》。《信息通信建设工程费用定额》规定了建安费应包含的具体费用及每项具体费用的计费方法。

④ 工程投资建设方的计费要求。工程投资建设方的计费要求则说明了实际工程表二中应当记取和填写的费用。

2. 表二的手工填写

同前面学习过的表三和表四相类似，表二也可以采用手工填写完成。手工填写就是采用手工的方式，根据上述各项填写依据计算出表二中要计取的各项费用，并填入工程概预算表格的表二中。举例说明如下：

以前面各任务学习过程中所举的某架空通信线路建设工程为例，通过前面学习任务的完成我们已经知道，该工程的相关信息如下。

◆ 该工程为浙江省新建通信线路工程，采用一阶段设计，且施工区域为丘陵地区，施工企业驻地与施工现场的距离约 50km。

- ◆ 该工程预算的技工工日合计为 27.62 工日，普工工日合计为 23.28 工日。
- ◆ 该工程预算的机械使用费为 258 元，仪器仪表使用费为 38.68 元。
- ◆ 该工程预算的主要材料费为 7632.41 元（除税价）和 8712.59 元（含税价）。
- ◆ 现又知工程建设方要求该工程不计取：工程点交、场地清理费、临时设施费、施工用水电蒸汽费、已完工程及设备保护费、大型施工机械调遣费、工程排污费。

试填写该工程施工图预算的表二。

根据上述已知信息，该工程建筑安装费的各相关费用可计算如下。

(1) 人工费

$$人工费 = 技工费 + 普工费$$
$$= 技工工日 \times 114 + 普工工日 \times 61$$
$$= 27.62 \times 114 + 23.28 \times 61$$
$$= 4568.76（元）$$

(2) 材料费

$$材料费 = 主要材料费 + 辅助材料费$$

其中主要材料费已在前述表四甲中算得，为 7632.41 元（除税价）。

$$辅助材料费 = 主要材料费 \times 辅助材料费费率$$

查《信息通信建设工程费用定额》中的"辅助材料费费率表"，可知本工程所属的通信线路工程的辅助材料费费率为 0.3%。

所以：辅助材料费 $= 7632.41 \times 0.3\% \approx 22.90$（元）

则：材料费 = 主要材料费 + 辅助材料费
$$= 7632.41 + 22.90$$
$$= 7655.31（元）$$

(3) 机械使用费

已在表三乙中算得，为 258 元。

(4) 仪器仪表使用费

已在表三丙中算得，为 38.68 元。

则：直接工程费 = 人工费 + 材料费 + 机械使用费 + 仪表使用费
$$= 4568.76 + 7655.31 + 258.00 + 38.68$$
$$= 12520.75（元）$$

(5) 文明施工费

$$文明施工费 = 人工费 \times 费率 1.5\%$$
$$= 4568.76 \times 1.5\%$$
$$\approx 68.53（元）$$

(6) 工地器材搬运费

$$工地器材搬运费 = 人工费 \times 工地器材搬运费费率$$

查《信息通信建设工程费用定额》中的"工地器材搬运费费率表"可知，本工程所属的通信线路工程的工地器材搬运费费率为 3.4%。

所以，本工程的工地器材搬运费可计算如下：

$$工地器材搬运费 = 人工费 \times 工地器材搬运费费率$$

$$=4568.76 \times 3.4\%$$
$$\approx 155.34（元）$$

(7) 工程干扰费

根据《通信建设工程费用定额》中工程干扰费的定义和记取方法，只有通信线路工程和通信管道工程在受干扰地区（城区、高速公路隔离带、铁路路基边缘）施工才能收取工程干扰费，本工程虽然是通信线路工程，但施工区域为丘陵地区，不是规定的受干扰区域，因此本工程不能记取工程干扰费。即本工程的工程干扰费＝0元。

(8) 工程点交、场地清理费

由于工程建设方要求本工程不计取工程点交、场地清理费，因此本工程的工程点交、场地清理费＝0元。

(9) 临时设施费

由于工程建设方要求本工程不计取临时设施费，因此本工程的临时设施费＝0元。

(10) 工程车辆使用费

$$工程车辆使用费＝人工费\times 程车辆使用费费率$$

查《信息通信建设工程费用定额》中的"工程车辆使用费费率表"可知，本工程所属的通信线路工程的工程车辆使用费费率为5.0%。

所以：本工程的工程车辆使用费＝人工费×程车辆使用费费率
$$=4568.76 \times 5.0\%$$
$$\approx 228.44（元）$$

(11) 夜间施工增加费

根据《信息通信建设工程费用定额》中夜间施工增加费的定义和记取方法，通信线路工程只有在城区施工时，才能计取夜间施工增加费，本线路工程施工区域为丘陵地区，不能计取夜间施工增加费。

所以：本工程的夜间施工增加费＝0元。

(12) 冬雨季施工增加费

冬雨季施工增加费＝人工费×冬雨季施工增加费费率

查《信息通信建设工程费用定额》中的"冬雨季施工增加费费率表"可知，本工程所属的通信线路工程的冬雨季施工增加费费率为2.5%。

所以本工程的冬雨季施工增加费计算如下：

$$冬雨季施工增加费＝人工费\times 冬雨季施工增加费费率$$
$$=4568.76 \times 2.5\%$$
$$\approx 114.22（元）$$

(13) 生产工具用具使用费

$$生产工具用具使用费＝人工费\times 生产工具用具使用费费率$$

查《信息通信建设工程费用定额》中的"生产工具用具使用费费率表"可知，本工程所属的通信线路工程的生产工具用具使用费费率为1.5%。

所以本工程的生产工具用具使用费计算如下：

$$生产工具用具使用费＝人工费\times 生产工具用具使用费费率$$
$$=4568.76 \times 1.5\%$$

$$\approx 68.53\ (元)$$

(14) 施工用水电蒸汽费

由于工程建设方要求本工程不计取施工用水电蒸汽费，因此本工程的施工用水电蒸汽费＝0元。

(15) 特殊地区施工增加费

由于本工程的施工区域是丘陵地区，不属于《信息通信建设工程费用定额》中规定的特殊地区，因此本工程的特殊地区施工增加费＝0元。

(16) 已完工程及设备保护费

由于工程建设方要求本工程不计取已完工程及设备保护费，因此本工程的已完工程及设备保护费＝0元。

(17) 运土费

根据《信息通信建设工程费用定额》中运土费的定义及计取方法，只有直埋通信线路工程和通信管道工程才能计取运土费，而本工程属于架空通信线路工程，不能计取运土费。因此本工程的运土费＝0元。

(18) 施工队伍调遣费

由于本工程施工企业驻地与施工现场的距离50km＞35km，本工程应记取施工队伍调遣费。

$$施工队伍调遣费 = 单程调遣费定额 \times 调遣人数 \times 2$$

查《信息通信建设工程费用定额》中的"施工队伍单程调遣费定额表"可知本工程的单程调遣费为：141元。再查《信息通信建设工程费用定额》中的"施工队伍调遣人数定额表"可知，由于本工程为通信线路工程，技工总共日为27.52工日，在500工日以下，因此本工程的调遣人数为5人。

本工程的施工队伍调遣费可计算如下：

$$施工队伍调遣费 = 单程调遣费定额 \times 调遣人数 \times 2$$
$$= 141 \times 5 \times 2$$
$$= 1410\ (元)$$

(19) 大型施工机械调遣费

由于工程建设方要求本工程不计取大型施工机械调遣费，因此本工程的大型施工机械调遣费＝0元。

所以：

措施费＝文明施工费＋工地器材搬运费＋工程干扰费＋工程点交、场地清理费＋临时设施费＋工程车辆使用费＋夜间施工增加费＋冬雨季施工增加费＋生产工具用具使用费＋施工用水电蒸汽费＋特殊地区施工增加费＋已完工程及设备保护费＋运土费＋施工队伍调遣费＋大型施工机械调遣费

＝68.53＋155.34＋0＋0＋0＋228.44＋0＋114.22＋68.53＋0＋0＋0＋0＋1410.00＋0

＝2045.06（元）

$$直接费 = 直接工程费 + 措施费$$
$$= 12520.75 + 2045.06$$
$$= 14565.81\ (元)$$

(20) 工程排污费

由于工程建设方要求本工程不计取工程排污费,因此本工程的工程排污费=0 元。

(21) 社会保障费

$$社会保障费 = 人工费 \times 社会保障费费率$$

查《信息通信建设工程费用定额》中的"规费费率表"可知,本工程所属的通信线路工程的社会保障费费率为 28.5%。

所以本工程的生产工具用具使用费计算如下:

$$社会保障费 = 人工费 \times 社会保障费费率$$
$$= 4568.76 \times 28.5\%$$
$$\approx 1302.10 \text{(元)}$$

(22) 住房公积金

$$住房公积金 = 人工费 \times 住房公积金费率$$

查《信息通信建设工程费用定额》中的"规费费率表"可知,本工程所属的通信线路工程的住房公积金费率为 4.19%。

所以本工程的住房公积金计算如下:

$$住房公积金 = 人工费 \times 住房公积金费率$$
$$= 4568.76 \times 4.19\%$$
$$\approx 191.43 \text{(元)}$$

(23) 危险作业意外伤害保险费

$$危险作业意外伤害保险费 = 人工费 \times 危险作业意外伤害保险费率$$

查《信息通信建设工程费用定额》中的"规费费率表"可知,本工程所属的通信线路工程的危险作业意外伤害保险费率为 1.0%。

所以本工程的危险作业意外伤害保险费计算如下:

$$危险作业意外伤害保险费 = 人工费 \times 危险作业意外伤害保险费率$$
$$= 4568.76 \times 1.0\%$$
$$\approx 45.69 \text{(元)}$$

所以

$$规费 = 工程排污费 + 社会保障费 + 住房公积金 + 危险作业意外伤害保险费$$
$$= 0 + 1302.10 + 191.43 + 45.69$$
$$= 1539.22 \text{(元)}$$

(24) 企业管理费

$$企业管理费 = 人工费 \times 企业管理费费率$$

查《信息通信建设工程费用定额》中的"企业管理费费率表",可知本工程所属的通信线路工程的企业管理费费率为 27.4%。

所以本工程的企业管理费计算如下:

$$企业管理费 = 人工费 \times 企业管理费费率$$
$$= 4568.76 \times 27.4\%$$
$$\approx 1251.84 \text{(元)}$$

则:间接费 = 规费 + 企业管理费 = 1539.22 + 1251.84 = 2791.06(元)

(25) 利润

$$利润＝人工费×利润费率$$

查《信息通信建设工程费用定额》中的"利润计算表"可知，本工程所属的通信线路工程的利润费率为 20.0%。

所以本工程的利润计算如下：

$$利润＝人工费×利润费率$$
$$＝4568.76×20.0\%$$
$$≈913.75（元）$$

(26) 销项税额

国家工信部 2016 年版《信息通信建设工程费用定额》中规定：

销项税额＝（人工费＋乙供主材费＋辅材费＋机械使用费＋仪表使用费＋措施费＋规费＋企业管理费＋利润）×11%＋甲供主材费×适用税率

国家财政部、税务总局于 2018 年 4 月 4 日联合下发的《关于调整增值税税率的通知》（财税［2018］32 号）中，规定"纳税人发生增值税应税销售行为或者进口货物，原适用 17%和 11%税率的，税率分别调整为 16%、10%"，并规定自 2018 年 5 月 1 日起执行。

根据上述财税［2018］32 号文件的相关规定，并考虑到本工程无甲供材料，本工程的销项税额计算如下：

销项税额＝（人工费＋乙供主材费＋辅材费＋机械使用费＋仪表使用费＋措施费＋规费＋企业管理费＋利润）×10%
$$＝（直接费＋间接费＋利润）×10\%$$
$$＝（14565.81＋2791.06＋913.75）×10\%$$
$$≈1827.06（元）$$

则：

$$建筑安装工程费（除税价）＝直接费＋间接费＋利润$$
$$＝14565.81＋2791.06＋913.75$$
$$＝18270.62（元）$$

$$建筑安装工程费（含税价）＝直接费＋间接费＋利润＋销项税额$$
$$＝14565.81＋2791.06＋913.75＋1827.06$$
$$＝20097.68（元）$$

将上述各计算结果对应填入表中，就可得本工程的表二如表 5-37 所示。

表 5-37　建筑安装工程费用预算表（表二）

工程名称：××市×××村通信线路工程　　建设单位名称：中国移动××市分公司

表格编号：TXL-2　　第 1 页

序号	费用名称	依据和计算方法	合计/元	序号	费用名称	依据和计算方法	合计/元
Ⅰ	Ⅱ	Ⅲ	Ⅳ	Ⅰ	Ⅱ	Ⅲ	Ⅳ
	建安工程费（含税价）	一＋二＋三＋四	20097.68	7	夜间施工增加费	不计取	0.00
	建安工程费（除税价）	一＋二＋三	18270.62	8	冬雨季施工增加费	人工费×2.5%	114.22

续表

序号	费用名称	依据和计算方法	合计/元	序号	费用名称	依据和计算方法	合计/元
Ⅰ	Ⅱ	Ⅲ	Ⅳ	Ⅰ	Ⅱ	Ⅲ	Ⅳ
一	直接费	(一)+(二)	14565.81	9	生产工具用具使用费	人工费×1.5%	68.53
(一)	直接工程费	1+2+3+4	12520.75	10	施工用水电蒸汽费	不计取	0.00
1	人工费	(1)+(2)	4568.76	11	特殊地区施工增加费	不计取	0.00
(1)	技工费	技工工日×114元	3148.68	12	已完工程及设备保护费	不计取	0.00
(2)	普工费	普工工日×61元	1420.08	13	运土费	不计取	0.00
2	材料费	(1)+(2)	7655.31	14	施工队伍调遣费	单位调遣费定额×调遣人数×2	1410.00
(1)	主要材料费	表四甲	7632.41	15	大型施工机械调遣费	不计取	0.00
(2)	辅助材料费	主要材料费×0.3%	22.90	二	间接费	(一)+(二)	2791.06
3	机械使用费	表三乙	258.00	(一)	规费	1+2+3+4	1539.22
4	仪表使用费	表三丙	38.68	1	工程排污费	不计取	0.00
(二)	措施费	1+2+3+4+5+…+15	2045.06	2	社会保障费	人工费×28.5%	1302.10
1	文明施工费	人工费×1.5%	68.53	3	住房公积金	人工费×4.19%	191.43
2	工地器材搬运费	人工费×3.4%	155.34	4	危险作业意外伤害保险费	人工费×1.0%	45.69
3	工程干扰费	不计取	0.00	(二)	企业管理费	人工费×27.4%	1251.84
4	工程点交、场地清理费	不计取	0.00	三	利润	人工费×20%	913.75
5	临时设施费	不计取	0.00	四	销项税额	(直接费+间接费+利润)×10%	1827.06
6	工程车辆使用费	人工费×5.0%	228.44				

设计负责人：　　　　　审核：　　　　　编制：　　　　　编制日期：　　年　　月

内容三　利用计算机概预算软件填写表二

当然也可以利用专门的计算机概预算软件来填写表二，利用信息通信工程概预算软件填写表二之前，需要先设置好工程的相关信息，并正确填写好工程概预算的表三甲、表三乙、表三丙、表四甲、表四乙，当这些准备工作做完以后，概预算软件可以根据《信息通信建设工程费用定额》的相关规定自动生成工程的表二。

注意：通信工程概预算软件自动生成表二中建筑安装工程费的计算结果和我们手工计算的结果可能不完全一致，这是因为该自动生成的表二只是根据《信息通信建设工程费用定额》的规定自动计算并填写的，和工程建设方的计费要求并不完全一致；比如该工程建设方要求本工程不计取工程点交、场地清理费、临时设施费、施工用水电蒸汽费、已完工程及设备保护费、大型施工机械调遣费、工程排污费等相关费用，而概预算软件生成表二时并没有考虑建设方的要求。同时概预算软件在生成表二时也没有考虑工程的施工区域是丘陵地区这一实际情况。

因此采用专门的计算机概预算软件生成表二时，必须根据工程施工的实际情况和建设方的要求对计算机自动生成的表二进行仔细的检查和修改，以保证最终建安费的计算结果和实际要求相一致。

【任务总结】

本学习任务要熟悉和掌握的主要是信息通信工程概预算表格中表二的填写过程和填写方法，要想能够正确、高效地完成表二的填写，需要掌握的知识和技能包括以下方面。

① 表二的基本概念和主要内容：表二是信息通信工程概预算表格中用来表示建筑安装工程费的一张表格。所用建筑安装工程费是指信息通信工程建设过程中用于各种通信线路建筑和通信设备安装的费用的总称，通常又简称建安费。按照国家《信息通信建设工程费用定额》的相关规定，通信建设工程的建安费又包含了一系列具体的费用。

② 表二中要填写的基本内容就是建安费中所包含的各种具体费用的计算结果，因此表二填写的主要依据就是国家工信部制定颁布的《信息通信建设工程费用定额》，因此认真阅读并正确理解《通信建设工程费用定额》是填写概预算表格中表二的基础。

③《信息通信建设工程费用定额》中详细规定了通信建设工程的建安费所包含的各项具体费用及其计算方法，这些费用中牵涉的概念较多，相互之间的包含、隶属关系复杂，必须认真理解。

④ 在掌握了建安费所包含的各项具体费用的概念和计算方法后，表二的具体填写可以采用手工填写，也可以采用专门的信息通信工程概预算软件进行自动填写。需要注意的是，利用概预算软件自动生成的表二和工程的实际要求往往并不能完全一致，因而不能直接使用，而必须根据工程的实际建设情况和建设方要求对计算机生成的表二进行仔细的核对和修改。

【思考与练习】

1. 判断题
(1) 工程车辆使用费是指通信工程施工过程中发生的机动车辆使用费。（   ）
(2) 运杂费是指器材自来源地运至施工现场之间搬运所发生的费用。（   ）
(3) 临时设施费用内容包括临时设施的搭设、维修、拆除和摊销费。（   ）
(4) 施工用水电蒸汽费是指施工企业人员生活用的水电费。（   ）
(5) 机械使用费中不含经常修理费。（   ）
(6) 冬雨季施工增加费只在冬雨季计列。（   ）
(7) 在海拔 2000m 以上区域安装设备时特殊地区施工增加费应按规定的两倍计取。（   ）
(8) 工程财务费应在企业管理费中计列。（   ）
(9) 通信管道工程施工中如发生运土费是指需要从远离施工地点取土或必须向外运土。（   ）
(10) 材料费是指施工过程中耗用构成实体的原材料费用，不包括周转使用材料的摊销费。（   ）

2. 选择题：将每道题中的正确答案的字母 A、B、C、D 填入（   ）中。
(1) 下列选项中（   ）不应包括在概预算的材料费中。
A. 材料原价 　　　　　　　　　　　　B. 材料包装费
C. 材料采购及保管费 　　　　　　　　D. 工地器材搬运费

(2) 下列选项中，不应归入措施费的是（　　）。
　　A. 临时设施费　　　　　　　　　　　　B. 特殊地区施工增加费
　　C. 工程排污费　　　　　　　　　　　　D. 工程车辆使用费
(3) 工程干扰费是指通信线路工程在市区施工（　　）所需采取的安全措施及降效补偿的费用。
　　A. 对外界的干扰　　　　　　　　　　　B. 由于受外界对施工干扰
　　C. 相互干扰　　　　　　　　　　　　　D. 电磁干扰
(4) 表三乙供填写建筑安装工程费概预算表的（　　）时使用。
　　A. 人工费　　　B. 机械使用费　　　C. 仪表使用费　　　D. 材料费
(5) 编制竣工图纸和资料所发生的费用已含在（　　）中。
　　A. 工程点交、场地清理费　　　　　　　B. 企业管理费
　　C. 现场管理费　　　　　　　　　　　　D. 建设单位管理费
(6) 依照费用定额的规定，建安费中的间接费的取费基础与（　　）有关。
　　A. 直接费　　　B. 人工费　　　C. 机械费　　　D. 其他直接费
(7) 下列选项中不属于间接费的是（　　）。
　　A. 财务费　　　　　　　　　　　　　　B. 职工养老保险费
　　C. 企业管理人员工资　　　　　　　　　D. 生产人员工资
(8) 下列费用中不属于社会保险费的是（　　）。
　　A. 失业保险费　　　B. 生育保险费　　　C. 养老保险费　　　D. 劳动保险费
(9) 信息通信工程施工企业的载重汽车使用的相关费用应归入（　　）。
　　A. 机械使用费　　　　　　　　　　　　B. 工程车辆使用费
　　C. 企业管理费　　　　　　　　　　　　D. 生产工具用具使用费
(10) 信息通信工程施工企业的起重机驾驶员的工资开支应归入（　　）。
　　A. 人工费　　　　　　　　　　　　　　B. 企业管理费
　　C. 机械使用费　　　　　　　　　　　　D. 生产工具用具使用费

任务六

工程建设其他费概预算表（表五）的编制

内容一　表五的初步熟悉

工程建设其他费概预算表是我国工信部 2016 年颁布的《信息通信建设工程概算预算编制规程》中规定的、用来反映信息通信工程建设其他费的一张概预算表格。考虑到设备引进工程计费的特殊性，又将工程建设其他费概预算表分为《工程建设其他费____算表》（简称表五甲）和《引进设备工程建设其他费用____算表》（表五乙），其中表五甲用来表示使用国内器材/设备建设的信息通信工程其他费的概（预）算，表五乙用来表示采用国外引进器材/设备建设的信息通信工程其他费的概（预）算。表五甲和表五乙统称表五。

如上所述：表五中的内容反映的主要是信息通信工程建设的其他费，所谓工程建设其他费，是指应在信息通信工程建设项目的建设投资中开支的固定资产其他费用、无形资产费用和其他资产费用。按照我国工信部颁布的《通信建设工程费用定额》的相关规定，通信建设工程的其他费具体又包含如下一系列的费用：

① 建设用地及综合赔补费；
② 项目建设管理费；
③ 可行性研究费；
④ 研究试验费；
⑤ 勘察设计费；
⑥ 环境影响评价费；
⑦ 建设工程监理费；
⑧ 安全生产费；
⑨ 引进技术及引进设备其他费；
⑩ 工程保险费；
⑪ 工程招标代理费；
⑫ 专利及专利技术使用费；
⑬ 其他费用；
⑭ 生产准备及开办费。

表五的具体形式如表 5-38 和表 5-39 所示。

表 5-38 工程建设其他费＿＿＿算表（表五甲）

工程名称：　　　　　建设单位名称：　　　　　表格编号：第　　页

序号	费用名称	计算依据及方法	金额/元			备注
			除税价	增值税	含税价	
Ⅰ	Ⅱ	Ⅲ	Ⅳ	Ⅴ	Ⅺ	Ⅻ
1	建设用地及综合赔补费					
2	项目建设管理费					
3	可行性研究费					
4	研究试验费					
5	勘察设计费					
6	环境影响评价费					
7	建设工程监理费					
8	安全生产费					
9	引进技术及引进设备其他费					
10	工程保险费					
11	工程招标代理费					
12	专利及专利技术使用费					
13	其他费用					
	总计					
14	生产准备及开办费（运营费）					

设计负责人：　　　　审核：　　　　编制：　　　　编制日期：　年　月

表 5-39　引进设备工程建设其他费用____算表（表五乙）

工程名称：　　　　　建设单位名称：　　　　　　　　表格编号：第　页

序号	费用名称	计算依据及方法	金额/元				备注
			外币（　）	折合人民币/元			
				除税价	增值税	含税价	
Ⅰ	Ⅱ	Ⅲ	Ⅳ	Ⅴ	Ⅺ		Ⅻ
1	建设用地及综合赔补费						
2	项目建设管理费						
3	可行性研究费						
4	研究试验费						
5	勘察设计费						
6	环境影响评价费						
7	建设工程监理费						
8	安全生产费						
9	引进技术及引进设备其他费						
10	工程保险费						
11	工程招标代理费						
12	专利及专利技术使用费						
13	其他费用						
	总计						
14	生产准备及开办费（运营费）						

设计负责人：　　　　　审核：　　　　　　编制：　　　　　　编制日期：

如前所述，表五中表示的是信息通信工程建设的其他费，具体内容见国家工信部颁布的《信息通信建设工程费用定额》，该费用定额中详细规定了信息通信工程建设其他费应包含的各项费用，以及每项费用的计取方法，具体可参阅费用定额，在此不再详细抄录。要注意的是以下方面。

① 由于定额的时效性和国家相关管理制度的改革变化，《信息通信建设工程费用定额》中所规定的工程建设其他费相关的各项费用并不是一成不变的，而是会随着国家相关管理规章制度的变化而变化。例如：相对于 2008 年的概预算定额，国家工信部 2016 年发布的新版《信息通信建设概预算定额》，就取消了"通信建设工程质量监督费""工程定额测定费""劳动安全卫生评价费"等费用。因此，对于信息通信工程概预算的编制人员来说，不仅要熟悉《信息通信建设工程费用定额》中的相关规定，还必须经常关注国家相关规章制度的改变。

② 和信息通信工程建安费的各项费用在《信息通信建设工程费用定额》中都规定了具体的计费方法不同，信息通信工程建设其他费的多项具体费用在《信息通信建设工程

费用定额》中只给出了计费的依据，并没有直接给出相应的计费公式。如对于"安全生产费"的计算，在《信息通信建设工程费用定额》中只是给出"参照《关于印发〈企业安全生产费用提取和使用管理办法〉的通知》（财企〔2012〕16号文件）规定"，而并没有直接给出计算方法或计算公式。其他诸多费用也是如此。因此对于工程建设其他费的计算，不仅要熟悉《信息通信建设工程费用定额》，还要熟悉相应的各项其他部门颁布的规章制度。

内容二 表五的填写

1. 表五的填写依据

表五的填写依据主要包括以下方面。

① 国家工信部2016年颁布的《信息通信建设工程费用定额》和《信息通信建设工程概预算编制规程》。

② 国家发改委2015年颁布的《国家发改委关于进一步放开建设项目专业服务价格的通知》（发改价格〔2015〕299号文件）。

③ 国家财政部《关于印发〈企业安全生产费用提取和使用管理办法〉的通知》（财企〔2012〕16号文件）。

④ 工程建设相关各方签订的有关工程的可行性研究费、研究试验费、勘察设计费、环境影响评价费、工程监理费、招标代理费等专业服务合同。

⑤ 信息通信工程建设方的计费要求。

⑥ 工程建设过程中相关费用的实际消耗和花费情况。

上述各方面都是信息通信工程建设其他费的计算依据，必须充分熟悉并真正理解，才能为表五的填写打下基础。

2. 表五的填写过程

同前面学习过的各表格填写相类似，表五的填写也可以采用手工填写或采用专门的概预算软件填写。下面仍以前面学习任务所用的示例工程为例具体说明表五的填写过程，首先将示例工程的相关情况和计费要求抄录如下。

◆ 该工程为新建通信架空线路工程。

◆ 由前面已经完成的工程概预算表二得知，该工程的建筑安装工程费（除税价）为18270.62元。

◆ 项目建设管理费按照工程建安费（除税价）的1.5%计取。该工程不计取建设用地综合赔补费、可行性研究费、研究试验费、环境影响评价费、工程保险费和工程招标代理服务费、其他费用，也不计取生产准备及开办费。由于该工程建设规模较小，不再聘请专业监理公司进行工程监理。

试填写本示例工程预算表格的表五。

（1）采用手工填写表五

采用手工方法填写表五时，其填写的基本过程如下。

第一步：确定需要填写和计算的费用名称。工信部颁布的《信息通信建设工程概预算编制规程》中给出的样式表格中列出了表五甲需要计列的各项费用，但是实际编制信息通信工程概预算时往往并不是每项费用都需计算,而是要根据工程的实际情况和建设方要求,不同的工程实际计列的费用有所不同。因此,填写表五的第一步就是要清楚针对具体工程在表五中计列哪些费用。

第二步:费用计算。对于第一步确定的需要计列的各项费用,根据《信息通信建设工程费用定额》、建设方要求和相关部委的规定,分别计算具体的费用值。

第三步:将计算的结果填入表五中。

注意:

① 具体到实际的通信建设工程,工程建设方往往会提出自己的计费要求,因此并不是所有的通信建设工程概预算编制时都完全按照国家颁布的费用定额执行,在实际填写通信建设工程概预算的表五时还必须了解清楚工程建设方的计费要求。

② 对于需要用到国外引进器材和设备的信息通信工程概预算编制,还需要填写概预算表格中的表五乙。

对上述示例工程的表五可手工填写如下。

第一步:确定需要填写的费用。

根据国家颁布的《信息通信建设工程费用定额》和工程建设方的计费要求,本示例工程在表五中需要计取的主要费用可确定如下。

由于建设方要求该工程不计取可行性研究费、研究试验费、环境影响评价费、工程保险费、工程招标代理服务费、其他费用,也不计取生产准备及开办费。由于该工程建设规模较小,不再聘请专业监理公司进行工程监理。该工程表五中需要计取的费用主要有以下两种。

① 项目建设管理费;

② 安全生产费。

第二步:费用计算。

根据国家颁布的《通信建设工程费用定额》和工程建设方的计费要求,本工程预算的表五中各项费用分别计取如下。

① 项目建设管理费:根据建设方要求,本工程的项目建设管理费按照工程建安费(除税价)的1.5%计取,因此

$$项目建设管理费 = 建筑安装工程费(除税价) \times 1.5\%$$
$$= 18270.62 \times 1.5\%$$
$$\approx 274.06 \text{(元)}$$

② 安全生产费:国家财政部《关于印发〈企业安全生产费用提取和使用管理办法〉的通知》(财企〔2012〕16号)文件,通信建设工程的安全生产费费率为1.5%。同时,根据《通信建设工程费用定额》的相关规定,安全生产费=建筑安装工程费×费率。因此,对于本工程:

$$安全生产费 = 建筑安装工程费(除税价) \times 费率$$
$$= 18270.62 \times 1.5\%$$
$$\approx 274.06 \text{(元)}$$

第三步:填表。

根据上述计算结果,可填写该工程的表五甲如表5-40所示。

表 5-40 示例工程建设其他费预算表（表五甲）

工程名称：××市×××村通信线路工程　　　　建设单位名称：中国移动××市分公司　　　表格编号：TXL-5甲　　第1页

序号	费用名称	计算依据及方法	金额/元			备注
			除税价	增值税	含税价	
Ⅰ	Ⅱ	Ⅲ	Ⅳ	Ⅴ	Ⅵ	Ⅶ
1	建设用地及综合赔补费					按建设方要求不计取
2	项目建设管理费	建安费（除税价）×1.5%	274.06	27.41	301.47	
3	可行性研究费					按建设方要求不计取
4	研究试验费					按建设方要求不计取
5	勘察设计费					按建设方要求不计取
6	环境影响评价费					按建设方要求不计取
7	建设工程监理费					按建设方要求不计取
8	安全生产费	建安费（除税价）×1.5%	274.06	27.41	301.47	按财企[2012]16号文件计取
9	引进技术及引进设备其他费					按建设方要求不计取
10	工程保险费					按建设方要求不计取
11	工程招标代理费					按建设方要求不计取
12	专利及专利技术使用费					按建设方要求不计取
13	其他费用					按建设方要求不计取
	总计		548.12	54.82	602.94	
14	生产准备及开办费（运营费）					

设计负责人：　　　　审核：　　　　编制：　　　　编制日期：　年　月

（2）采用概预算软件填写表五

通信建设工程概预算表格中的表五也可以采用专门的概预算软件编制。现在的信息通信工程概预算软件一般都可以根据已经完成的表二和国家的相关规定自动生成表五，图5-21所示就是采用某概预算软件自动生成的示例工程的表五。

序号	费用名称	计算依据及方法	合计_除税价	税率	合计_增值税	合计_含税价	备注
1	建设用地及综合赔补费	0	0.00	10.00		0.00	
2	建设单位管理费	建安费_除税价*1.5%	274.06	10.00	27.41	301.47	
3	可行性研究费			10.00	0.00	0.00	
4	研究试验费			10.00	0.00	0.00	
5	勘察费			10.00	0.00	0.00	
6	设计费			10.00	0.00	0.00	
7	环境影响评价费			10.00	0.00	0.00	
8	建设工程监理费			6.00			
	(1)设计阶段（含设计招标）			6.00			
	(2)施工（含施工招标）及保修阶段			6.00			
9	安全生产费	建安费_除税价*1.5%	274.06	10.00	27.41	301.47	
10	引进技术和引进设备其他费	引进其它费	0.00	10.00	0.00	0.00	
11	工程保险费			10.00	0.00	0.00	
12	工程招标代理费			10.00	0.00	0.00	
13	专利及专用技术使用费			10.00	0.00	0.00	
14	其他费用			10.00	0.00	0.00	
	总计		548.11	0.00	54.82	602.93	

图 5-21　概预算软件自动生成的示例工程表五

【任务总结】

本学习任务主要学习的是信息通信工程概预算编制过程中表五的填写，本学习任务要学习和掌握的内容小结如下。

① 表五的基本概念：表五是概预算表格中用来表示工程建设其他费的相应表格，具体又可分为表五甲和表五乙，分别表示使用国内器材/设备建设工程的其他费和使用引进器材/设备建设信息通信工程的其他费。

② 工程建设其他费中具体又包含了一系列的费用，需要仔细阅读国家工信部颁布的《通信建设工程费用定额》，真正理解各项费用的含义和计算方法。

③ 表五的填写不仅需要熟悉《通信建设工程费用定额》中的相关内容，其中的多项费用还需用到国家相关部委颁布的一些规章制度，因此表五的填写还需要熟悉相关部委的管理规定。

④ 表五的填写可以采用手工方式填写，也可以采用相应的信息通信工程概预算软件填写，要注意的是，信息通信工程概预算软件自动生成的表五和实际情况往往并不能完全一致，因此要进行仔细的检查、核对。

【思考与练习】

请为下列各题选择正确答案并填入括号中。

(1) 在现行表格中表示工程建设其他费的表格是（ ）。
A. 表二 B. 表三 C. 表四 D. 表五

(2) 工程建设其他费包括（ ）等内容。
A. 勘察设计费 B. 施工队伍调遣费
C. 企业管理费 D. 建设单位管理费

(3) 下列选项中，属于建设用地及综合赔补费的是（ ）。
A. 征地费 B. 土地使用权出让金
C. 安置补助费 D. 土地清理费

(4) 工程监理费应在（ ）中单独计列。
A. 工程建设其他费 B. 建设单位管理费
C. 工程质量监督费 D. 建筑安装工程费

(5) 在现行的《通信建设工程费用定额》所列费用中，按照相应规定已经停止计列的费用是（ ）。
A. 建设单位管理费 B. 工程质量监督费
C. 工程定额测定费 D. 劳动安全卫生评价费

(6) 在工程建设期间，工程建设单位临时租用建筑设施的费用应计入下列（ ）费用中。
A. 建设单位管理费 B. 建设用地及综合赔补费
C. 临时设施费 D. 企业管理费

(7) 为了信息通信工程正常投入使用而发生的建设单位相关人员的培训费用应计入下述（ ）费用。
A. 建设单位管理费 B. 人工费
C. 生产准备及开办费 D. 企业管理费

任务七 通信单项工程概预算总表（表一）和项目费用汇总表的填写

内容一 表一和项目费用汇总表的基本概念

前面学习任务中完成的各项概预算表格都只是反映了通信建设过程在某一方面的费用消耗情况，比如：表三甲反映的是通信建设工程在人工方面的消耗；表三乙反映的是通信建设工程在机械方面的消耗；表三丙反映的是通信建设工程在仪表方面的消耗；表四反映的则是通信建设工程在材料方面的消耗情况等，并没有一张表格能够反映出单项工程建设过程中费用消耗的总体情况。为此，我国工信部 2016 年颁布的《信息通信建设工程概预算编制规程》中规定，信息通信工程概预算文件中还应包含一张《通信单项工程____算总表》，以便反映通信单项工程建设过程中费用消耗的总体情况。通信单项工程____算总表通常简称表一。

通过前面的学习我们已经知道：通信建设工程概预算的编制都是针对不同类型的单项工程来编制的，所以信息通信工程概预算文件中的表一只是反映了某通信单项工程的总体费用。同时，我们也知道，比较复杂的通信建设项目往往包含不止一项单项工程，比如一个城市的移动通信网络建设项目就可能包含无线通信设备安装、通信管道传输线路、架空通信传输线路等多个单项工程建设。因此对于包含多个单项工程的通信建设项目，还需要一张《项目费用汇总表》来反映整个建设项目的费用消耗。

表一和项目汇总表的样式如表 5-41 和表 5-42 所示。

表 5-41　工程____算总表（表一）

建设项目名称：		工程名称：			建设单位名称：			表格编号：第　　页			
序号	表格编号	费用名称	小型建筑工程费	需要安装的设备费	不需要安装的设备、工器具费	建筑安装工程费	其他费用	预备费	总价值			
			（元）						除税价	增值税	含税价	其中外币（　）
I	II	III	IV	V	VI	VII	VIII	IX	X	XI	XII	XIII
	B2	建筑安装工程费										
	B4-XY	需要安装的设备费										
		小计（工程费）										
	B5J	工程建设其他费										
		合计 （工程费＋其他费）										

续表

序号	表格编号	费用名称	小型建筑工程费	需要安装的设备费	不需要安装的设备、工器具费	建筑安装工程费	其他费用	预备费	总价值			
									除税价	增值税	含税价	其中外币( )
			(元)									
I	II	III	IV	V	VI	VII	VIII	IX	X	XI	XII	VIII
		预备费										
		建设期利息										
		总计										
		其中回收费用										

设计负责人:　　　　审核:　　　　编制:　　　　　　　　编制日期:　　年　　月

表 5-42　建设项目总____算表（汇总表）

建设项目名称:　　　　建设单位名称:　　　　表格编号:第　　页

序号	表格编号	工程名称	小型建筑工程费	需要安装的设备费	不需要安装的设备、工器具费	建筑安装工程费	其他费用	预备费	总价值				生产准备及开办费
									除税价	增值税	含税价	其中外币( )	(元)
			(元)										
I	II	III	IV	V	VI	VII	VIII	IX	X	XI	XII	VIII	XIV

设计负责人:　　　　审核:　　　　编制:　　　　　　　　编制日期:　　年　　月

表一作为单项工程费用汇总表，其内容表示了通信单项工程建设的总体费用，按照国家工信部 2016 年颁布的《信息通信建设工程费用定额》的相关规定，通信单项工程的费用由图 5-22 所示几部分构成。

可以看出，通信建设单项工程总费用主要由以下几部分构成。

(1) 工程费

顾名思义，工程费是通信建设工程直接用于工程建设的相关费用，具体又包含建筑安装工程费和设备、工器具购置费。

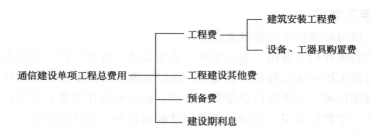

图 5-22　通信建设单项工程费用构成示意图

① 建筑安装工程费：是指信息通信工程建设过程中用于各种通信线路建筑和通信设备安装的费用的总称，通常也简称为建安费，也就是前面表二中所填写的内容。

② 设备、工器具购置费是指根据设计提出的设备（包括必需的备品备件）、仪表、工器具清单，按设备原价、运杂费、采购及保管费、运输保险费和采购代理服务费计算的费用。

（2）工程建设其他费

工程建设其他费是指应在信息通信工程建设项目的建设投资中开支的固定资产其他费用、无形资产费用和其他资产费用。也就是前面学习过的表五中所填写的内容。

（3）预备费

预备费是指在初步设计及概算内难以预料的工程费用。预备费又可进一步细分成基本预备费和价差预备费。

① 基本预备费包括：进行技术设计、施工图设计和施工过程中，在批准的初步设计和概算范围内所增加的工程费用；由一般自然灾害所造成的损失和预防自然灾害所采取的措施费用；竣工验收为鉴定工程质量，必须开挖和修复隐蔽工程的费用。

② 价差预备费：主要是指设备、材料的价差。

需要注意的是：按照《信息建设工程概预算编制规程》和《通信建设工程费用定额》的规定，只有编制信息通信工程概算或一阶段设计的信息通信工程预算时才需计取预备费。

（4）建设期利息

指建设项目贷款在建设期内发生并应计入固定资产的贷款利息等财务费用。

根据工信部颁布的《信息通信建设工程概预算编制规程》的规定，具体填写表一时，又将各相关费用分成如下几部分，分别填入相应的表格栏目中：

① 小型建筑工程费；

② 需要安装的设备费；

③ 不需要安装的设备、工器具费；

④ 建筑安装工程费就是表二中的费用；

⑤ 其他费用就是表五中的费用。

项目费用汇总表主要是对信息通信工程建设项目所包含的各单项工程相关费用的分类汇总，其要填写的内容同各单项工程的表一类似。

内容二　表一的填写

表一的填写可以采用手工填写，也可以采用专门的计算机概预算软件填写。

1. 表一的手工填写

表一的手工填写可按照下述步骤来完成。

第一步：分类统计相关费用。表一中的"建筑安装工程费"和"其他费用"就是表二和表五中的建筑安装工程费和工程建设其他费，所以这两项费用不用重新计算，直接使用表二和表五的统计结果即可。对于通信设备安装工程，还需要统计需要安装的设备费用，以及不需要安装的设备、工器具费用。同时如果需要计取预备费和建设期利息，还应计算单项工程预备费和建设期利息。

第二步：填表。将表一中须填写的各项费用统计完成后，就可按照《信息通信建设工程概预算编制规程》规定的表格样式将各项费用填入表一中，从而完成表一的填写。

2. 表一的计算机自动填写

当然，也可以采用专门的信息通信工程概预算软件完成表一的填写，现在的信息通信工程概预算软件基本都具有自动生成概预算表一的能力，其生成表一的基本依据包括以下方面。

◆ 工程相关信息：如是否计取预备费以及需要计取预备费时的预备费费率，工程建设过程中是否牵涉建设期利息费用等，这些通信单项建设工程相关的信息决定了该单项工程表一中是否应该包含预备费及建设期利息。

◆ 国家主管部门的相关规定：如《信息通信建设工程概预算编制规程》《信息通信建设工程费用定额》等，其中的《信息通信建设工程概预算编制规程》中规定了表一的表格样式和具体内容，《信息通信建设工程费用定额》中则说明了表一中各项费用的含义和计算方法，是信息通信工程概预算软件生成表一的基本依据。

◆ 已经完成的其他概预算表格：如建筑安装工程费概（预）算表（表二）、工程建设其他费概（预）算表（表五）。信息通信工程概预算软件生成表一时的各种费用数据就是来自于已经完成的其他概预算表格。

仍以前面学习任务中示例工程为例，已知：

◆ 该工程为新建通信架空线路工程；

◆ 该工程采用一阶段设计，施工区域为浙江省丘陵地区，施工企业驻地与施工现场的距离约50km；

◆ 工程所用材料全部为国内生产材料；

◆ 该工程按照国家相关规定计取预备费，由于工程投资较小不计取建设期利息。

试编制该工程施工图预算的表一。

利用计算机概预算软件填写表一比较简单，信息通信工程概预算软件通常都能根据已经填写的其他表格和相关规定自动生成表一。图5-23所示就是某信息通信工程概预算软件自动生成的前述示例工程预算表一。

该工程预算表一的手工编制过程如下。

第一步：统计相应费用。

① 由前面已经完成的学习任务可知，本示例工程的建筑安装工程费和工程建设其他费我们已经分别在学习表二和表五的填写过程中统计过。

建筑安装工程费＝18270.62元

工程建设其他费＝548.12元

序号	表编号	工程或费用名称	小型建筑工程	需要安装的设备	不需要安装的设备	建筑安装工程	其他费用	预备费	总价值_除税价	税率	总价值_增值税	总价值_含税价	总价值_外币
1	B2	建筑安装工程费	0.00	0.00	0.00	18270.4	0.00	0.00	18270.48	10.00	1827.05	20097.53	20097.53
2	B4J_XY	(国内)需要安装的设备	0.00	0.00	0.00	0.00	0.00	0.00	0.00	10.00	0.00	0.00	0.00
3		小计(工程费)	0.00	0.00	0.00	18270.4	0.00	0.00	18270.48	10.00	1827.05	20097.53	20097.53
4	B5J	工程建设其他费	0.00	0.00	0.00	0.00	548.11	0.00	548.11	10.00	54.82	602.93	602.93
5		小计(工程费+其他费)	0.00	0.00	0.00	18270.4	548.11	0.00	18818.59	10.00	1881.87	20700.46	20700.46
6		预备费[(建安费_除税价+其他费_除税价)×4%]	0.00	0.00	0.00	0.00	0.00	752.74	752.74	17.00	127.97	880.71	880.71
7		总计	0.00	0.00	0.00	18270.4	548.11	752.74	19571.33	10.00	2009.84	21581.17	21581.17
8	B4J_BX	(国内)不需要安装的设备	0.00	0.00	0.00	0.00	0.00	0.00	0.00	0.00	0.00	0.00	0.00
9		企业运营费	0.00							10.00			

图 5-23 某信息通信工程概预算软件生成的示例工程预算表一

② 由于本工程是通信线路工程,没有需要或不需要安装的设备,因此本工程:需要安装的设备费=0元;不需要安装的设备、工器具费=0元。

③ 本工程的预备费可计算如下。

查《信息通信建设工程费用定额》可知预备费的计算方法如下:

预备费=(工程费+工程建设其他费)×预备费费率

=(建筑安装工程费+设备、工器具购置费+工程建设其他费)×预备费费率

并可知,通信架空线路工程的预备费费率为4%。

因此本工程:

预备费=(工程费+工程建设其他费)×预备费费率

=(建筑安装工程费+设备、工器具购置费+工程建设其他费)×预备费费率

=(18270.62+0+548.12)×4%

≈752.75(元)

④ 由于该工程不牵涉小型建筑工程,因此本工程的小型建筑工程费为0。

⑤ 由于工程投资较小不计取建设期利息,因此本工程的建设期利息为0。

第二步:填写表一。根据第一步各费用的统计结果,将各费用填入表中如表5-43所示。

表 5-43 工程____算总表(表一)

建设项目名称:　　　工程名称:　　　建设单位名称:　　　表格编号:　　第　　页

序号	表格编号	费用名称	小型建筑工程费	需要安装的设备费	不需要安装的设备、工器具费	建筑安装工程费	其他费用	预备费	总价值			其中外币( )
					(元)				除税价	增值税	含税价	
I	II	III	IV	V	VI	VII	VIII	IX	X	XI	XII	VIII
	B2	建筑安装工程费	0	0	0	18270.62			18270.62	1827.06	20097.68	
	B4-XY	需要安装的设备费										
		小计(工程费)										
	B5J	工程建设其他费					548.12		548.12	54.82	602.94	
		合计(工程费+其他费)				18270.62	548.12		18818.74	1881.88	20700.62	
		预备费						752.75	752.75	127.97	880.72	

续表

序号	表格编号	费用名称	小型建筑工程费	需要安装的设备费	不需要安装的设备、工器具费	建筑安装工程费	其他费用	预备费	总价值 除税价	总价值 增值税	总价值 含税价	其中外币（ ）
Ⅰ	Ⅱ	Ⅲ	Ⅳ	Ⅴ	Ⅵ	Ⅶ	Ⅷ	Ⅸ	Ⅹ	Ⅺ	Ⅻ	Ⅷ
		建设期利息										
		总计	0	0	0	18270.62	548.12	752.75	19571.49	2009.85	21581.34	
		其中回收费用										

设计负责人： 审核： 编制： 编制日期： 年 月

项目费用汇总表一般采用手工填写，其填写过程比较简单：将建设项目所含各单项工程概预算表一的内容进行汇总即可。

【任务总结】

本学习任务主要是信息通信工程概预算编制过程中表一和项目费用汇总表的填写，需要学习掌握的内容小结如下。

① 要认真阅读《信息通信建设工程概预算编制规程》和《信息通信建设工程费用定额》的相关内容，熟悉表一的表格样式和表格内容，掌握表一中各项费用的具体含义和计算方法。

② 熟悉表一的填写过程，包括手工填写和采用专门的计算机概预算软件填写。

③ 能够根据通信建设项目和单项工程的实际情况，熟练地完成工程概预算表格中表一的填写。

④ 理解通信建设项目费用汇总表的含义，能够在单项工程概预算表格完成的基础上正确填写建设项目费用汇总表。

项目六

"概预算编制说明"文档的编写

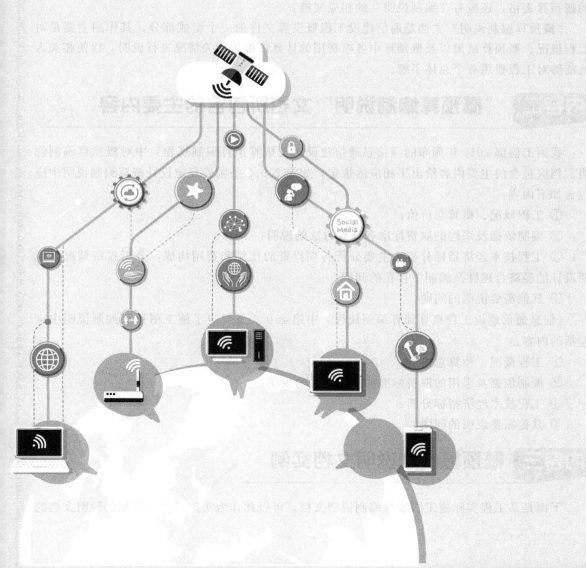

任务一 "概预算编制说明"文档的初步了解

内容一 "概预算编制说明"文档及其作用

我国工信部 2016 年颁布的《信息通信建设工程概算预算编制规程》中第 2.0.5 条明确规定:"设计概算由编制说明和概算表组成",第 2.0.6 条也规定了"施工图预算由编制说明和预算表组成",可见完整的信息通信建设工程概预算文件中不仅应有计算和统计各项费用的概预算表格,还应有"编制说明"的相应文档。

"概预算编制说明"文档是通信建设工程概预算文件的一个组成部分,其作用主要是对工程概况、概预算结果以及概预算中各项费用的计算依据等相关情况进行说明,以使相关人员能够对工程费用有个总体了解。

内容二 "概预算编制说明"文档所包含的主要内容

我国工信部 2016 年颁布的《信息通信建设工程概算预算编制规程》中对概预算编制说明文档应包含的主要内容给出了相应的规定,如第 2.0.5 条明确规定设计概算编制说明中应包含如下内容:

① 工程概况、概算总价值;
② 编制依据及采用的取费标准和计算方法的说明;
③ 工程技术经济指标分析,主要分析各项投资的比例和费用构成,分析投资情况,说明设计的经济合理性及编制中存在的问题;
④ 其他需要说明的问题。

《信息通信建设工程概算预算编制规程》中第 2.0.6 条规定了施工图预算编制说明中应包括的内容:

① 工程概况、预算总价值;
② 编制依据及采用的取费标准和计算方法的说明;
③ 工程技术经济指标分析;
④ 其他需要说明的问题。

内容三 概预算编制说明文档实例

下面是某工程实际施工图预算编制说明文档,可以此作为实例对概预算编制说明文档的内容有一个直观的认识。

某实际工程预算文件示例

一、工程概况、规模及预算总投资

本工程为×××省×××市移动通信公司×××基站设备安装工程，本工程预算总投资为×××元人民币，其中需要安装的设备费为×××元，安装工程费为×××元，工程建设其他费为×××元，预备费为×××元。各项费用详细情况见所附各预算表格。

二、预算编制依据

（1）工程施工图设计图纸及说明。

（2）国家工信部通信［2016］451号文件《关于发布〈通信建设工程概算、预算编制办法〉及相关定额的通知》。

（3）《国家发展改革委关于进一步放开建设项目专业服务价格的通知》（发改价格［2015］299号文件）。

（4）工程建设方与相关方面签订的工程勘察设计和工程监理合同。

（5）国家财政部《关于印发〈企业安全生产费用提取和使用管理办法〉》（财企［2012］16号文件）。

（6）市分公司和各设备制造商达成的设备购买意向及设备制造商提供的设备清单报价书。

（7）相关厂家提供的设备、材料价格。

三、有关费率及费用的取定

本预算除《通信建设工程概算、预算编制办法及费用定额》中已有明确规定者外，根据建设单位意见，其余需特殊说明的有关费率、费用的取定如下：

（1）本工程为一阶段设计，预算中计列预备费，预备费按照（工程费＋工程建设其他费）×3%记取。

（2）根据签订的工程建设相关专业服务合同，本工程勘察设计费按照5000元计取。工程监理费按照1000元计取。

（3）本工程建设用地及综合赔补费按照10000元综合取定。

四、工程经济技术指标分析

本工程预算总投资为×××元人民币，可覆盖用户×××户，平均每用户投资为×××元。

五、勘察设计费

勘察设计费总计5000元。

费用预算表格（此处略去）

【任务总结】

本项目的主要学习任务是通过相关基础知识的学习，完成本书所附工程项目施工图预算的编制说明文档。通过本项目任务的完成，应该掌握以下几点。

（1）了解"概预算编制说明"文档的概念、作用。

（2）熟悉"概预算编制说明"文档中应包含的主要内容和编制方法。

（3）能够根据相关规定和已经完成的概预算表格，熟练编制通信建设工程"概预算编制说明"文档。

【思考与练习】

（1）一份完整的信息通信工程概算文件应由_____和_____两部分组成。

（2）通信建设工程施工图预算编制说明文档应包含哪些主要内容？

项目七
信息通信建设工程概预算编制案例

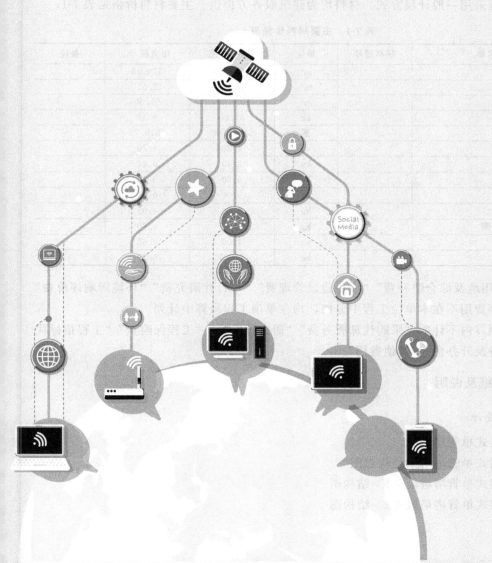

案例一 ××移动通信铁塔安装工程施工图预算

一、已知条件

（一）本工程为广东地区40m插接式单管塔安装单项工程。包括管塔及基础两部分的两阶段设计编制施工图预算。

（二）施工企业驻地距工程所在地12.5km。

（三）勘察设计费按站分摊为6500元/站，服务费税率按6%计取。

（四）建设工程监理费按站分摊为800元/站，服务费税率按6%计取。

（五）设备运距为1240km；主要材料运距为500km。

（六）运土费按实计列，按1200元计取。

（七）砂质黏性土属于普通土。

（八）铁塔基础预埋螺栓。

（九）该工程采用一般计税方式。材料均为建筑服务方提供。主要材料价格见表7-1。

表7-1 主要材料价格表

序号	名称	规格型号	单位	除税价/元	增值税/元	备注
1	方材红白松		m³	3000.00	510.00	
2	木模板		m³	15.00	2.55	
3	混凝土		m³	300.00	51.00	
4	电焊条		kg	55.00	9.35	
5	钢管杆		基	51875.00	8818.75	
6	加工铁件综合		kg	1.20	0.20	
7	钢筋		kg	2.40	0.41	
8	镀锌铁丝		kg	5.60	0.95	
9	专用钢模板		kg	3.00	0.51	
10	钢模板附件		kg	0.20	0.03	
11	内模定型加固圈		kg	4.70	0.80	
12	扒钉		kg	4.00	0.68	
13	预埋螺栓		kg	54.65	9.29	

（十）"建设用地及综合赔补费""项目建设管理费""可行性研究费""环境影响评价费""建设期利息"等费用不在本单位工程中分摊，均在单项工程预算中计列。

（十一）本预算内不计取"采购代理服务费""研究试验费""工程保险费""工程招标代理费""生产准备及开办费""其他费用"。

二、设计图纸及说明

（一）图纸设计

1. 40m插接式单管塔基础
2. 40m插接式单管塔塔架结构总图
3. 40m插接式单管塔塔段<1>结构图
4. 40m插接式单管塔塔段<2>结构图

5. 40m 插接式单管塔塔段<3>结构图
6. 40m 插接式单管塔塔段<4>结构图
7. 40m 插接式单管塔避雷针结构图
8. 40m 插接式单管塔爬梯结构图
9. 40m 插接式单管塔平台结构图<1>
10. 40m 插接式单管塔平台结构图<2>
11. 40m 插接式单管塔天线支架结构
12. 40m 插接式单管塔地脚螺栓图
13. 40m 插接式单管塔爬升装置

本工程的铁塔高度为40m，图纸量较大，由于本教材篇幅的限制，在此只选塔基础和塔架结构总图的图纸，供大家学习使用（图7-1和图7-2）。

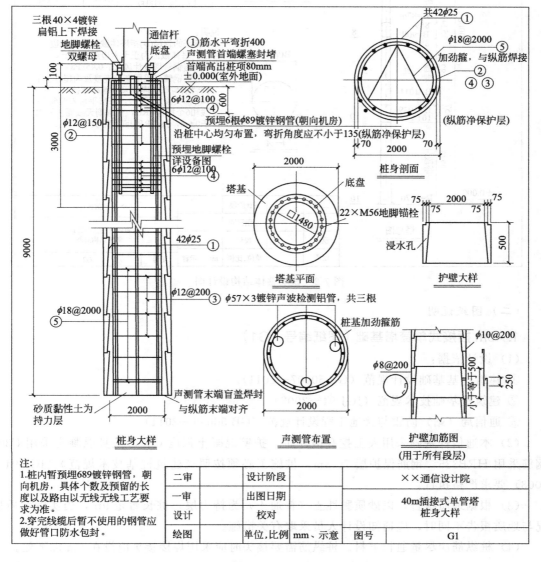

图 7-1 铁塔基础设计图

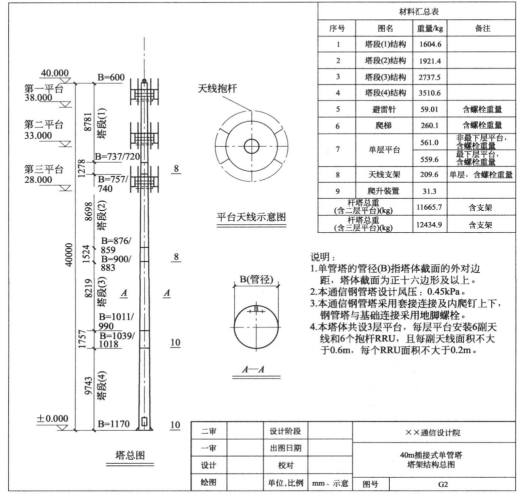

图 7-2 铁塔整体结构设计图

（二）图纸说明

1. 40m 插接式单管塔基础（图纸编号：G1）

(1) 设计依据：

① 建筑地基基础设计规范（GB 50007—2011）。

② 建筑桩基础技术规范（JGJ 94—2008）。

③ 通信局（站）防雷与接地工程设计规范（GB 50689—2011）。

(2) 本通信杆基础采用人工挖孔灌注桩，护壁混凝土强度 C30，桩身混凝土采用 C30，钢筋采用 HRB335，钢筋保护层 70mm，桩施工必须按照《建筑桩基技术规范》（JGJ 94—2008）要求严格执行。

(3) 根据地质报告，以砂质黏性土（普通土）为持力层，桩长暂定 9m，当实际地质情况与地质报告不同时，应通知设计人员采取有关措施。

(4) 桩纵筋应尽量通长下料。桩纵筋需要接头时应采用焊接接头应设在 6m 以下处。

(5) 本工程干底的设计内力（标准值）：弯矩 2978.9kN，剪力 104.0kN，轴力

166.2kN。

(6) 基础混凝土施工时，必须预埋地脚螺栓及紧固模板。

(7) 钢筋笼外侧需设混凝土垫块，或采取其他有效措施，以确保钢筋保护层的厚度。

(8) 本工程采用基础做自然接地体，要求用三根（40×4）镀锌扁钢将桩钢筋和杆体焊接连通，工频接地电阻不大于10Ω，当接地电阻达不到设计要求时，应通知设计单位另采用防雷措施。

2. 40m 插接式单管塔塔架结构总图(图纸编号：G2)

(1) 单管塔的塔径（B）指塔体截面的外对边距，塔体截面为正十六边形及以上。

(2) 本通信钢管塔设计风压：0.45kPa。

(3) 本通信钢管塔采用套接连接及内爬钉上下，钢管塔与基础连接采用地脚螺栓。

(4) 本塔体共设3层平台，每层平台安装6副天线和6个抱杆RRU，且每副天线面积不大于 $0.6m^2$，每个RRU面积不大于 $0.2m^2$。

三、统计工程量

移动通信基站铁塔基础及铁塔安装工程主要包括铁塔基础工程及铁塔安装两个部分，统计工程量时可分别统计。本示例按先铁塔安装后基础施工的步骤逐项扫描式进行统计，避免漏项和重复。

（一）铁塔安装部分

安装40m插接式单管塔：12.5t。

（二）基础施工部分

1. 挖孔基础挖方：坑径2000mm，坑深9m。
2. 现场浇筑有筋护壁：$0.244m^3$。
3. 制作钢筋笼：2.57t。
4. 浇制桩芯混凝土：孔深9m。

四、统计主材用量

主材统计见表7-2。

表 7-2　主材统计表

序号	材料名称	规格型号	单位	数量
1	方材红白松		m^3	0.07×0.244＝0.017
2	木模板		m^3	0.02×0.756＝0.015
3	混凝土		m^3	1.02×(0.244＋0.756)＝1.020
4	电焊条		kg	1.93×2.45＋43.20×0.324＝15.809
5	钢管杆		基	1×12.5＝12.5
6	加工铁件综合		kg	1×1.07＝1.07
7	钢筋		kg	2563.64
8	镀锌铁丝		kg	0.14×0.244＋0.12×0.756＝0.125
9	专用钢模板		kg	5.86×0.244＝1.430
10	H钢模板附件		kg	0.05×0.244＝0.012
11	内模定型加固圈		kg	0.02×0.244＝0.005

续表

序号	材料名称	规格型号	单位	数量
12	扒钉		kg	0.08×0.756=0.060
13	六角螺栓		kg	1212×0.32=392.688

五、施工图预算编制

(一) 预算编制说明

1. 工程概述本工程为××地区40m插接式单管塔基础及安装工程，本预算为40m插接式单管塔基础及安装工程预算，预算价值为231920元。

2. 编制依据及采用的取费标准和计算方法

(1) 施工图设计图纸及说明。

(2) 工信部通信〔2016〕451号《工业和信息化部关于印发信息通信建设工程预算定额、工程费用定额及工程概预算编制规程的通知》。

(3) 建设单位与××器材公司签订的购货合同。

(4) 有关费率及费用的取定：

① 承建本工程的施工企业距施工现场12km，不足35km不计取施工队伍调遣费；

② 设备及主材运杂费费率取定，设备运输里程为1250km，主要材料运输里程均为500km，见表7-3。

表7-3 设备、主材各项费率

序号	费用项目名称	木材及木制品主材费率	水泥及水泥构件主材费率	其他类主材费率
1	运杂费	12.5%	27%	5.4%
2	运输保险费	0.4%	0.1%	0.1%
3	采购及保险费	0.82%	1.0%	1.0%

③ 本站分摊的勘察设计费为6500元；

④ 建设工程监理费为800元；

⑤ "建设用地及综合赔补费""项目建设管理费""可行性研究费""环境影响评价费""建设期利息"等费用在单项工程总预算中计列；

⑥ 其他未说明的费用均按费用定额规定的取费原则、费率和计算方法进行计取。

3. 工程技术经济指标分析（略）

4. 其他需说明的问题（略）

(二) 预算表格

(1) 工程预算总表（表一）（表格编号：TSW-1，表7-4）。

(2) 建筑安装工程费用预算表（表二）（表格编号：TSW-2，表7-5）。

(3) 建筑安装工程量预算表（表三甲）（表格编号：TSW-3甲，表7-6）。

(4) 建筑安装工程机械使用费预算表（表三乙）（表格编号：TSW-3乙，表7-7）。

(5) 建筑安装工程仪器仪表使用费预算表（表三丙）（表格编号：TSW-3丙，表7-8）。

(6) 国内器材预算表（表四甲）（主要材料表）（表格编号：TSW-4甲A、TSW-4甲B，表7-9）。

(7) 工程建设其他费预算表（表五甲）（表格编号：TSW-5甲，表7-10）。

表 7-4 工程 预 算 总 表（表一）

建设项目名称：××基站建设项目
单项工程名称：××基站铁塔安装工程
建设单位名称：××市移动通信公司
表格编号：TSW-1   第 1 页

序号	表格编号	费用名称	小型建筑工程费	需要安装的设备费	不需要安装的设备、工器具费	建筑安装工程费	其他费用	预备费	除税价	增值税	含税价	总价值	其中外币（ ）
I	II	III	IV	V	VI	VII	VIII	IX		X	XI	XII	XIII
1	TSW-2	建筑安装工程费				201709				201709	18749	220458	
2	TSW-4B	需要安装的设备费												
3		小计（工程费）				201709				201709	18749	220458	
4	TSW-5	工程建设其他费					10326			10326	1136	11462	
5		合计（工程费＋其他费）				201709	10326			212035	19885	231920	
6		预备费											
7		建设期利息											
8		总计				201709	10326			212035	19885	231920	
9		其中回收费用											

设计负责人：　　　　　审核：　　　　　编制：　　　　　编制日期：2017 年 5 月 30 日

表 7-5 建筑安装工程费用预算表（表二）

单项工程名称：××基站铁塔安装工程
建设单位名称：××市移动通信公司
表格编号：TSW-2
第 1 页

序号	费用名称	依据和计算方法	合计/元	序号	费用名称	依据和计算方法	合计/元
Ⅰ	Ⅱ	Ⅲ	Ⅳ	Ⅰ	Ⅱ	Ⅲ	Ⅳ
	建安工程费（含税价）	一+二+三+四	220458.09	7	夜间施工增加费	人工费×2.1%	809.68
	建安工程费（除税价）	一+二+三	201709.24	8	冬雨季施工增加费	人工费（室外）×2.5%	963.90
一	直接费	直接工程费+措施费	170444.17	9	生产工具用具使用费	人工费×0.8%	308.45
（一）	直接工程费	1至4之和	159836.50	10	施工用水电蒸汽费		
1	人工费	技工费+普工费	38556.01	11	特殊地区施工增加费	（技工日+普工日）×8元	
(1)	技工费	技工日×114元/日	31406.01	12	已完工程及设备保护费	人工费×1.5%	578.34
(2)	普工费	普工日×61元/日	7150.00	13	运土费		1200.00
2	材料费	主材费+辅材费	93334.19	14	施工队伍调遣费		
(1)	主要材料费	国内主材+国外主材	90615.71	15	大型施工机械调遣费		
(2)	辅助材料费	主材料费×3%	2718.47	二	间接费	规费+企业管理费	23553.87
3	机械使用费	表三乙-总计	24997.30	（一）	规费	1至4之和	12989.52
4	仪表使用费	表三丙-总计	2949.00	1	工程排污费		
（二）	措施费	1至15之和	10607.67	2	社会保障费	人工费×28.50%	10988.46
1	文明施工费	人工费×1.1%	424.12	3	住房公积金	人工费×4.19%	1615.50
2	工地器材搬运费	人工费×1.1%	424.12	4	危险作业意外伤害保险费	人工费×1%	385.56
3	工程干扰费	人工费×4%	1542.24	（二）	企业管理费	人工费×27.4%	10564.35
4	工程点交、场地清理费	人工费×2.5%	963.90	三	利润	人工费×20%	7711.20
5	临时设施费	人工费×3.8%	1465.13	四	销项税额	直接费×适用税率	18748.85
6	工程车辆使用费	人工费×5.0%	1927.80				

设计负责人： 审核： 编制： 编制日期：2017年5月30日

表 7-6 建筑安装工程量 预 算表（表三甲）

建设项目名称：××基站建设项目
单项工程名称：××基站铁塔安装工程
建设单位名称：××市移动通信公司
表格编号：TSW-3甲
第 1 页

序号	定额编号	项目名称	单位	数量	单位定额值		合计值	
					技工	普工	技工	普工
I	II	III	IV	V	VI	VII	VIII	IX
1	TSW5-008	单杆分段式每基质量(t)(15以下)	t	13	20.03	8.59	250.38	107.38
2	TSW5-067	坑径2000mm以下下坑深(m)(10以下)	基	1	0.06	1.09	0.06	1.09
3	TSW5-172	现浇护壁有筋	m³	0.244	3.24	3.24	0.79	0.79
4	TSW5-142	钢筋笼	t	2.57	5.86	2.51	15.05	6.45
5	TSW5-187	浇制桩芯混凝土孔深(m)(20以下)	m³	0.756	1.34	2.00	1.01	1.51
6	TSW5-167	预埋螺栓	t	0.324	24.70		8.00	
7	TSW5-206	电阻测试	基	1	0.20		0.20	
		合计					275.49	117.21

设计负责人： 审核： 编制： 编制日期：2017年5月30日

表 7-7 建筑安装工程机械使用费预算表（表三乙）

建设项目名称：××基站建设项目
单项工程名称：××基站铁塔安装工程
建设单位名称：××市移动通信公司
表格编号：TSW-3乙
第 1 页

序号	定额编号	项目名称	单位	数量	机械名称	数量/台班	单位定额值 单价/元	数量/台班	合计值 合价/元
I	II	III	IV	V	VI	VII	VIII	IX	X
1	TSW5-008	单杆分段式每基重S(t)(15以下)	t	12.5	汽车式起重机50t	0.77	2051.00	9.63	19740.88
2	TSW5-067	坑径2000mm以下坑深(m)(10以下)	基	1	载重汽车5t	0.96	372.00	12.00	4464.00
				1	电动卷扬机	0.02	120.00	0.02	2.40
					载重汽车5t	0.01	372.00	0.01	3.72
3	TSW5-172	现浇护壁有筋	m³	0.24	混凝土搅拌机	0.50	215.00	0.12	26.23
				0.24	混凝土振捣器	0.04	208.00	0.01	2.03
				0.24	载重汽车5t	0.29	372.00	0.07	26.32
4	TSW5-142	钢筋笼	t	2.57	钢筋调直切断机	0.14	128.00	0.36	46.05
				2.57	钢筋弯曲机	0.62	120.00	1.59	191.21
				2.57	焊接设备	0.62	144.00	1.59	229.45
5	TSW5-187	浇制桩芯混凝土孔深(m)(20以下)	m³	0.76	电动卷扬机	0.16	120.00	0.12	14.52
				0.76	混凝土搅拌机	0.04	215.00	0.03	6.50
				0.76	混凝土振捣器	0.04	208.00	0.03	6.29
				0.76	污水泵	0.04	118.00	0.03	3.57
				0.76	机动绞磨	0.14	170.00	0.11	17.99
				0.76	载重汽车5t	0.04	372.00	0.03	11.25
6	TSW5-167	预埋螺栓	t	0.32	交流弧焊机	5.27	120.00	1.71	204.90
		合计							24997.30

设计负责人：　　　　　审核：　　　　　编制：　　　　　编制日期：2017年5月30日

表 7-8 建筑安装工程仪器仪表使用费 预 算 表（表三丙）

建设项目名称：××基站建设项目　　　　　　　　　　　　　　　　　表格编号：TSW-3 丙　　第 1 页
单项工程名称：××基站铁塔安装工程　　建设单位名称：××市移动通信公司

序号	定额编号	项目名称	单位	数量	仪表名称	单位定额值		合计值	
						数量/台班	单价/元	数量/台班	合价/元
Ⅰ	Ⅱ	Ⅲ	Ⅳ	Ⅴ	Ⅵ	Ⅶ	Ⅷ	Ⅸ	Ⅹ
1	TSW5-008	单杆分段式每基质量(t)(15 以下)	t	12.50	经纬仪	1.00	118.00	12.50	1475.00
				12.50	水准仪	1.00	116.00	1.00	1450.00
2	TSW5-206	电阻测试	基	0.20	接地电阻测试仪	0.20	120.00	0.20	24.00
		合计						13.70	2949.00

设计负责人：　　　　　　　审核：　　　　　　　编制：　　　　　　　编制日期：2017 年 5 月 30 日

表 7-9 国内器材预算表（表四甲）
（国内主要材料）

建设项目名称：××基站建设项目
单项工程名称：××基站铁塔安装工程
建设单位名称：××市移动通信公司
表格编号：TSW-4 甲 A 第 1 页

序号	名称	规格程式	单位	数量	单价/元		合计/元			备注
					除税价	除税价	增值税	含税价		
Ⅰ	Ⅱ	Ⅲ	Ⅳ	Ⅴ	Ⅵ	Ⅶ	Ⅷ	Ⅸ		Ⅹ
1	方材红白松		m³	0.02	3000.00	51.24				
2	木模板		m³	0.02	15.00	0.23				
(1)	木材木制品类小计 1					51.47				
(2)	运杂费(小计 1×12.5%)					0.77				
(3)	运输保险费(小计 1×0.1%)					0.05				
(4)	采购保险费(小计 1×1%)					0.51				
(5)	木材木制品类合计 1					52.80				
3	混凝土		m³	1.02	300.00	4812.27				
(1)	水泥及水泥构件类小计 2					4812.27				
(2)	运杂费(小计 2×27%)					96.25				
(3)	运输保险费(小计 2×0.1%)					4.81				
(4)	采购保险费(小计 2×1%)					48.12				
(5)	水泥及水泥构件类合计 2					4961.45				
4	电焊条		kg	16.04	55.00	882.25				
5	钢管杆		基	1.00	4150.00	51875.00				
6	加工铁件综合		kg	1.07	1.20	1.28				

建设项目名称：××基站建设项目
单项工程名称：××基站铁塔安装工程
建设单位名称：××市移动通信公司
表格编号：TSW-4 甲 B 第 2 页

序号	名称	规格程式	单位	数量	单价/元 除税价	单价/元 增值税	单价/元 含税价	合计/元 除税价	合计/元 增值税	合计/元 含税价	备注
I	II	III	IV	V	VI			VII	VIII	IX	X
7	钢筋		kg	2563.64	2.40			6152.74			
8	镀锌铁丝		kg	0.12	5.60			0.70			
9	专用钢税板		kg	1.43	3.00			4.29			
10	钢模板附件		kg	0.01	0.20			0.01			
11	内模定型加固圈		kg	0.01	4.70			0.02			
12	扒钉		kg	0.06	4.00			0.24			
13	六角螺栓（综合）		kg	392.69	54.65			21460.40			
(1)	其他类小计 3							80376.96			
(2)	运杂费（小计3×5.4%）							4340.36			
(3)	运输保险费（小计3×0.1%）							80.38			
(4)	采购保险费（小计3×1%）							803.77			
(5)	其他类合计 3							85601.46			
	总计							90615.71			

设计负责人：　　　　　审核：　　　　　编制：　　　　　编制日期：2017年5月30日

表 7-10 工程建设其他费 预 算 表（表五甲）

建设项目名称：××基站建设项目
单项工程名称：××基站铁塔安装工程
建设单位名称：×××市移动通信公司
表格编号：TSW-5 甲
第 1 页

序号	费用名称	计算依据及方法	金额/元			备注
			除税价	增值税	含税价	
I	II	III	IV	V	XI	XII
1	建设用地及综合赔补费					
2	项目建设管理费					
3	可行性研究费					
4	研究试验费					
5	勘察设计费	条件已知	6500.00	715.00	7215.00	
6	环境影响评价费					
7	建设工程监理费	条件已知	800.00	88.00	888.00	
8	安全生产费	建安费（除税价×1.5%）	3025.64	332.82	3358.46	
9	引进技术及引进设备其他费					
10	工程保险费					
11	工程招标代理费					
12	专利及专有技术使用费					
13	其他费用					
	总计		10325.64	1135.82	11461.46	
14	生产准备及开办费（运营费）					

设计负责人：　　　　　　　　审核：　　　　　　　　编制：　　　　　　　　编制日期：2017 年 5 月 30 日

案例二 ××移动通信基站设备安装工程施工图预算

一、已知条件

（一）本工程为四川地区 TD-LTE 系统 F 频段的新建 1/1/1××基站建设工程。

（二）施工企业驻地距工程所在地 12km。

（三）勘察设计费按站分摊为 5200 元/站，服务费税率按 6% 计取。

（四）建设工程监理费按站分摊为 600 元/站，服务费税率按 6% 计取。

（五）设备运距为 1250km；主要材料运距为 500km。

（六）该工程采用一般计税方式。设备均由甲方提供，税率按 17% 计取。材料均由建筑服务方提供。设备价格见表 7-11；主要材料价格见表 7-12。

表 7-11 设备价格表

序号	设备名称	规格容量	单位	除税价/元	增值税/元
1	TD-LTE 定向天线（八通道）		副	12000.00	2040.00
2	TD-LTE 基带单元	1/1/1	台	20000.00	3400.00
3	射频拉远单元		台	9000.00	1530.00
4	GPS 防雷器		个	1000.00	170.00
5	GPS 天线		副	5500.00	935.00

表 7-12 主要材料价格表

序号	名称	规格型号	单位	除税价/元	增值税/元	备注
1	馈线（射频同轴电缆）	1/2in	m	80.00	13.60	含连接头
2	室外光缆	2芯	m	10.00	1.70	

（七）"建设用地及综合赔补费""项目建设管理费""可行性研究费""环境影响评价费""建设期利息"等费用不在本单项工程中分摊，均在整体项目预算中计列。

（八）本预算内不计取"采购代理服务费""研究试验费""工程保险费""工程招标代理费""生产准备及开办费""其他费用"。

二、设计图纸及说明

（一）设计范围及分工

1. 本工程设计范围主要包括移动通信基站的天馈线系统、室内基带单元、室外射频拉远等设备的安装。中继传输电路、供电系统等部分内容由其他专业负责，新建铁塔内容在其他章节阐述。

2. 基站设备与电源设备安装在同一机房，设备平面布置及走线架位置由本专业统一安排；机房装修（包括墙洞）、空调等工程的设计与施工由建设单位另行安排。

3. 设备等相关调测由设备厂家负责。

（二）图纸说明

1. 基站机房设备平面布置图（图纸编号：GD-S-YD-01，图 7-3）

基站机房内 TD-LTE 基带单元设备的尺寸为 446×310×86，并和直流配电单元一起在机房内的综合架上安装。

2. 基站机房内走线架平面布置图（图纸编号：GD-S-YD-02，图 7-4）

基站室内原有走线架采用 500mm 和 300mm 宽的产品。走线架安装在机架上方，其高度与已开馈线穿墙洞下沿齐平，走线架宽度及离地高度已经在图纸上说明。

3. 基站天馈线系统安装示意图（图纸编号：GD-S-YD-03、GD-S-YD-04，图 7-5、图 7-6）

（1）在地面铁塔上共安装了 3 副 TD-LTE 定向智能天线。小区方向分别为 0°、120°、240°，其挂高均为 48m，铁塔平台已有天线横担及天线支撑杆。

（2）基站采用 2 芯的室外光缆在基带单元与射频拉远单元基站设备间进行连接。

（3）采用 1/2 英寸软馈线连接射频拉远单元与定向智能天线，长度为 3m/条。

（4）GPS 天线安装在室外机房顶部，并通过 1/2 英寸软馈线与室内设备连接。

（5）塔顶安装的避雷针和铁塔自身的防雷接地处理，均由铁塔单项工程预算统一考虑。

4. 未说明的设备均不考虑。

三、统计工程量

移动通信基站的设备安装内容主要分为室外和室内两部分，统计工程量时可分别统计。本示例按先室外后室内的步骤逐项扫描式进行统计，避免漏项和重复。

（一）基站天馈线部分

1. 地面铁塔上（铁塔高 48m 处）安装定向天线：3 副。
2. 安装馈线（1/2in 射频同轴电缆）：3m×27 条。
3. 安装射频拉远单元：3 台。
4. 安装室外光缆：75m×3 条。
5. 安装 GPS 天线：1 副。
6. 安装 GPS 馈线（1/2in 射频同轴电缆）：15m×1 条。

（二）基站设备及配套

1. 安装嵌入式基站设备（TD-LTE 基带单元，直流配电单元）：2 台。
2. 安装 GPS 防雷器：1 个。

四、统计主材用量

本工程主材使用量统计如表 7-13 所示。

表 7-13 主材使用量统计表

序号	名称	规格型号	单位	数量
1	馈线（射频同轴电缆）	1/2in	m	3×27+15=96
2	射频拉远单元电源电缆	RWZ(2×6mm^2)	m	75×3=225
3	室外光缆	2 芯	m	75×3=225

项目七 信息通信建设工程概预算编制案例

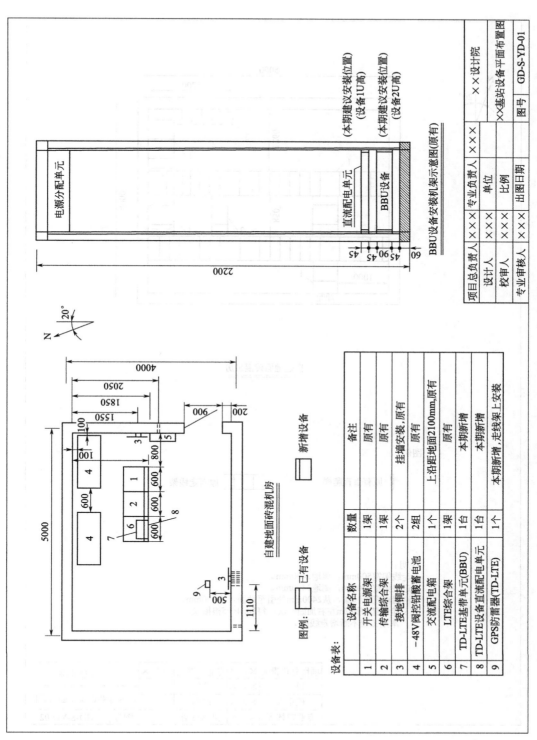

图 7-3 基站机房设备平面布置图

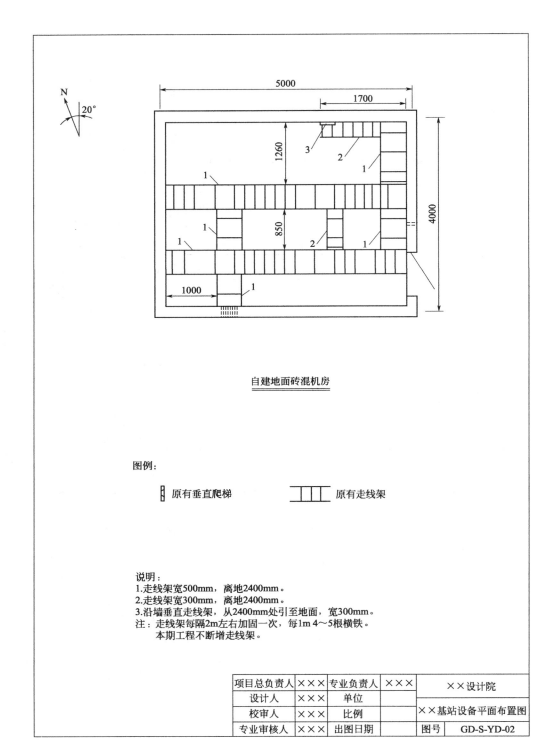

图 7-4 基站机房内走线架平面布置图

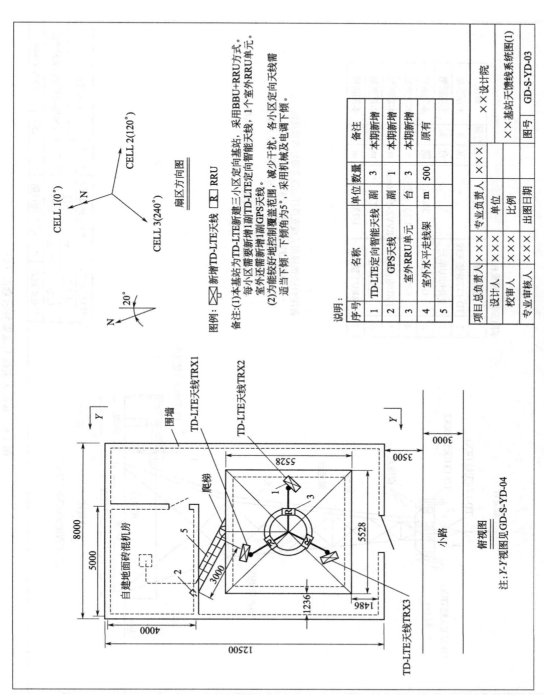

图 7-5 基站天馈线系统安装示意图 (1)

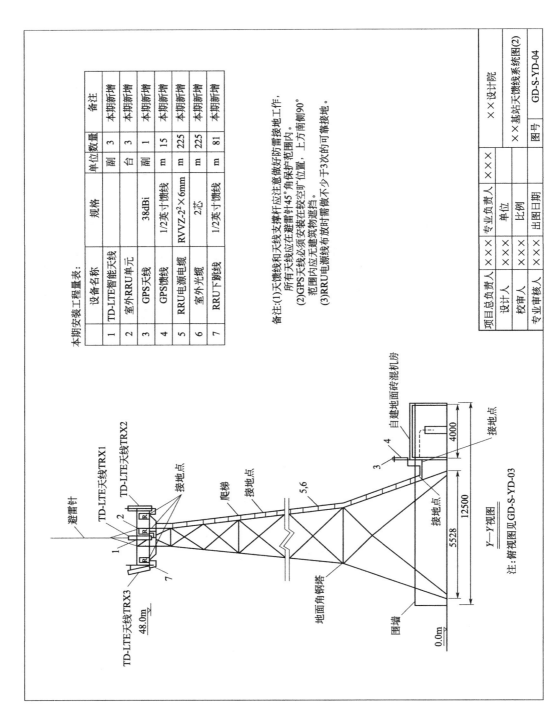

图 7-6 基站天馈线系统安装示意图 (2)

五、施工图预算编制

（一）预算编制说明

1. 工程概述

本工程为××地区移动通信网络基站系统设备安装工程，本预算为××基站无线设备安装施工图预算，预算价值为 148011 元。

2. 编制依据及采用的取费标准和计算方法

（1）施工图设计图纸及说明。

（2）工信部通信〔2016〕451号《工业和信息化部关于印发信息通信建设工程预算定额、工程费用定额及工程概预算编制规程的通知》。

（3）建设单位与××设备供应商签订的设备价格合同。

（4）建设单位与××器材公司签订的购货合同。

（5）有关费率及费用的取定。

① 承建本工程的施工企业距施工现场12km，不足35km不计取施工队伍调遣费。

② 设备及主材运杂费费率取定：设备运输里程为1250km，主要材料运输里程均500km，见表7-14。

表 7-14　设备、主材各项费率

序号	费用项目名称	需要安装的设备费率	电缆类主材费率	光缆类主材费率
1	运杂费	1.2%	1.5%	2.0%
2	运输保险费	0.4%	0.1%	0.1%
3	采购及保管费	0.82%	1.0%	1.0%

③ 本站分摊的勘察设计费为5200元。

④ 建设工程监理费为600元。

⑤ "建设用地及综合赔补费""项目建设管理费""可行性研究费""环境影响评价费""建设期利息"等费用在单项工程总预算中计列。

⑥ 其他未说明的费用均按费用定额规定的取费原则、费率和计算方法进行计取。

3. 工程技术经济指标分析（略）

4. 其他需说明的问题（略）

（二）预算表格

（1）工程预算总表（表一）（表格编号：TSW-1，表7-15）。

（2）建筑安装工程费用预算表（表二）（表格编号：TSW-2，表7-16）。

（3）建筑安装工程量预算表（表三甲）（表格编号：TSW-3甲，表7-17）。

（4）建筑安装工程仪器仪表使用费预算表（表三丙）（表格编号：TSW-3丙，表7-18）。

（5）国内器材预算表（表四甲）（主要材料表）（表格编号：TSW-4甲A，表7-19）。

（6）国内器材预算表（表四甲）（需要安装的设备表）（表格编号：TSW-4甲B，表7-20）。

（7）工程建设其他费用预算表（表五甲）（表格编号：TSW-5甲，表7-21）。

表 7-15 工程 预 算 总 表（表一）

建设项目名称：××基站建设项目
单项工程名称：××基站设备安装工程
建设单位名称：××市移动通信公司
表格编号：TSW-1   第 1 页

序号	表格编号	费用名称	小型建筑工程费	需要安装的设备费	不需要安装的设备、工器具费	建筑安装工程费	其他费用	预备费	总价值 (元)			其中外币（ ）
									除税价	增值税	含税价	
Ⅰ	Ⅱ	Ⅲ	Ⅳ	Ⅴ	Ⅵ	Ⅶ	Ⅷ	Ⅸ	Ⅹ	Ⅺ	Ⅻ	Ⅷ
1	TSW-2	建筑安装工程费				27792.61			27792.61	2388.29	30180.90	
2	TSW-4B	需要安装的设备费		92382					92381.90	15704.92	108086.82	
3		小计（工程费）		92382		27792.61			120175	18093	138268	
4	TSW-5	工程建设其他费					6217		6217	3526	9743	
5		合计（工程费+其他费）		92382		27792.61	6217		126392	21619	148011	
6		预备费										
7		建设期利息										
8		总计		92382		27793	6217		126392	21619	148011	
9		其中回收费用										

设计负责人：　　　　　　审核：　　　　　　编制：　　　　　　编制日期：2017 年 5 月 30 日

表 7-16　建筑安装工程费用预算表（表二）

单项工程名称：××基站设备安装工程　　建设单位名称：××移动通信公司　　表格编号：TSW-2　　第 1 页

序号	费用名称	依据和计算方法	合计/元	序号	费用名称	依据和计算方法	合计/元
I	II	III	IV	I	II	III	IV
	建安工程费(含税价)	一+二+三+四	30180.90	7	夜间施工增加费	人工费×2.1%	157.48
	建安工程费(除税价)	一+二+三	27792.61	8	冬雨季施工增加费	人工费(室外)×2.5%	133.29
一	直接费	直接工程费+措施费	21711.74	9	生产工具用具使用费	人工费×0.8%	59.99
(一)	直接工程费	1至4之和	19936.18	10	施工用水电蒸汽费		
1	人工费	技工费+普工费	7498.92	11	特殊地区施工增加费	(技工日+普工日)×8元	112.48
(1)	技工费	技工日×114元/日	7498.92	12	已完工程及设备保护费	人工费×1.5%	
(2)	普工费	普工日×61元/日		13	运土费		
2	材料费	主材费+辅材费	11661.01	14	施工队伍调遣费		
(1)	主要材料费	国内主材+国外主材	11321.37	15	大型施工机械调遣费		
(2)	辅助材料费	主要材料费×3%	339.64	(二)	间接费	规费+企业管理费	4581.09
3	机械使用费	表三乙-总计		1	规费	1至4之和	2526.39
4	仪表使用费	表三丙-总计	776.25	2	工程排污费		
(二)	措施费	1至15之和	1775.56	3	社会保障费	人工费×28.50%	2137.19
1	文明施工费	人工费×1.1%	82.49	4	住房公积金	人工费×4.19%	314.20
2	工地器材搬运费	人工费×1.1%	82.49	5	危险作业意外伤害保险费	人工费×1%	74.99
3	工程干扰费	人工费×4%	299.96	(三)	企业管理费	人工费×27.4%	2054.70
4	工程点交、场地清理费	人工费×2.5%	187.47	三	利润	人工费×20%	1499.78
5	临时设施费	人工费×3.8%	284.96	四	销项税额	直接费×适用税率	2388.29
6	工程车辆使用费	人工费×5.0%	374.95				

设计负责人：　　　　　　　审核：　　　　　　　编制：　　　　　　　编制日期：2017年5月30日

表 7-17 建筑安装工程量 预 算 表（表三甲）

建设项目名称：××基站建设项目
单项工程名称：××基站设备安装工程
建设单位名称：××市移动通信公司
表格编号：TSW-3甲　　第 1 页

序号	定额编号	项目名称	单位	数量	单位定额值		合计值	
					技工	普工	技工	普工
I	II	III	IV	V	VI	VII	VIII	IX
1	TSW2-052	安装基站主设备嵌入式（DCDU）	台	1	1.08		1.08	
2	TSW2-052	安装基站主设备嵌入式（BBU）	台	1	1.08		1.08	
3	TSW1-032	安装防雷器	个	1	0.25		0.25	
4	TSW2-056	安装室外射频拉远单元（地面铁塔上,40m 以下）	套	3	2.88		8.64	
5	TSW2-057	安装室外射频拉远单元（地面铁塔上,40m 以上至 80m 以下每增加 1m）	套	3	0.32		0.96	
6	TSW1-057	布放射频拉远单元（RRU）用光缆	米条	225	0.04		9.00	
7	TSW2-023	安装调测卫星全球定位系统（GPS）天线	副	1	1.8		1.80	
8	TSW2-011	安装定向天线（地面铁塔上,40m 以下）	副	3	6.35		19.05	
9	TSW2-012	安装定向天线（地面铁塔上,40m 以上至 80m 以下每增加 1m）	副	3	0.64		1.92	
10	TSW2-027	布放射频同轴电缆 1/2in 以下（4m 以下）	条	27	0.20		5.40	
11	TSW2-044	安基站天、馈线系统调测（1/2in 射频同轴电缆）	条	27	0.38		10.26	
12	TSW2-081	配合基站系统调测	站	3	1.41		4.23	
13	TSW2-094	配合联网调测	站	1	2.11		2.11	
		合计					65.78	

设计负责人：　　　　审核：　　　　编制：　　　　编制日期：2017 年 5 月 30 日

表 7-18 建筑安装工程仪器仪表使用费 预算表（表三丙）

建设项目名称：××基站建设项目　　　　　　　　　　　　　　　　　　　　　　表格编号：TSW-3 丙
单项工程名称：××基站设备安装工程　　　　　建设单位名称：××市移动通信公司　　　第 1 页

序号	定额编号	项目名称	单位	数量	仪表名称	单位定额值		合计值	
						数量/台班	单价/元	数量/台班	合价/元
I	II	III	IV	V	VI	VII	VIII	IX	X
1	TSW2-044	宏基站天、馈线系统调测（1/2in 射频同轴电缆）	条	27.00	天馈线测试仪	0.05	140.00	1.35	189.00
				27.00	操作测试终端（电脑）	0.05	125.00	1.35	168.75
				27.00	互调测试仪	0.05	310.00	1.35	418.50
		合计							776.25

设计负责人：　　　　　　　　审核：　　　　　　　　编制：　　　　　　　　编制日期：2017 年 5 月 30 日

表 7-19 国内器材预算表（表四甲）
（主要材料表）

建设项目名称：××基站建设项目
单项工程名称：××基站设备安装工程
建设单位名称：××市移动通信公司
表格编号：TSW-4甲A
第 1 页

序号	名称	规格程式	单位	数量	单价/元 除税价	合计/元 除税价	合计/元 增值税	合计/元 含税价	备注
I	II	III	IV	V	VI	VII	VIII	IX	X
1	馈线（射频同轴电缆）	1/2in	m	96	80.00	7680.00			
	电缆类小计1					7680.00			
	(2)运杂费（小计1×1.5%）					115.20			
	(3)运输保险费（小计1×0.1%）					7.68			
	(4)采购保管费（小计1×1%）					76.80			
	(5)电缆类合计					7879.68			
2	室外光缆	2芯	m	225	10.00	2250.00			
	光缆类小计2					2250.00			
	(1)运杂费（小计2×2.0%）					45.00			
	(2)运输保险费（小计2×0.1%）					2.25			
	(3)采购保管费（小计2×1%）					22.50			
	(4)光缆类合计2					2319.75			
	总计					10199.43			

设计负责人：　　　　审核：　　　　编制：　　　　编制日期：2017年5月30日

表7-20 国内器材预算表(表四甲)
(需要安装的设备表)

建设项目名称:××基站建设项目
单项工程名称:××基站设备安装工程
建设单位名称:××市移动通信公司
表格编号:TSW-4甲B
第1页

序号	名称	规格程式	单位	数量	单价/元		合计/元			备注
					除税价		除税价	增值税	含税价	
Ⅰ	Ⅱ	Ⅲ	Ⅳ	Ⅴ	Ⅵ		Ⅶ	Ⅷ	Ⅸ	Ⅹ
1	TD-LTE定向天线		副	3	12000.00		36000.00	6120.00	42120.00	
2	TD-LTE基带单元		台	3	20000.00		20000.00	3400.00	23400.00	
3	射频拉远单元		台	3	9000.00		27000.00	4590.00	31590.00	
4	GPS防雷器		个	1	1000.00		1000.00	170.00	1170.00	
5	GPS天线		副	1	5500.00		5500.00	935.00	6435.00	
	(1)小计						89500.00	15215.00	104715.00	
	(2)运杂费(小计×2%)						1790.00	304.30	2094.30	
	(3)运输保险费(小计×0.4%)						358.00	60.86	418.86	
	(4)采购保管费(小计×0.82%)						733.90	124.76	858.66	
	合计:(1)~(4)之和						92381.90	15704.92	108086.82	

设计负责人:　　　　　　　审核:　　　　　　　编制:　　　　　　　编制日期:2017年5月30日

表 7-21 工程建设其他费 预 算 表（表五甲）

建设项目名称：××基站建设项目
单项工程名称：××基站设备安装工程
建设单位名称：××市移动通信公司
表格编号：TSW-5 甲
第 1 页

序号	费用名称	计算依据及方法	金额/元		备注
			除税价	增值税	含税价
I	II	III	IV	V	XI
					XII
1	建设用地及综合赔补费				
2	项目建设管理费				
3	可行性研究费				
4	研究试验费				
5	勘察设计费	已知	5200.00	3120	8320.00
6	环境影响评价费				
7	建设工程监理费	已知	600.00	360	960.00
8	安全生产费	建安费（除税价）×1.5%	416.89	45.86	462.75
9	引进技术及引进设备其他费				
10	工程保险费				
11	工程招标代理费				
12	专利及专有技术使用费				
13	其他费用				
	总计		6216.89	3521.68	9700.59
14	生产准备及开办费（运营费）				

设计负责人：　　　　审核：　　　　编制：　　　　编制日期：2017 年 5 月 30 日

案例三 通信电源设备安装工程设计预算案例

一、已知条件

（一）工程概况：本工程为浙江地区××楼机房电源配套工程初步设计。

（二）本工程施工企业驻地距施工现场 30km。

（三）设备、材料运输距离按 1500km 计取。

（四）本工程勘察设计费为 1500 元（除税价），建设工程监理费为 900 元（除税价）。

（五）本工程预算内不计列工程干扰费、施工用水电蒸汽费、特殊地区施工增加费、已完工程及设备保护费、运土费、施工队伍调遣费、建设用地及综合赔补费、项目建设管理费、可行性研究费、研究试验费、环境影响评价费、工程保险费、工程招标代理费、专利及专用技术使用费、其他费用。

（六）本工程采用一般计税方式。设备均由建设单位提供。材料均由施工单位提供，本工程增值税税率均按 10% 计算。电源和主要材料价格如表 7-22 和表 7-23 所示。

表 7-22 电源设备价格表

序号	设备名称	容量	规格($L×W×H$)/mm	单位	除税价/元
1	组合式开关电源	300A	2200×600×600	架	30000
2	-48V 蓄电池组	300Ah	800×800×500	组	1000

表 7-23 主要材料价格表

序号	名称	规格型号	单位	除税价/元
1	铜芯聚氯乙烯绝缘聚氯乙烯护套电力电缆	VV-1kV 4×16+1×10mm	m	5.190
2	铜芯聚氯乙烯绝缘聚氯乙烯护套电力电缆	VV-1kV 1×35mm	m	9.750
3	铜芯聚氯乙烯绝缘聚氯乙烯护套电力电缆	VV-1kV 1×50mm	m	19.040
4	铜芯聚氯乙烯绝缘聚氯乙烯护套电力电缆	VV-1kV 1×95mm	m	33.110
5	地线排		个	330.000
6	铜接线端子	SC-50	个	10.560
7	铜接线端子	SC-95	个	16.690
8	铜接线端子	SC-35	个	6.480
9	铜接线端子	SC-16	个	4.150
10	铜接线端子	SC-10	个	2.460

二、设计图纸及说明

（一）××楼机房电源配套工程机房平面图（图 7-7）

（二）××楼机房电源配套工程走线架布置图（图 7-8）

（三）××楼机房电源配套工程线缆路由图（图 7-9）

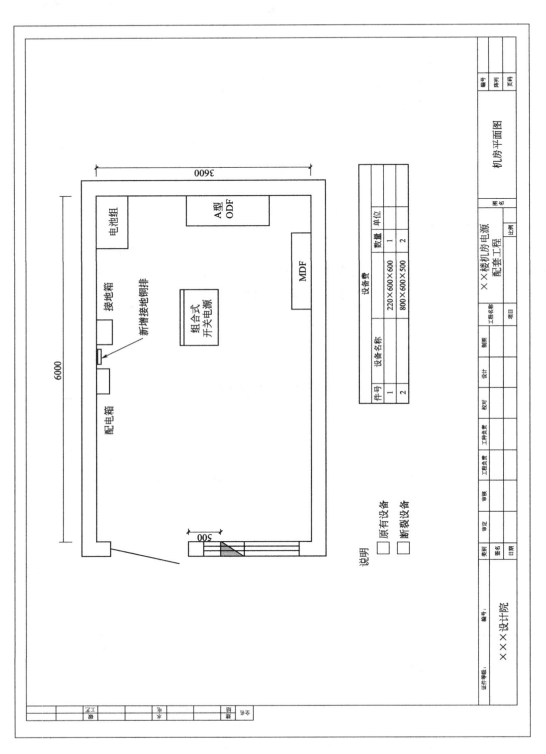

图 7-7 ××楼机房电源配套工程机房平面图

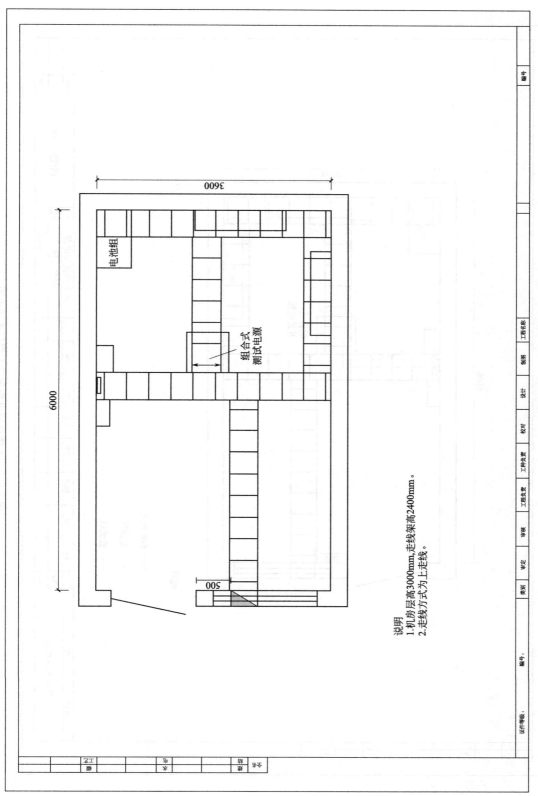

图 7-8 ××楼机房电源配套工程走线架布置图

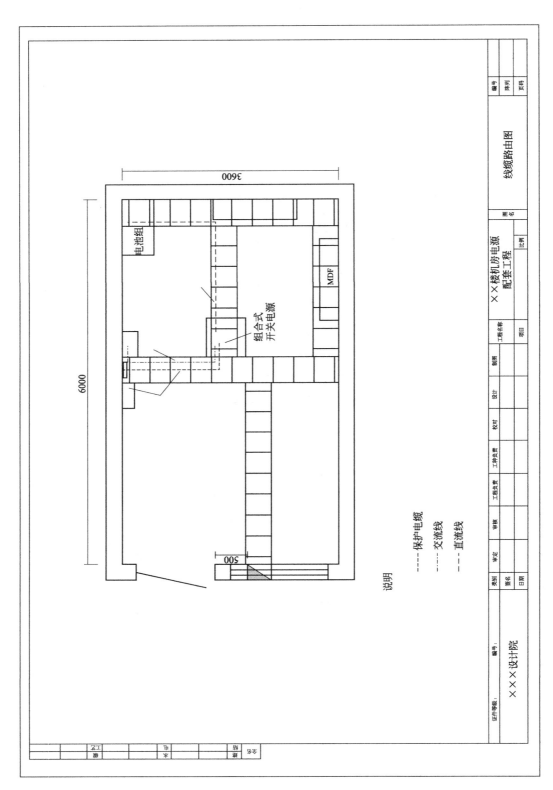

图 7-9 ××楼机房电源配套工程线缆路由图

(四) 图纸说明

1. 交流供电系统

本机房交流采用一路市电供电,一路油机供电。市电引入容量要求为30kV·A,油机容量为30kW。市电与油机间实行自动切换。

2. 直流供电系统

—48V直流供电系统运行方式为采用带负荷恒压充电的全浮充供电方式,市电电源供电时,由高频开关整流器与蓄电池组并联浮充工作,对通信设备供电;市电断电时,由蓄电池直接向负荷供电。电池组需安装在抗震架上,按双层单列叠放。

3. 接地系统

采用联合接地方式,即通信设备的工作接地、保护接地(包括屏蔽接地和建筑物防雷接地)共同合用一个接地体的联合接地方式。

4. 电缆布线方式

按规范要求机房内的电缆均采用阻燃型,电缆敷设采用上走线方式,室内原有水平和垂直电缆走线架,水平安装位于距离地面高度2400mm处。走线架宽度400mm规格,走线架相关处做水平连接、终端处与墙体做加固处理。

相关电缆布放路由如表7-24所示。

表7-24 相关电缆布放路由表

序号	导线路由		设计电压/V	敷设方式	数量/条	长度/m			
	起始	结束				VV-1kV 4×16+1×10mm	VV-1kV 1×35mm	VV-1kV 1×50mm	VV-1kV 1×95mm
1	交流配电箱	组合式开关电源交流输入	~380V	走线架	1	5			
2	接地箱	接地铜排	—48V	走线架	1				2.5
3	接地铜排	组合式开关电源工作地	0V	走线架	1			3.5	
4	接地铜排	组合式开关电源机架保护地	0V	走线架	1		3.5		
5	组合式开关电源直流输入	蓄电池组	—	走线架	4(2正2负)		10		
					长度	5	43.5	3.5	2.5

三、统计工程量

(一) 蓄电池组

1. 安装蓄电池抗震架(列长)双层单列:0.8m×2=1.6m

2. 安装 48V 铅酸蓄电池组 600Ah 以下：2 组

3. 蓄电池补充电：2 组

4. 蓄电池容量试验 48V 以下直流系统：2 组

（二）全组合开关电源架

1. 安装组合式开关电源 300A 以下：1 架

2. 开关电源系统调试：1 系统

（三）布放电力电缆

1. 室内布放电力电缆 VV-1kV4×16+1×10mm：0.500（十米条）

2. 室内布放电力电缆 VV-1kV1×35mm：4.350（十米条）

3. 室内布放电力电缆 VV-1kV1×50mm：0.350（十米条）

4. 室内布放电力电缆 VV-1kV1×95mm：0.250（十米条）

（四）制作、安装电缆端头

1. 制作、安装 1kV 以下电力电缆端头（芯截面）$16mm^2$ 以下：

1 条×1 芯×2 个/条/芯＋1 条×1 芯×2 个/条/芯

＝4 个（$16mm^2$ 火线接空开，所以不要铜接线端子，零线要用接线端子）

＝0.4（十个）

2. 制作、安装 1kV 以下电力电缆端头（芯截面）$35mm^2$ 以下：

5 条×1 芯×2 个/条/芯＝10（个）＝1.0（十个）

3. 制作、安装 1kV 以下电力电缆端头（芯截面）$70mm^2$ 以下：

1 条×1 芯×2 个/条/芯＝2（个）＝0.2（十个）

4. 制作、安装 1kV 以下电力电缆端头（芯截面）$120mm^2$ 以下：

1 条×1 芯×2 个/条/芯＝2（个）＝0.2（十个）

（五）安装室内接地排：1（个）

四、统计主材用量

电力电缆长度统计见表 7-25。

表 7-25 电力电缆长度统计表

序号	名称	规格型号	单位	数量
1	铜芯聚氯乙烯绝缘聚氯乙烯护套电力电缆	VV-1kV 4×16+1×10mm	m	0.5×10.15＝5.075
2	铜芯聚氯乙烯绝缘聚氯乙烯护套电力电缆	VV-1kV 1×95mm	m	0.25×10.15＝2.5375
3	铜芯聚氯乙烯绝缘聚氯乙烯护套电力电缆	VV-1kV 1×50mm	m	0.35×10.15＝3.5525
4	铜芯聚氯乙烯绝缘聚氯乙烯护套电力电缆	VV-1kV 1×35mm	m	4.35×10.15＝44.1525

续表

序号	名称	规格型号	单位	数量
5	地线排	300×100×10	块	1×1.01=1.01
6	铜接线端子	SC-95	个	0.2×10.1=2.02
7	铜接线端子	SC-50	个	0.2×10.1=2.02
8	铜接线端子	SC-35	个	1×10.1=10.1
9	铜接线端子	SC-16	个	0.2×10.1=2.02
10	铜接线端子	SC-10	个	0.2×10.1=2.02

五、编制设计预算

（一）预算编制说明

1. 工程概况：本工程为××楼机房电源配套工程。本工程预算总价值为 53496.89 元。其中建安费 11646.51 元，工程建设其他费 2574.7 元，预备费 1419.47 元。技工 43.18 工日。

2. 编制依据及采用的取费标准和计算方法

（1）编制依据

① 施工图设计图纸及说明。

② 工信部通信 [2016] 451 号《工业和信息化部关于印发信息通信建设工程预算定额、工程费用定额及工程概预算编制规程的通知》。

③ 建设单位与设备供应商签订的设备价格合同。

④ 相关生产厂家的材料参考价格。

（2）有关费用及费率的取定

① 本工程为一阶段设计，总预算中计列预备费，费率为 3%。本工程增值税税率均按 10% 计算。

② 本工程施工企业驻地距施工现场 30km，不足 35km 不计取施工队伍调遣费。

③ 设备及主材运杂费费率取定：设备运输里程按 1500km 取定；主要材料运输里程编制按 100km 取定。

④ 设备采购代理服务费不计取。

⑤ 勘察设计费为除税价 1500 元。

⑥ 建设工程监理费按合同约定为除税价 900 元。

其他费用除已有特殊说明外，均按费用定额规定的费率及计算方法计取。

（二）预算表格

本工程的概预算表格如表 7-26～表 7-32 所示。

表 7-26 工程 预 算 总 表（表一）

建设项目名称：××楼机房电源配套工程
单项工程名称：××楼机房电源配套工程
建设单位名称：××省×××市电信分公司
表格编号：TSD-1
第 1 页

序号	表格编号	费用名称	小型建筑工程费	需要安装的设备费	不需要安装的设备、工器具费	建筑安装工程费	其他费用	预备费	总价值			其中外币（ ）
									除税价	增值税	含税价	
I	II	III	IV	V	VI	VII	VIII	IX	X	XI	XII	XIII
						（元）						
	B2	建筑安装工程费				11672.88			11672.88	1167.30	12840.18	
	B4-XY	需要安装的设备费		33094.40					33094.40	3309.44	36403.84	
		小计（工程费）		33094.40		11672.88			44767.28	4476.74	49244.02	
	B5J	工程建设其他费					2575.09		2575.09	257.51	2832.60	
		合计（工程费+其他费）		33094.40		11672.88	2575.09		47342.37	4734.25	52076.62	
		预备费						1420.27	1420.27		1420.27	
		建设期利息										
		总计		33094.40		11672.88	2575.09	1420.27	48762.64	4734.25	53496.89	
		其中回收费用										

设计负责人：　　　　　审核：　　　　　编制：　　　　　编制日期：2018 年 11 月 30 日

表 7-27 建筑安装工程费用预算表（表二）

建设项目名称：××楼机房电源配套工程
单项工程名称：××楼机房电源配套工程
建设单位名称：×××省××市电信分公司
表格编号：TSD-2
第 1 页

序号	费用名称	依据和计算方法	合计/元	序号	费用名称	依据和计算方法	合计/元
I	II	III	IV	I	II	III	IV
	建安工程费（含税价）	一＋二＋三＋四	12840.18	7	夜间施工增加费	人工费×夜间施工增加费系数×2.1%	103.37
	建安工程费（除税价）	一＋二＋三	11672.88	8	冬雨季施工增加费	人工费×2.5%	123.06
一	直接费	（一）＋（二）	7681.21	9	生产工具用具使用费	人工费×0.8%	39.38
（一）	直接工程费	1.＋2.＋3.＋4.	6903.45	10	施工用水电蒸汽费	按规定	
1	人工费	(1)＋(2)	4922.52	11	特殊地区施工增加费		
(1)	技工费	技工工日×114元	4922.52	12	已完工程及设备保护费	按要求	
(2)	普工费	普工工日×61元		13	运土费		
2	主要材料费	由表四材料表	1194.33	14	施工队伍调遣费	单程调遣费定额×调遣人数×2	
(1)	主要材料费	由表四材料表	1137.46	15	大型施工机械调遣费	调遣用车运价×调遣运距×2	
(2)	辅助材料费	主要材料费×5%	56.87	二	间接费	（一）＋（二）	3007.17
3	机械使用费	由表三乙		（一）	规费	1.＋2.＋3.＋4.	1658.40
4	仪表使用费	由表三丙	786.60	1	工程排污费	按规定	
（二）	措施项目费	1～15项之和	777.76	2	社会保障费	人工费×28.5%	1402.92
1	文明施工费	人工费×0.8%	39.38	3	住房公积金	人工费×4.19%	206.25
2	工地器材搬运费	人工费×1.1%	54.15	4	危险作业意外伤害保险费	人工费×1.00%	49.23
3	工程干扰费	人工费×工程干扰费系数×0%		（二）	企业管理费	人工费×27.4%	1348.77
4	工程点交、场地清理费	人工费×2.5%	123.06	三	利润	人工费×20%	984.50
5	临时设施费	人工费×3.8%	187.06	四	销项税额	（一＋二＋三－主要材料费）×10%＋所有材料销项税额	1167.30
6	工程车辆使用费	人工费×2.2%	108.30				

设计负责人：　　　　　　　　审核：　　　　　　　　编制：　　　　　　　　编制日期：2018年11月30日

表 7-28 建筑安装工程量预算表（表三甲）

建设项目名称：××楼机房电源配套工程
单项工程名称：××楼机房电源配套工程
建设单位名称：×××省×××市电信分公司
表格编号：TSD-3甲　第 1 页

序号	定额编号	项目名称	单位	数量	单位定额值		合计值	
					技工 Ⅵ	普工 Ⅶ	技工 Ⅷ	普工 Ⅸ
Ⅰ	Ⅱ	Ⅲ	Ⅳ	Ⅴ				
1	TSD3-003	安装蓄电池抗震架（列长）双层单列	m	0.800	0.69		0.55	
2	TSD3-014	安装48V铅酸蓄电池组 600A·h 以下	组	2.000	5.36		10.72	
3	TSD3-034	蓄电池补充电	组	2.000	3.00		6.00	
4	TSD3-036	蓄电池容量试验 48V 以下直流系统	组	2.000	7.00		14.00	
5	TSD3-064	安装组合式开关电源 300A 以下	架	1.000	5.52		5.52	
6	TSD3-076	开关电源系统调试	系统	1.000	4.00		4.00	
7	TSD5-021	室内布放电力电缆（五芯相线截面积）16mm² 以下[工日×1.5]	十米条	0.500	0.15		0.11	
8	TSD5-022	室内布放电力电缆（单芯相线截面积）35mm² 以下	十米条	4.350	0.20		0.87	
9	TSD5-023	室内布放电力电缆（单芯相线截面积）70mm² 以下	十米条	0.350	0.29		0.10	
10	TSD5-024	室内布放电力电缆（单芯相线截面积）120mm² 以下	十米条	0.250	0.34		0.09	
11	TSD5-050	制作、安装 1kV 以下电力电缆端头（芯截面）16mm² 以下	个	0.400	0.15		0.06	
12	TSD5-051	制作、安装 1kV 以下电力电缆端头（芯截面）35mm² 以下	个	1.000	0.25		0.25	
13	TSD5-052	制作、安装 1kV 以下电力电缆端头（芯截面）70mm² 以下	个	0.200	0.35		0.07	
14	TSD5-053	制作、安装 1kV 以下电力电缆端头（芯截面）120mm² 以下	个	0.200	0.75		0.15	
15	TSD6-011	安装室内接地排	个	1.000	0.69		0.69	
		小计（新建）					43.18	
		合计					43.18	

设计负责人：　　　　　审核：　　　　　编制：　　　　　编制日期：2018 年 11 月 30 日

表 7-29　建筑安装工程器仪表使用费预算表（表三丙）

建设项目名称：××楼机房电源配套工程
建设单位名称：××省××市电信分公司　　表格编号：TSD-3 丙
单项工程名称：××楼机房电源配套工程　　　　　　　　　　　第 1 页

序号	定额编号	项目名称	单位	数量	仪表名称	单位定额值		合计值	
						数量/台班	单价/元	数量/台班	合价/元
I	II	III	IV	V	VI	VII	VIII	IX	X
1	TSD3-036	蓄电池容量试验48V以下直流系统	组	2.000	直流钳形电流表	1.200	117.00	2.400	280.80
2	TSD3-036	蓄电池容量试验48V以下直流系统	组	2.000	智能放电测试仪	1.200	154.00	2.400	369.60
3	TSD3-076	开关电源系统调试	系统	1.000	绝缘电阻测试仪	0.200	120.00	0.200	24.00
4	TSD3-076	开关电源系统调试	系统	1.000	手持式多功能万用表	0.200	117.00	0.200	23.40
5	TSD3-076	开关电源系统调试	系统	1.000	杂音计	0.200	117.00	0.200	23.40
6	TSD5-021	室内布放电力电缆(五芯相线截面积)16mm²以下	十米条	0.500	绝缘电阻测试仪	0.100	120.00	0.050	6.00
7	TSD5-022	室内布放电力电缆(单芯相线截面积)35mm²以下	十米条	4.350	绝缘电阻测试仪	0.100	120.00	0.435	52.20
8	TSD5-023	室内布放电力电缆(单芯相线截面积)70mm²以下	十米条	0.350	绝缘电阻测试仪	0.100	120.00	0.035	4.20
9	TSD5-024	室内布放电力电缆(单芯相线截面积)120mm²以下	十米条	0.250	绝缘电阻测试仪	0.100	120.00	0.025	3.00
		合计							786.60

设计负责人：　　　　审核：　　　　编制：　　　　编制日期：2018 年 11 月 30 日

表 7-30　国内器材预算表（表四甲）
（主要材料表）

建设项目名称：××楼机房电源配套工程
单项工程名称：××楼机房电源配套工程
建设单位名称：×××省××市电信分公司
表格编号：TSD-4 甲 A　　第 1 页

序号	名称	规格程式	单位	数量	单价/元		合计/元			备注
					除税价		除税价	增值税	含税价	
Ⅰ	Ⅱ	Ⅲ	Ⅳ	Ⅴ	Ⅵ		Ⅶ	Ⅷ	Ⅸ	Ⅹ
1	铜芯聚氯乙烯绝缘聚氯乙烯护套电力电缆	VV-1kV 4×16+1×10mm	m	5.075	5.190		26.34	2.63	28.97	
2	铜芯聚氯乙烯绝缘聚氯乙烯护套电力电缆	VV-1kV 1×35mm	m	44.153	9.750		430.49	43.05	473.54	
3	铜芯聚氯乙烯绝缘聚氯乙烯护套电力电缆	VV-1kV 1×50mm	m	3.553	19.040		67.65	6.77	74.42	
4	铜芯聚氯乙烯绝缘聚氯乙烯护套电力电缆	VV-1kV 1×95mm	m	2.538	33.110		84.03	8.40	92.43	
	(1)小计						608.51	60.85	669.36	
	(2)电缆类运杂费：(1)×1.90%						11.56	1.16	12.72	
	(3)采购及保管费：(1)×1.00%						6.09	0.61	6.70	
	(4)运输保险费：(1)×0.10%						0.61	0.06	0.67	
	合计（Ⅰ）:[(1)～(4)之和]				增值税率:10.00%		626.77	62.68	689.45	

建设项目名称：××楼机房电源配套工程
单项工程名称：××楼机房电源配套工程
建设单位名称：×××省×××市电信分公司
表格编号：TSD-4甲A 第2页

序号	名称	规格程式	单位	数量	单价/元	合计/元			备注
						除税价	增值税	含税价	
I	II	III	IV	V	VI	VII	VIII	IX	X
5	地线排		个	1.000	330.000	330.00	33.00	363.00	
6	铜接线端子	SC-50	个	2.020	10.560	21.33	2.13	23.46	
7	铜接线端子	SC-95	个	2.020	16.690	33.71	3.37	37.08	
8	铜接线端子	SC-35	个	10.100	6.480	65.45	6.55	72.00	
9	铜接线端子	SC-16	个	2.020	4.150	8.38	0.84	9.22	
10	铜接线端子	SC-10	个	2.020	2.460	4.97	0.50	5.47	
	(5)小计					463.84	46.39	510.23	
	(6)其他类运杂费:(5)×9.00%					41.75	4.18	45.93	
	(7)采购及保管费:(5)×1.00%					4.64	0.46	5.10	
	(8)运输保险费:(5)×0.10%					0.46	0.05	0.51	
	合计(II):[(5)~(8)之和]	增值税率:10.00%				510.69	51.08	561.77	
	总计:[合计(I)~(II)之和]					1137.46	113.76	1251.22	

设计负责人：　　　　　　审核：　　　　　　编制：　　　　　　编制日期：2018年11月30日

表 7-31　国内器材　预　算表（表四甲）
(需要安装设备表)

建设项目名称：××楼机房电源配套工程
单项工程名称：××楼机房电源配套工程
建设单位名称：×××省×××市电信分公司
表格编号：TSD-4 甲 B
第 1 页

序号	名称	规格程式	单位	数量	单价/元		合计/元			备注
					除税价		除税价	增值税	含税价	
I	II	III	IV	V	VI		VII	VIII	IX	X
1	综合开关电源架	2200×600×600mm	架	1.000	30000.00		30000.00	3000.00	33000.00	
2	蓄电池组	100Ah	组	2.000	1000.00		2000.00	200.00	2200.00	
	(1)小计						32000.00	3200.00	35200.00	
	(2)采购及保管费：(1)×0.82%						262.40	26.24	288.64	
	(3)运输保险费：(1)×0.40%						128.00	12.80	140.80	
	(4)运杂费：(1)×2.20%						704.00	70.40	774.40	
	总计	增值税率：10.00%					33094.40	3309.44	36403.84	

设计负责人：　　　　　审核：　　　　　编制：　　　　　编制日期：2018 年 11 月 30 日

表 7-32 工程建设其他费算表（表五甲）

建设项目名称：××楼机房电源配套工程
单项工程名称：××楼机房电源配套工程
建设单位名称：××省××市电信分公司
表格编号：TSD-5甲
第 1 页

序号	费用名称	计算依据及方法	金额/元			备注
			除税价	增值税	含税价	
Ⅰ	Ⅱ	Ⅲ	Ⅳ	Ⅴ	Ⅺ	Ⅻ
1	建设用地及综合赔补费					
2	项目建设管理费					
3	可行性研究费					
4	研究试验费					
5	勘察设计费		1500.00	150.00	1650.00	增值税率：10%
6	环境影响评价费					
7	建设工程监理费		900.00	90.00	990.00	增值税率：10%
8	安全生产费		900.00	90.00	990.00	增值税率：10%
9	引进技术及引进设备其他费		175.09	17.51	192.60	
10	工程保险费					
11	工程招标代理费					
12	专利及专利技术使用费					
13	其他费用					
	总计		2575.09	257.51	2832.60	

设计负责人：　　　审核：　　　编制：　　　编制日期：2018 年 11 月 30 日

案例四 传输设备安装单项工程

一、已知条件

（一）本工程为××端站传输设备安装单项工程，要求按照两阶段设计编制施工图预算。本工程光缆全线采用 24 芯 G.652 单模波长光纤光缆。本期××端站开通 SDH 系列 STM-16 系统 1 个，系统光纤传输波长为 1550nm。

（二）施工企业距施工现场 450km。

（三）施工用水电蒸汽费 1000 元。

（四）本工程勘察设计费（除税价）3000 元，建设工程监理费（除税价）500 元。

（五）本工程不计取"运土费""工程排污费""可行性研究费""研究试验费""环境影响评价费""建设工程监理费""工程保险费""工程招标代理费""其他费用""生产准备及开办费""建设期利息"。

（六）设备运距、主要材料运距均为 750km。

（七）设备采购代理服务费按原价的 0.8% 计取。

（八）本工程设备均由工程建设方提供，设备单价见表 7-33。

表 7-33 设备价格表

序号	名称	规格型号	单位	单价(除税)/元	税率
1	STM-16 光放大设备	16640A(含 PA、BA)	子架	450000	17%
2	STM-16 终端复用设备	1664SM(含公共单元盘)	子架	500000	17%
3	STM-1 终端复用设备	1641SMT(含公共单元盘)	子架	300000	17%
4	光纤分配架		架	15000	17%
5	数字分配架	MPX-117	架	30000	17%
6	X-终端	1353SH	套	8000	17%
7	本地维护终端		套	7000	17%

（九）本工程机架及列头柜由工程建设方提供，其他主材均由建筑服务方提供。主材单价见表 7-34。

表 7-34 工程主要材料单价表

序号	名称	规格型号	单位	单价(除税)/元	税率
1	SYV 类同轴电缆	75-3-1	m	5.00	17%
2	SYV 类同轴电缆	75-2-1×7	m	20.00	17%
3	软光纤	FC/PC(10m)	条	50.00	17%
4	电力电缆	RVVZ-1×70	m	45.00	17%
5	电力电缆	RVVZ-1×50	m	35.00	17%
6	电力电缆	RVVZ-1×35	m	21.33	17%
7	铜接线端子		个	4.00	17%
8	加固角钢夹板组		组	40.00	17%
9	列头柜		架	10000	17%
10	机架		架	10000	17%

二、设计图纸及说明

（一）××站设备平面布置图（图号：JG-S-GS-01，图 7-10）。

（二）××站设备组架图（图号：JG-S-GS-02，图 7-11）。

（三）××站通信系统图及线料计划表（图号：JG-S-GS-03、JG-S-GS-04，图 7-12、图 7-13）。

（四）××站－48V 直流电源供电系统及保护地线布线图（图号：JG-S-GS-05，图 7-14）。

（五）××站告警信号系统布线图（图号：JG-S-GS-06，图 7-15）。

（六）图纸说明：

1. 本工程终端站通信系统主要由 SDH 传输设备、光纤分配架、数字分配架等设备组成。SDH 传输设备和光纤分配架安装在传输机房的第 3 列，并在此列新装一列头柜；用于 155Mbit/s 和 2Mbit/s 跳线的数字配线架安装在第 5 列。另外在本站新增一套网管设备，配有本地维护终端和 X-终端并安装在监控室内。机房设备走线利用原有槽道，机房平面布置见图 JG-S-GS-01。

2. 本终端站的光终端复用设备、光放大器子架（包括前置放大器、功率放大器）、光纤分配架、数字分配架等主要设备的内部组架见图 JG-S-GS-02。

3. 来自光线路的信号由光纤分配架经软光纤接至 STM-16 光放大器子架接口，在架内接至 STM-16 终端设备子架的线路口。本站 STM-16 终端设备共配置 16 个 155Mbit/s 支路口，终端或转接的 155Mbit/s 信号由支路口输出后接至 155Mbit/s 数字分配架。有 4 个 155Mbit/s 信号接至 STM-1 终端设备，并经 2Mbit/s 支路口输出后终端在 2Mbit/s 数字分配架。通信系统及线料计划表见图 JG-S-GS-03、JG-S-GS-04。

4. 直流供电系统

本工程 SDH 设备工作电源为直流－48V。由电源分支柜引入±48V 电源至本工程列头柜，列内各机架分别由列头柜熔丝引两路电源（主、备用），工作地线由列头柜工作地线排引接。保护地线由电源分支柜保护地线排引至本工程列头柜的保护地线端子，复接至各相关机架。光分配架的保护地线直接由电力室地线排引接，见图 JG-S-GS-05。

5. 机架告警信号由架顶告警输出端子接至列头柜告警端子，见图 JG-S-GS-06。

（七）其他未说明的设备均不考虑。

三、统计工程量

统计工程量时可以按照图纸中设备的排列顺序，依次进行统计，通常为先统计设备后统计缆线，这样不易漏项。本示例首先根据图 JG-S-GS-01、图 JG-S-GS-02、图 JG-S-GS-03 及说明统计出所有需要安装的设备工程量，然后再根据相关图纸统计出布放缆线的工程量。

（一）安装电源分配柜（落地式）：1 架。

（二）安装光分配架：1 架。

（三）安装室内有源综合架：STM-16 终端设备机架 1 架、STM-1 终端设备机架 1 架，共计 2 架。

（四）安装光放大器：2 个（前置放大器、功率放大器各一个）。

（五）安装终端复用设备：

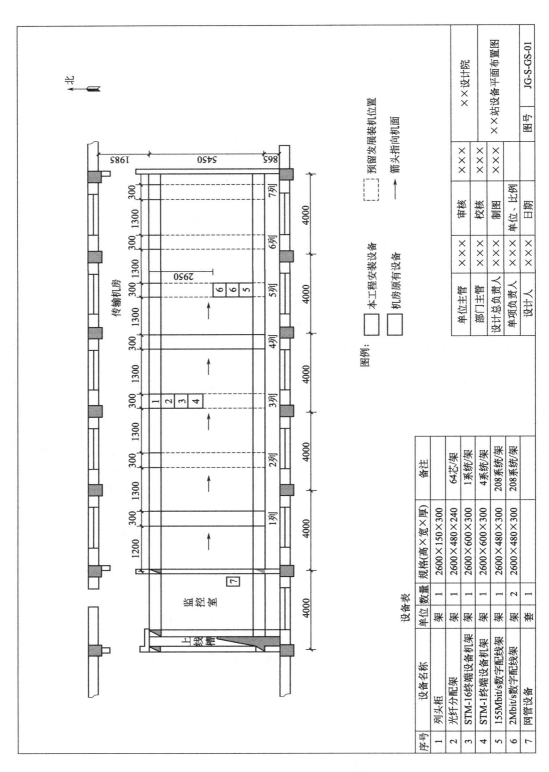

图 7-10　××站设备平面布置图

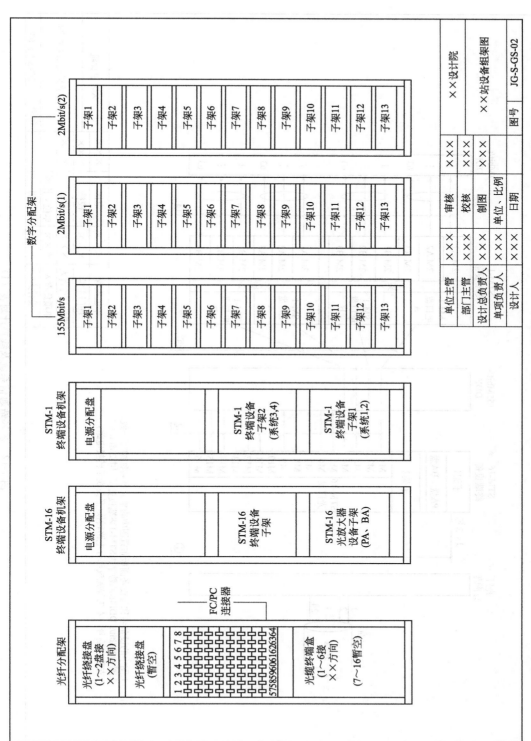

图 7-11 ××站设备组架图

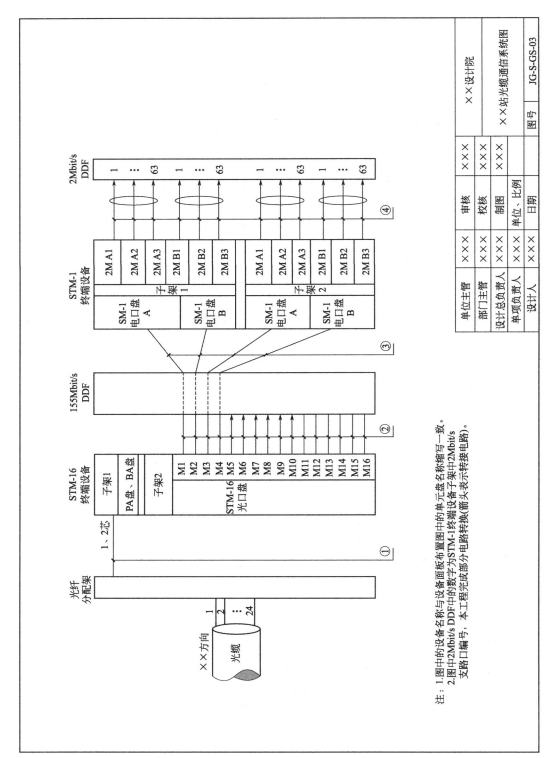

图 7-12 ××站通信系统及线料计划表（1）

线料计划表

序号	线料用途	布线起迄点					布线条数(条)	布线长度(m)	线料名称及长度		
		光纤分配架ODF	STM-16终端设备	STM-1终端设备	155Mbit/s数字分配架DDF	2Mbit/s数字分配架DDF			FC/PC双端尾纤(条)	SYV-75-3-1同轴电缆(m)	SYV-75-2-1×7同轴电缆(m)
①	2.5Gbit/s光通信线	——	——				2	10	2		
②	155Mbit/s通信线		——	——			32	25		800	
③	155Mbit/s通信线			——	——		8	25		200	
④	2Mbit/s通信线		——			——	72	25			1800
	155Mbit/s跳线				——		8	10		80	
	2Mbit/s跳线					——	126	10		1260	
	合计								2	2340	1800

单位主管	×××	审核	×××	××设计院	
部门主管	×××	校核	×××		
总负责人	×××	制图	×××	××站线料计划表	
单项负责人	×××	单位、比例			
设计人	×××	日期		图号	JG-S-GS-04

图 7-13 ××站通信系统及线料计划表（2）

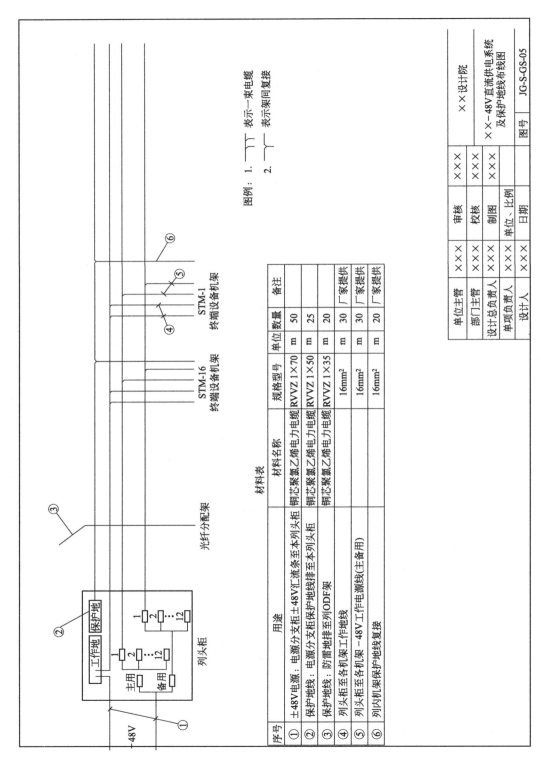

图 7-14 ×××站-48V 直流电源供电系统及保护地线布线图

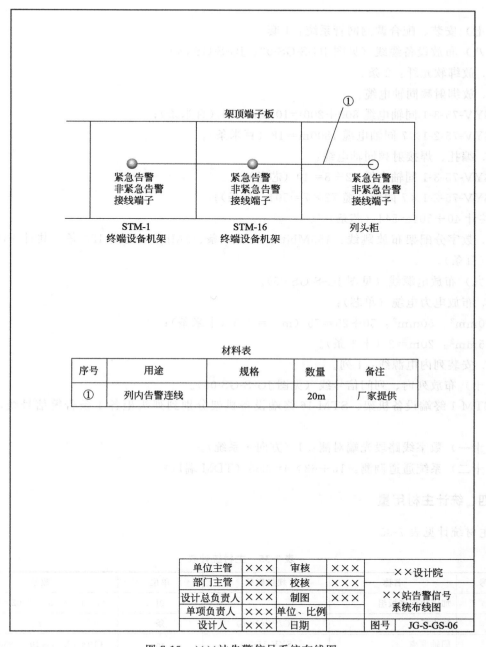

图 7-15 ××站告警信号系统布线图

1. 安装子机框及公共单元盘：2.5Gbit/s 基本子架 1 套、155Mbit/s 基本子架 1 套，共计 2 套。

2. 安装测试传输设备接口盘：

2.5Gbit/s 端口（光口）1 个；

155Mbit/s 端口（电口）16+4=20 个；

2Mbit/s 端口（电口）4×63=252 个。

（六）安装数字分配架：155Mbit/s 数字分配架 1 架、2Mbit/s 数字分配架 2 架，共计

3架。

（七）安装、配合调测网管系统：1套。

（八）布放设备缆线（见图 JG-S-GS-03、JG-S-GS-04）。

1. 放绑软光纤：2条。

2. 放绑射频同轴电缆：

SYV-75-3-1 同轴电缆 800＋200＝1000m＝10（百米条）；

SYV-75-2-1×7 同轴电缆 1800m＝18（百米条）。

3. 编扎、焊接射频同轴电缆：

SYV-75-3-1 同轴电缆 32＋8＝40（芯条）；

SYV-75-2-1×7 同轴电缆 72×7＝504（芯条）；

共计 40＋504＝544（芯条）。

4. 数字分配架布放跳线：155Mbit/s 跳线 8 条、2Mbit/s 跳线 126 条，共计 134 条＝1.34（百条）。

（九）布放电源线（见图 JG-S-GS-05）。

1. 布放电力电缆（单芯）：

$70mm^2$、$50mm^2$：$50＋25＝75$（m）＝7.5（十米条）；

$35mm^2$：20m＝2（十米条）。

2. 安装列内电源线：1列。

（十）布放列内、列间信号线（见图 JG-S-GS-06）。

STM-1 终端设备机架、STM-16 终端设备机架分别到列头柜各 1 条告警信号线，共计 2 条。

（十一）数字线路段光端对测：1（方向·系统）。

（十二）系统通道调测：16＋63×4＝268（TDM 端口）。

四、统计主材用量

主材统计见表 7-35。

表 7-35　主材统计表

序号	名称	规格型号	单位	数量
1	加固角钢夹板组		组	(1＋1＋2＋3)×2.02＝14.14
2	软光纤	FC/PC(10m)	条	2
3	同轴电缆	SYV-75-3-1	m	(10＋13.4)×102＝2386.80
4	同轴电缆	SYV-75-2-1×7	m	18402＝1836
5	电力电缆	RVVZ4×70	m	5×10.15＝50.75
6	电力电缆	RVVZ-1×50	m	2.5×10.15＝25.38
7	电力电缆	RVVZ-1×35	m	2×10.15＝20.30
8	铜接线端子	三种规格	套	(2＋1＋1)×2.03＝8.12
9	列头柜		架	1
10	机架		架	2

五、施工图预算编制

(一) 预算编制说明

1. 工程概述

本工程为××端站传输设备安装单项工程施工图设计。工程预算投资为 2211419.44 元。其中,需要安装的设备费 1970813.76 元;建筑安装工程费 233394.76 元;工程建设其他费 7210.92 元。

2. 编制依据及采用的取费标准和计算方法

(1) 预算编制依据

① 施工图设计图纸及说明。

② 工信部通信 [2016] 451 号《工业和信息化部关于印发信息通信建设工程预算定额、工程费用定额及工程概预算编制规程的通知》。

③ 设备、材料供货合同所列价格清单。

(2) 有关费率及费用的取定

① 设备及主材运杂费费率按运输里程 750km 计算,各项费用见表 7-36;

表 7-36 设备和主材相关费率一览表

序号	费用项目名称	需要安装的设备费率	主材电缆类费率	主材其他类费率
1	运杂费	1.5%	1.6%	6.3%
2	运输保险费	0.4%	0.1%	0.1%
3	采购及保险费	0.82%	1.0%	1.0%
4	采购代理服务费	0.8%	—	

② 施工用水电蒸汽费按 1000 元计取;

③ 承建本工程的施工企业距施工现场 450km,计取施工队伍调遣费;

④ 设备采购代理服务费按合同签订的费率为器材原价的 0.8% 计取;

⑤ 本工程不计取预备费;

⑥ 其他未说明的费用均按费用定额规定的取费原则、费率和计算方法进行取舍。

3. 工程技术经济指标分析(略)

4. 其他需说明的问题(略)

(二) 预算表格

(1) 工程预算总表(表一)(表格编号:TSY-1,表 7-37);

(2) 建筑安装工程费用预算表(表二)(表格编号:TSY-2,表 7-38);

(3) 建筑安装工程量预算表(表三甲)(表格编号:TSY-3 甲,表 7-39);

(4) 建筑安装工程仪器仪表使用费预算表(表三丙)(表格编号:TSY-3 丙,表 7-40);

(5) 国内器材预算表(表四甲)(主要材料表)(表格编号:TSY-4 甲 A,表 7-41);

(6) 国内器材预算表(表四甲)(需要安装的设备表)(表格编号:TSY-4 甲 B,表 7-42);

(7) 工程建设其他费预算表(表五甲)(表格编号:TSY-5 甲,表 7-43)。

表 7-37　工程　预　算　总　表（表一）

建设项目名称：××端站传输设备安装工程
单项工程名称：××端站传输设备安装单项工程
建设单位名称：×××市移动通信公司
表格编号：TSY-1　第 1 页

序号	表格编号	费用名称	小型建筑工程费	需要安装的设备费	不需要安装的设备、工器具费	建筑安装工程费	其他费用	预备费	总价值 (元)			其中外币（ ）
									除税价	增值税	含税价	
Ⅰ	Ⅱ	Ⅲ	Ⅳ	Ⅴ	Ⅵ	Ⅶ	Ⅷ	Ⅸ	Ⅹ	Ⅺ	Ⅻ	Ⅷ
1	TSY-2	建筑安装工程费				210265.55			210265.55	23129.21	233394.76	
2	TSY-4 甲	需要安装的设备费		1728784.00					1728784.00	242029.76	1970813.76	
3		小计（工程费）		1728784.00		210265.55			1939049.55	265158.97	2204208.52	
4	TSY-5 甲	工程建设其他费					6653.98		6653.98	556.94	7210.92	
5		合计（工程费＋其他费）		1728784.00		210265.55	6653.98		1945703.54	265715.91	2211419.44	
6		预备费										
7		建设期利息										
8		总计		1728784.00		210265.55	6653.98		216919.54	265715.91	2211419.44	
9		其中回收费用										

设计负责人：　　　　审核：　　　　编制：　　　　编制日期：2017 年 11 月 30 日

表 7-38 建筑安装工程费用 预 算 表（表二）

建设项目名称：××端站传输设备安装工程
单项工程名称：××端站传输设备安装单项工程
建设单位名称：××市移动通信公司
表格编号：TSY-2 第 1 页

序号	费用名称	依据和计算方法	合计/元	序号	费用名称	依据和计算方法	合计/元
Ⅰ	Ⅱ	Ⅲ	Ⅳ	Ⅰ	Ⅱ	Ⅲ	Ⅳ
	建安工程费（含税价）	一+二+三+四	233394.76	7	夜间施工增加费	人工费×2.10%	676.02
	建安工程费（除税价）	一+二+三	210265.55	8	冬雨季施工增加费	人工费×费率	0.00
一	直接费	（一）+（二）	184161.61	9	生产工具用具使用费	人工费×0.80%	257.53
（一）	直接工程费	1+2+3+4	172706.89	10	施工用水电蒸汽费	按实计列	3000.00
1	人工费	(1)+(2)	32191.32	11	特殊地区施工增加费	不计取	0.00
(1)	技工费	技工日×114元	32191.32	12	已完工程及设备保护费	不计取	0.00
(2)	普工费	普工日×61元	0.00	13	运土费	不计取	0.00
2	材料费	(1)+(2)	89238.97	14	施工队伍调遣费	单位调遣费定额×调遣人数×2	2950.00
(1)	主要材料费	表四甲	86639.78	15	大型施工机械调遣费	不计取	0.00
(2)	辅助材料费	主要材料费×3%	2599.19	二	间接费	（一）+（二）	19665.68
3	机械使用费	表三乙	0.00	（一）	规费	1+2+3+4	10845.26
4	仪表使用费	表三丙	51276.60	1	工程排污费	不计取	0.00
（二）	措施项目费	1+2+3+4+5+…+15	11454.72	2	社会保障费	人工费×28.50%	9174.53
1	文明施工费	人工费×0.8%	257.53	3	住房公积金	人工费×4.19%	1348.82
2	工地器材搬运费	人工费×1.1%	354.10	4	危险作业意外伤害保险费	人工费×1.00%	321.91
3	工程干扰费	不计取	0.00	（二）	企业管理费	人工费×27.40%	8820.42
4	工程点交、场地清理费	人工费×2.50%	804.78	三	利润	人工费×20.00%	6438.26
5	临时设施费	人工费×7.60%	2446.54	四	销项税额	（一+二+三－主要材料费）×11.00%+所有材料销项税额	23129.21
6	工程车辆使用费	人工费×2.20%	708.21				

设计负责人：　　　　　审核：　　　　　编制：　　　　　编制日期：2017 年 11 月 30 日

238 信息通信工程概预算

表 7-39 建筑安装工程量 预 算 表（表三甲）

建设项目名称：××端站传输设备安装单项工程　　　建设单位名称：××××
单项工程名称：××端站传输设备安装单项工程　　　表格编号：TSY-3甲　　第 1 页

序号	定额编号	项目名称	单位	数量	单位定额值		合计值	
					技工	普工	技工	普工
I	II	III	IV	V	VI	VII	VIII	IX
1	TSY1-001	安装电源分配柜—落地式	架	1.00	2.13		2.13	
2	TSY1-005	安装室内有源综合柜—落地式	个	2.00	1.86		3.72	
3	TSY1-027	安装数字分配架—整架	架	3.00	3.50		10.50	
4	TSY1-029	安装光分配架—整架	架	1.00	2.42		2.42	
5	TSY1-054	放绑SYV类射频同轴电缆（单芯）	百米条	10.00	1.00		10.00	
6	TSY1-055	放绑SYV类射频同轴电缆（多芯）	百米条	18.00	1.35		24.30	
7	TSY1-068	编扎、焊接（绕、卡）接SYV类射频同轴电缆	芯条	544.00	0.08		43.52	
8	TSY1-077	数字分配架布放跳线	百条	1.340	8.50		11.39	
9	TSY1-078	布放列内、列间信号线	条	2.00	0.06		0.12	
10	TSY1-079	设备机架之间放、绑软光纤（15m以下）	条	2.00	0.29		0.58	
11	TSY1-090	布放电力电缆（单芯相线截面积（35mm²以下）	十米条	2.00	0.25		0.50	
12	TSY1-091	布放电力电缆（单芯相线截面积（70mm²以下）	十米条	7.50	0.36		2.70	
13	TSY1-096	布防列内电源线	列	1.000	1.50		1.50	
14	TSY2-001	安装子机框及公共单元盘	套	2.000	1.05		2.10	
15	TSY2-007	安装测试传输设备接口盘（2.5Gbit/s）	端口	1.000	1.35		1.35	
16	TSY2-010	安装测试传输设备接口盘（155Mbit/s 电口）	端口	20.000	0.65		13.00	
17	TSY2-012	安装测试传输设备接口盘（2Mbit/s）	端口	252.000	0.25		63.00	
18	TSY2-018	安装测试单波道放大器	个	2.000	1.60		3.20	
19	TSY2-056	安装、配合调测网络管理系统（新建工程）	套	1.000	5.00		5.00	

项目七　信息通信建设工程概预算编制案例

建设项目名称：××端站传输设备安装单项工程
单项工程名称：××端站传输设备安装单项工程
建设单位名称：××××
表格编号：TSY-3甲　第2页

序号	定额编号	项目名称	单位	数量	单位定额值		合计值	
					技工	普工	技工	普工
Ⅰ	Ⅱ	Ⅲ	Ⅳ	Ⅴ	Ⅵ	Ⅶ	Ⅷ	Ⅸ
20	TSY2-059	线路段光端对测	方向·系统	1.000	0.95		0.95	
21	TSY2-063	系统通道调测（TDM接口电口）	端口	268.000	0.30		80.40	
		合计					282.38	

设计负责人：　　　　　　　审核：　　　　　　　编制：　　　　　　　编制日期：2017年5月30日

表 7-40 建筑安装工程仪器仪表使用费 预 算 表（表三丙）

建设项目名称：××端站传输设备安装单项工程　　建设单位名称：××××　　表格编号：TSY-3 丙

单项工程名称：××端站传输设备安装单项工程　　　　　　　　　　　　　　　　　　第 1 页

序号	定额编号	项目名称	仪表名称	单位	数量	单位定额值 数量/台班	单位定额值 单价/元	合计值 数量/台班	合计值 合价/元
I	II	III	VI	IV	V	VII	VIII	IX	X
1	TSY2-007	安装测试传输设备接口盘(2.5Gbit/s)	数字传输分析仪(2.5G)	端口	1.000	0.05	674.00	0.05	33.70
2	TSY2-007	安装测试传输设备接口盘(2.5Gbit/s)	光可变衰耗器	端口	1.000	0.03	129.00	0.03	3.87
3	TSY2-007	安装测试传输设备接口盘(2.5Gbit/s)	光功率计	端口	1.000	0.10	116.00	0.10	11.60
4	TSY2-007	安装测试传输设备接口盘(2.5Gbit/s)	稳定光源	端口	1.000	0.10	117.00	0.10	11.70
5	TSY2-007	安装测试传输设备接口盘(2.5Gbit/s)	数字宽带示波器(20G)	端口	20.000	0.03	428.00	0.03	12.84
6	TSY2-010	安装测试传输设备接口盘(155Mbit/s 电口)	数字传输分析仪(155M)	端口	252.000	0.05	350.00	1.00	350.00
7	TSY2-012	安装测试传输设备接口盘(2Mbit/s)	数字传输分析仪(155M/622M)	端口		0.05	350.00	12.60	4410.00
8	TSY2-018	安装测试单波道放大器	光可变衰耗器	个	2.000	0.03	129.00	0.06	7.74
9	TSY2-018	安装测试单波道放大器	光功率计	个	2.000	0.10	116.00	0.20	23.20
10	TSY2-018	安装测试单波道放大器	稳定光源	个	2.000	0.10	117.00	0.20	23.40
11	TSY2-059	线路段光端对测	光可变衰耗器	方向·系统	1.000	0.10	129.00	0.10	12.90

建设项目名称：××端站传输设备安装单项工程
单项工程名称：××端站传输设备安装单项工程
建设单位名称：××××
表格编号：TSY-3 丙 第 2 页

序号	定额编号	项目名称	单位	数量	仪表名称	单位定额值				合计值	
I	II	III	IV	V	VI	数量/台班 VII	单价/元 VIII	数量/台班 IX	合价/元 X		
12	TSY2-059	线路段光端对测	方向·系统	1.000	光功率计	0.05	116.00	0.05	5.80		
13	TSY2-059	线路段光端对测	方向·系统	1.000	稳定光源	0.05	117.00	0.05	5.85		
14	TSY2-063	系统通道调测（TDM接口电口）	端口	268.000	数字传输分析仪(155M/622M)	0.10	350.00	26.80	9380.00		
15	TSY2-063	系统通道调测（TDM接口电口）	端口	268.000	误码测试仪(2M)	1.15	120.00	308.20	36984.00		
		合计							51276.60		

设计负责人：　　　　　　　　　　审核：　　　　　　　　　　编制：　　　　　　　　　　编制日期：2017 年 5 月 30 日

表 7-41 国内器材预算表（一）（表四甲）
（国内主要材料）

建设项目名称：××端站传输设备安装单项工程
单项工程名称：××端站传输设备安装单项工程
建设单位名称：××××
表格编号：TSY-4 甲 A
第 1 页

序号	名称	规格程式	单位	数量	单价/元 除税价	合计/元 除税价	合计/元 增值税	合计/元 含税价	备注
I	II	III	IV	V	VI	VII	VIII	IX	X
1	电力电缆	RVVZ 1×35	m	20.30	21.33	433.00			
2	电力电缆	RVVZ 1×50	m	25.38	35.00	888.30			
3	电力电缆	RVVZ 1×70	m	50.75	45.00	2283.75			
4	SYV类同轴电缆	SYV-75-2-1×7	m	1836.00	20.00	36720.00			
5	SYV类同轴电缆	SYV-75-3-1	m	2386.80	5.00	11934.00			
	电缆类小计					52259.05			
	运杂费					836.14			
	运输保险费					52.26			
	采购保管费					522.59			
	电缆类合计					53670.04			
6	加固拓钢夹板组		组	14.14	40.00	565.60			
7	软光纤	FC/PC双头(10m)	条	2.00	50.00	100.00			
8	接线端子		个	8.12	4.00	32.48			
	其他类小计					698.08			

建设项目名称：××端站传输设备安装单项工程
单项工程名称：××端站传输设备安装单项工程
建设单位名称：××××
表格编号：TSY-4甲A
第2页

序号	名称	规格程式	单位	数量	单价/元 除税价	合计/元 除税价	合计/元 增值税	合计/元 含税价	备注
Ⅰ	Ⅱ	Ⅲ	Ⅳ	Ⅴ	Ⅵ	Ⅶ	Ⅷ	Ⅸ	Ⅹ
	运杂费					43.98			
	运输保险费					0.70			
	采购保管费					6.98			
	其他类合计					749.74			
	乙供主材总计					54419.78			
9	列头柜		架	1.00	10000.00	10000.00			
10	机架		架	2.00	10000.00	20000.00			
	甲供材其他类小计					30000.00			
	运杂费					1890.00			
	运输保险费					30.00			

建设项目名称：××端站传输设备安装单项工程
单项工程名称：××端站传输设备安装单项工程　　　　建设单位名称：××××　　　　表格编号：TSY-4甲 A　　　　第 3 页

序号	名称	规格程式	单位	数量	单价/元		合计/元			备注
					除税价	含税价	除税价	增值税	含税价	
Ⅰ	Ⅱ	Ⅲ	Ⅳ	Ⅴ	Ⅵ		Ⅶ	Ⅷ	Ⅸ	Ⅹ
	采购保管费						300.00			
	甲供材其他类合计						32220.00			
	甲供材主材总计						32220.00			
	总计						86639.78			

设计负责人：　　　　　　　审核：　　　　　　　编制：　　　　　　　编制日期：2017 年 5 月 30 日

表 7-42 国内器材预算表（二）（表四甲）
(需要安装的设备表)

建设项目名称：××端站传输设备安装单项工程
单项工程名称：××端站传输设备安装单项工程
建设单位名称：××××
表格编号：TSY-4甲B
第1页

序号	名称	规格程式	单位	数量	单价/元		合计/元			备注
					除税价		除税价	增值税	含税价	
Ⅰ	Ⅱ	Ⅲ	Ⅳ	Ⅴ	Ⅵ		Ⅶ	Ⅷ	Ⅸ	Ⅹ
1	STM-16光放大设备	16640A(含PA、BA)	子架	1.00	450000.00		450000.00	63000.00	513000.00	
2	STM-16终端复用设备	1664SM(含公共单元盘)	子架	1.00	500000.00		500000.00	70000.00	570000.00	
3	STM-1终端复用设备	1641SMT(含公共单元盘)	子架	2.00	300000.00		600000.00	84000.00	684000.00	
4	光纤分配架		架	1.00	15000.00		15000.00	2100.00	17100.00	
5	数字分配架	MPX-117	架	3.00	30000.00		90000.00	12600.00	102600.00	
6	X-终端	1353SH	套	1.00	8000.00		8000.00	1120.00	9120.00	
7	本地维护终端		套	1.00	7000.00		7000.00	980.00	7980.00	
	小计						1670000.00	233800.00	1903800.00	
	运杂费						25050.00	3507.00	28557.00	
	运输保险费						6680.00	935.20	7615.20	
	采购保管费						13694.00	1917.16	15611.16	
	采购代理服务费						13360.00	1870.40	15230.40	
	合计						1728784.00	242029.76	1970813.76	
	总计						1728784.00	242029.76	1970813.76	

设计负责人：　　　　　　审核：　　　　　　编制：　　　　　　编制日期：2017年5月30日

表 7-43　工程建设其他费预算表（表五甲）

建设项目名称：××端站传输设备安装单项工程
单项工程名称：××端站传输设备安装单项工程　　建设单位名称：××××　　表格编号：TSY-5 甲　　第 1 页

序号	费用名称	计算依据及方法	金额/元			备注
			除税价	增值税	含税价	
I	II	III	IV	V	XI	XII
1	建设用地及综合赔补费					
2	项目建设管理费					
3	可行性研究费					
4	研究试验费					
5	勘察设计费	条件已知	3000.00	180.00	3180.00	
6	环境影响评价费					
7	建设工程监理费	条件已知	500.00	30.00	530.00	
8	安全生产费	建安费(除税价)×1.5%	3153.98	346.94	3500.92	
9	引进技术及引进设备其他费					
10	工程保险费					
11	工程招标代理费					
12	专利及专利技术使用费					
13	其他费用					
	总计		6653.98	556.94	7210.92	
14	生产准备及开办费（运营费）					

设计负责人：　　　　　　　审核：　　　　　　　编制：　　　　　　　编制日期：2017 年 5 月 30 日

案例五 通信管道工程设计预算案例

一、已知条件

（一）工程概况：本工程为浙江地区××路通信管道工程，其中新建3孔（3×1）ϕ102塑料管道100m；新建3孔（3×1）ϕ102钢管管道20m；新建SK1手孔1个，SK2手孔2个；塑料管管道基础不加筋，做包封，包封厚度80mm，管道基础和包封所用混凝土为C15；钢管管道不做基础。

（二）本工程施工企业驻地距施工现场30km，工程所在地为城区。

（三）施工用水电蒸汽费按100元计列；路面及土方开挖均采用人工开挖，运土费按100元/m³计列，路面由市政单位修复，土方回填至原标高；排污费按200元计列。

（四）本工程勘察设计费为2000元（除税价），建设工程监理费为300元（除税价）。本工程增值税税率为9%。

（五）本工程预算内不计列预备费、特殊地区施工增加费、已完工程及设备保护费、施工队伍调遣费、建设用地及综合赔补费、项目建设管理费、可行性研究费、研究试验费、环境影响评价费、工程保险费、工程招标代理费、专利及专用技术使用费、其他费用。

（六）设计图纸及说明

1. 工程图纸组成

本工程的施工图设计图纸见图7-16～图7-18。

2. 施工图纸说明

本工程上述图纸所表述的施工内容和施工条件及要求补充说明如下：

(1) 图纸中的管道长度，是路由长度（手孔中心—手孔中心）。

(2) 开挖路面类别：

① S1到S2：ϕ102mm的3孔塑料管道沟为水泥花砖路面（厚150mm）。

② S2到S3：ϕ102mm的3孔钢管管道沟为水泥路面（厚250mm）。

③ 3个手孔坑路面：为水泥花砖路面（厚150mm）。

(3) 手孔坑、管道沟土质为硬土，不考虑放坡系数；管道基础厚80mm。

（七）主材运距：本工程主材运距为100km，本工程主材均由施工单位提供，主材单价见表7-44。

表7-44 主材单价表

序号	主材名称	规格程式	单位	主材单价(除税)/元	增值税税率
1	镀锌焊接钢管	ϕ102	m	60.000	9%
2	镀锌钢管管箍	ϕ102	个	5.000	9%
3	电缆托架	乙式(600mm)	根	8.000	9%
4	电缆托架穿钉	M16mm	副	4.000	9%
5	机制砖	240×115×53mm(甲级)	千块	370.000	9%
6	粗砂		t	107.000	9%
7	碎石	0.5～3.2cm	t	107.000	9%
8	2#手孔口圈盖板		套	750.000	9%
9	1#手孔口圈盖板	方形	套	450.000	9%
10	聚氯乙烯硬塑料管	PVCϕ102mm	m	20.000	9%
11	红白松板方材Ⅲ等	3～3.8m 厚25～30mm	立方米	1453.000	9%
12	硅酸盐水泥	C32.5	吨	410.000	9%

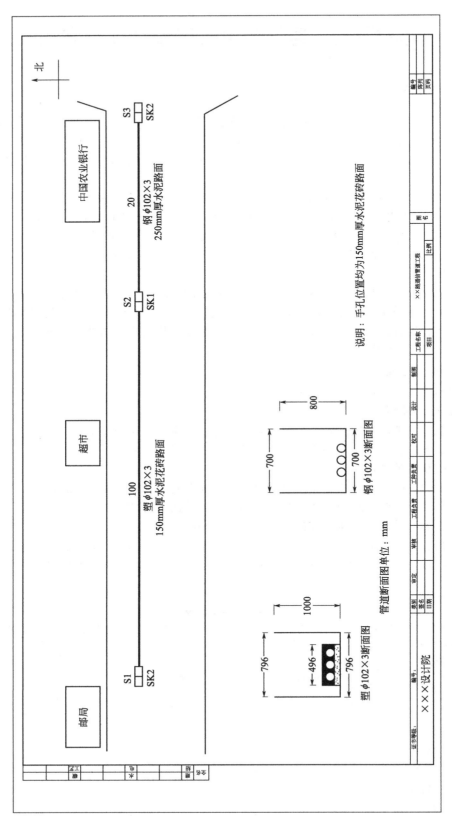

图 7-16 ××路通信管道工程平面图

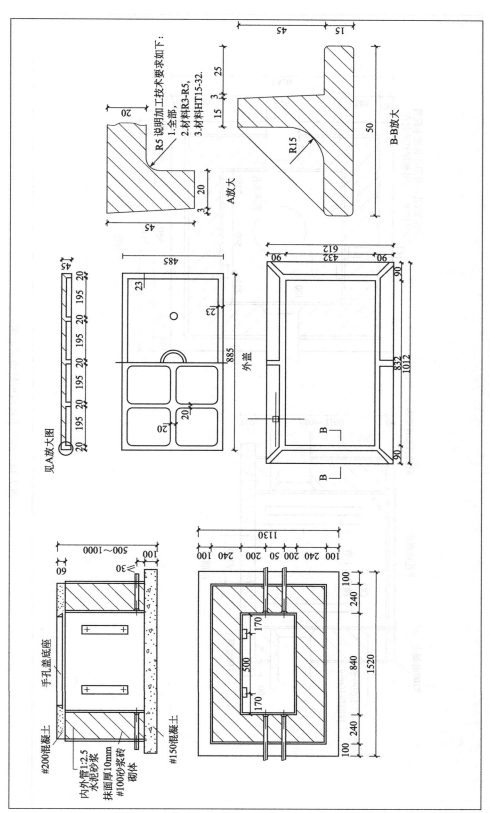

图 7-17 SK1 手孔断面结构示意图

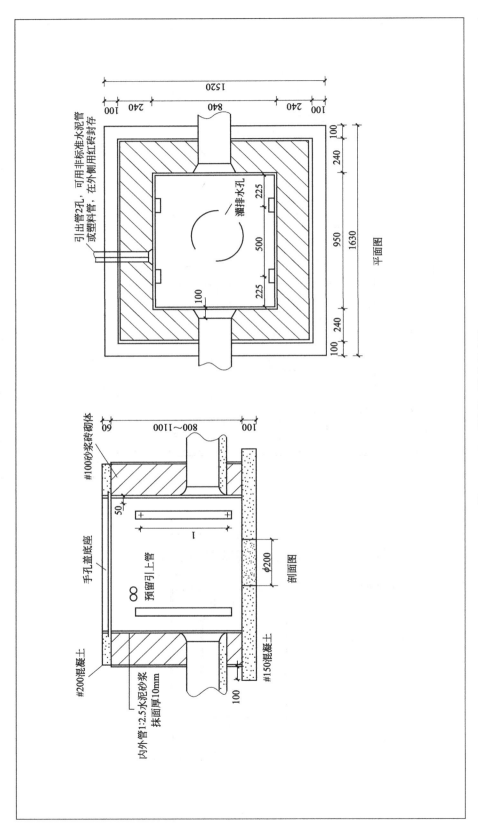

图 7-18 SK2 手孔断面结构示意图

二、工程量的计算和统计

根据给定的工程施工内容和施工条件，并参考国家主管部门颁布的概预算定额，本工程的工程量计算如下。

1. 施工测量的工程量

本管道工程施工测量的工程量＝手孔中心距离长度之和
$$=100+20=120（m）=1.2（百米）$$

2. 开挖路面工程量

由图纸及图纸说明可知，本管道工程的管道沟和三个手孔均在路面下，且路面材质和厚度存在不同情况，因此，路面开挖工程量分别计算如下。

（1）250mm 厚水泥路面开挖工程量计算

2 号手孔和 3 号手孔之间的管道位于 250mm 厚水泥路面下，由图 7-16 可知，此处管道沟上口宽度为 700mm，即 0.7m，管道沟开挖长度为 20m，因此，此部分路面开挖面积计算如下：

管道沟路面开挖面积＝（开挖管道沟上口宽度×管道沟开挖长度）/100（百平方米）
$$=（20m×0.7m）/100$$
$$=0.14（百平方米）$$

注意：由于本工程开挖混凝土路面的厚度超出了 100mm，因此，此部分路面开挖的工程量应分成以下两部分分别统计：

① 开挖混凝土路面（100mm 以下厚度部分）工程量为 0.14（百平方米）。

② 开挖混凝土路面（100mm 以上厚度每增加 10mm 厚度）工程量为：$0.14×[（250-100）/10]=2.1$（百平方米）

（2）150mm 厚水泥花砖路面开挖工程量计算

1 号手孔和 2 号手孔之间的管道位于 150mm 厚水泥花砖路面下，由图 7-16 可知，此处管道沟上口宽度为 796mm，即 0.796m，管道沟开挖长度为 100m，因此，此部分路面开挖面积计算如下：

开挖面积＝（开挖管道沟上口宽度×管道沟开挖长度）/100（单位：百平方米）
$$=（0.796m×100m）/100$$
$$=0.796（百平方米）$$

同时，由图纸说明可知：工程的三个手孔也位于 150mm 厚的水泥花砖路面下，因此，须分别计算三个手孔开挖路面的工程量，计算结果分别如下：

① SK1 手孔开挖路面工程量计算

由图 7-17 可知：SK1 手孔内径宽 $a=0.45m$，手孔内径长 $b=0.84m$，手孔孔坑壁厚 0.24m，各方向基础 0.1m，操作面 0.3m，H 按 1.0m 考虑，不考虑放坡，每个 SK1 挖土面积计算如下：

手孔坑开挖路面面积＝（手孔坑上口宽度×手孔坑上口长度）/100（百平方米）
$$=[a+（0.24+0.1+0.3）×2]×[b+（0.24+0.1+0.3）×2]/100$$
$$=0.0367（百平方米）$$

② SK2 手孔开挖路面工程量计算

由图 7-18 可知：SK2 手孔内径宽 $a=0.84$m，手孔内径长 $b=0.95$m，手孔坑壁厚 0.24m，各方向基础 0.1m，操作面 0.3m，H 按 1.0m 考虑，不考虑放坡，每个 SK2 挖土面积计算如下：

$$\text{手孔坑开挖路面面积} = (\text{手孔坑上口宽度} \times \text{手孔坑上口长度})/100 \text{（百平方米）}$$
$$= [a+(0.24+0.1+0.3)\times 2)] \times [b+(0.24+0.1+0.3)\times 2]/100$$
$$= 0.0473 \text{（百平方米）}$$

本工程共需建设两个 SK2 手孔，所以 SK2 开挖路面工程量为：

$$\text{SK2 手孔开挖路面工程量} = \text{单个 SK2 手孔开挖路面工程量} \times \text{SK2 手孔数量}$$
$$= 0.0473 \times 2$$
$$= 0.0946 \text{（百平方米）}$$

因此：

150mm 厚水泥花砖路面开挖工程量
= 管道沟开挖路面面积 + SK1 手孔开挖路面面积 + SK2 手孔开挖路面面积
= 0.796 + 0.0367 + 0.0946
= 0.9271（百平方米）

由上述计算过程和统计结果可知，本工程路面开挖的工程量统计结果可汇总如下：

开挖混凝土路面（100mm 厚度以下部分）：0.14（百平方米）；

开挖混凝土路面（100mm 厚度以上每增加 10mm 厚度部分）：2.1（百平方米）；

开挖 150mm 厚度水泥花砖路面：0.9271（百平方米）。

3. 开挖土方工程量

由已知条件可知，本工程开挖土方的工作包括开挖管道沟和开挖手孔坑，工程量分别计算如下：

（1）管道沟开挖工程量计算

本工程管道沟分成两段，其开挖工程量分别计算如下：

① 塑料管管道沟开挖工程量计算

由图 1 可知，本工程塑料管管道沟位于 S1 手孔和 S2 手孔之间，管道沟沟宽 796mm=0.796m，沟长 100m，管道沟沟深 1000mm，但由于管道沟上方 150mm 厚水泥花砖路面开挖工程量已经统计过，相当于路面已经挖除，因此，此部分管道沟实际开挖深度为 1000−150=850（mm）=0.85（m），所以本部分管道沟开挖的工程量计算如下：

$$\text{管道沟开挖工程量} = (\text{管道沟宽度} \times \text{管道沟深度} \times \text{管道沟长度})/100 \text{（百立方米）}$$
$$= (0.796 \times 0.85 \times 100)/100$$
$$= 0.6766 \text{（百立方米）}$$

② 钢管管道沟开挖工程量计算

由图 7-16 可知，本工程塑料管管道沟位于 S2 手孔和 S3 手孔之间，沟宽 700mm=0.7m，沟长 20m，管道沟沟深 800mm，但由于管道沟上方 250mm 厚混凝土路面开挖工程量已经统计过，相当于路面已经挖除，因此，此部分管道沟实际开挖深度为 800−250=550（mm）=0.55（m），所以本部分管道沟开挖的工程量计算如下：

$$\text{管道沟开挖工程量} = (\text{管道沟宽度} \times \text{管道沟深度} \times \text{管道沟长度})/100 \text{（百立方米）}$$
$$= (0.7 \times 0.55 \times 20)/100$$

$$=0.077\text{（百立方米）}$$

（2）手孔坑开挖工程量计算

本工程共需开挖 3 个手孔坑：2 个 SK2 手孔的手孔坑，1 个 SK1 手孔的手孔坑，开挖工程量分别计算如下：

① SK1 手孔坑开挖工程量计算

由图 7-17 可知：SK1 手孔坑内径宽 $a=0.45\text{m}$，手孔内径长 $b=0.84\text{m}$，手孔孔坑壁厚 0.24m，各方向基础 0.1m，操作面 0.3m，H 按 1.0m 考虑，除去路面厚度 150mm，手孔坑实际挖深 0.85m，不考虑放坡，则单个 SK1 手孔坑开挖土方量可计算如下：

开挖土方量
$$=\text{手孔坑长度}\times\text{手孔坑宽度}\times\text{手孔坑深度}$$
$$=[0.84+(0.24+0.1+0.3)\times 2]\times[0.45+(0.24+0.1+0.3)\times 2]\times 0.85$$
$$=3.1175\text{（立方米）}$$

② SK2 手孔坑开挖工程量计算

由图 7-18 可知：SK2 手孔坑内径宽 $a=0.84\text{m}$，手孔内径长 $b=0.95\text{m}$，手孔坑壁厚 0.24m，各方向基础 0.1m，操作面 0.3m，H 按 1.0m 考虑，除去路面厚度 150mm，手孔坑实际挖深 0.85m，不考虑放坡，则单个 SK2 手孔坑开挖土方量可计算如下：

开挖土方量 $=\text{手孔坑长度}\times\text{手孔坑宽度}\times\text{手孔坑深度}$
$$=[0.95+(0.24+0.1+0.3)\times 2]\times[0.84+(0.24+0.1+0.3)\times 2]\times 0.85$$
$$=4.0185\text{（立方米）}$$

本工程共需开挖 2 个 SK2 手孔坑，所以：

$$\text{SK2 手孔坑开挖工程量}=\text{单个 SK2 手孔坑开挖土方量}\times 2$$
$$=4.0185\times 2$$
$$=8.037\text{（立方米）}$$

综合上述计算结果可得：

手孔坑开挖工程量 $=$ SK1 手孔坑开挖工程量 $+$ SK2 手孔坑开挖工程量
$$=3.1175+8.037$$
$$=11.1545\text{（立方米）}$$
$$\approx 0.1115\text{（百立方米）}$$

进一步综合上述计算结果可得整个管道工程土方开挖工程量如下：

土方开挖工程量 $=$ 管道沟土方开挖工程量 $+$ 手孔坑土方开挖工程量
$$=0.6766+0.077+0.1115$$
$$=0.8651\text{（百立方米）}$$

4. 管道基础工程量

由图 7-16 和图纸说明可知：本工程塑料管道下方需要做宽度为 496mm、厚度为 80mm 的混凝土基础，管道基础长度 100m，因此本工程管道基础工程量为 100m。

5. 管道敷设工程量

本工程共敷设两种不同材质的通信管道，分别是塑料管道和钢管，工程量统计时将并排敷设的 3 根管道看作 3×1 的多孔管道一次性敷设，因此，工程量分别统计如下：

① 塑料管道敷设工程量统计

$$塑料管道敷设工程量=敷设塑料管道的长度/100（百米）$$
$$=100/100$$
$$=1（百米）$$

② 钢管敷设工程量统计
$$钢管敷设工程量=敷设钢管的长度/100（百米）$$
$$=20/100$$
$$=0.2（百米）$$

6. 管道包封工程量

本工程要求塑料管道直径 102mm＝0.102m，塑料管道外围做混凝土包封，包封高度 182mm，即 0.182m，又从图 7-16 可知，包封宽度为 496mm＝0.496m，包封长度为 100m。因此，本工程的混凝土包封工程量计算如下：

$$管道包封工程量=管道包封截面积×管道包封长度（单位：m^3）$$
$$=[包封宽度×包封高度-管道截面积]×管道包封长度$$
$$=[0.496×0.182-3.14×(102/2)^2×3]×100$$
$$=6.577（m^3）$$

7. 手孔砌筑工程量

本工程需要砖砌手孔，工程量统计如下：
① 砖砌 SK1 手孔 1 个；
② 砖砌 SK2 手孔 2 个。

8. 回填土方工程量

$$回填土方工程量=开挖土方-外运土方+路面体积$$

其中外运土方是指管道沟和人、手孔坑中各种管道建筑所占空间的体积，本工程外运土方计算如表 7-45 所示。

表 7-45 外运土方计算明细

序号	项目	计算过程	计算结果
1	250mm 厚水泥路面	0.25m×14m²	3.500
2	150mm 厚水泥花砖路面	0.15m×92.73m²	13.910
3	φ102 塑料管	300m×3.14×0.051×0.051	2.450
4	φ102 钢管	60m×3.14×0.051×0.051	0.490
5	基础	100m×0.496m×0.08m	3.968
6	包封	100m×(0.496m×0.182m-3.14×0.051m×0.051m×3)	6.577
7	SK1	1.52m×1.13m×0.85m	1.460
8	SK2	1.63m×1.52m×0.85m×2 个	4.212
合计			36.567

所以：
$$回填土方=86.52m^3-36.567m^3+3.5m^3+13.91m^3$$
$$=67.363m^3$$

综合以上工程量计算和统计结果，可得本工程的工程量汇总表如表 7-46 所示。

表 7-46　工程量汇总表

序号	定额编号	项目名称	定额单位	数量
1	TGD1-001	施工测量	百米	1.2
2	TGD1-002	人工开挖路面　混凝土　100以下	百平方米	0.14
3	TGD1-003	人工开挖路面　混凝土　每增加10	百平方米	2.1
4	TGD1-009	人工开挖路面　水泥花砖	百平方米	0.927
5	TGD1-018	人工开挖管道沟及人(手)孔坑　硬土	百立方米	0.865
6	TGD1-028	回填土石方　夯填原土	百立方米	0.673
7	TGD2-042	塑料管道基础　基础宽490C15	百米	1
8	TGD2-087	铺设塑料管道　3孔(3×1)	百米	1
9	TGD2-105	敷设镀锌钢管管道　3孔(3×1)	百米	0.2
10	TGD2-129	管道混凝土包封　C15	m^3	6.577
11	TGD3-093	砖砌配线手孔　一号手孔(SK1)	个	1
12	TGD3-094	砖砌配线手孔　二号手孔(SK2)	个	2

三、一阶段施工图预算的编制

（一）预算编制说明

1. 工程概况

本工程为××路通信管道工程，其中新建3孔（3×1）ϕ102塑料管道100m；新建3孔（3×1）ϕ102钢管管道20m；新建SK1手孔1个，SK2手孔2个；塑料管管道基础不加筋，做包封；钢管管道不做基础。

2. 编制依据及采用的取费标准和计算方法

（1）编制依据

① 施工图设计图纸及说明。

② 工信部通信［2016］451号《工业和信息化部关于印发信息通信建设工程预算定额、工程费用定额及工程概预算编制规程的通知》。

③ 《××建设工程概算、预算常用电信器材基础价格目录》。

④ 《××市造价信息》。

（2）有关费用及费率的取定

① 本工程增值税税率为9%；

② 主材运杂费费率取定：其他运杂费费率按100km以内取定为3.6%；塑料及塑料制品按运距100km以内取定为4.3%；木材及木制品运杂费费率按100km以内取定为8.4%；水泥及水泥构件运杂费费率按100km以内取定为18%。

③ 主材不计采购代理服务费。

④ 已知条件不具备的相关项目费用不计取。

（3）工程技术经济指标分析

本设计为一阶段施工图设计，预算总价值为51098.52元。其中建安费41513.93元，工程建设其他费2622.71元，预备费2206.83元。技工26.47工日，普工95.85工日。

（二）预算表格

预算表格见表7-47～表7-53。

表 7-47 工程 预 算 总 表（表一）

建设项目名称：××路通信管道工程
建设单位名称：××省××市电信分公司
表格编号：TGD-1　第 1 页

工程名称：××路通信管道工程

序号	表格编号	费用名称	小型建筑工程费	需要安装设备费	不需要安装的设备、工器具费	建筑安装工程费	其他费用	预备费	总价值 除税价	总价值 增值税	总价值 含税价	其中外币（ ）
I	II	III	IV	V	VI	VII	VIII	IX	X	XI	XII	VIII
		工程费				41494.19			41494.19	3734.48	45228.67	
	TGD-5甲	工程建设其他费					2622.41		2622.41	236.02	2858.43	
		合计				41494.19	2622.41		44116.60	3970.50	48087.10	

设计负责人：　　　　　　　审核：　　　　　　　编制：　　　　　　　编制日期：2019 年 3 月 1 日

表7-48 建筑安装工程费用 预算表（表二）

建设项目名称：××路通信管道工程
单项工程名称：××路通信管道工程
建设单位名称：×××省×××市电信分公司
表格编号：TGD-2
第1页

序号	费用名称	依据和计算方法	合计/元	序号	费用名称	依据和计算方法	合计/元
I	II	III	IV	I	II	III	IV
	建安工程费（含税价）	一+二+三+四	45228.67	7	夜间施工增加费	人工费×夜间施工增加费系数×2.5%	221.83
	建安工程费（除税价）	一+二+三	41494.19	8	冬雨季施工增加费	人工费×2.5%	221.83
一	直接费	（一）+（二）	34098.94	9	生产工具用具使用费	人工费×1.5%	133.10
（一）	直接工程费	1.+2.+3.+4.	28133.52	10	施工用水电蒸汽费		100.00
1	人工费	(1)+(2)	8873.16	11	特殊地区施工增加费		
(1)	技工费	技工日×114元	3006.18	12	已完工程及设备保护费		
(2)	普工费	普工日×61元	5866.98	13	运土费		3656.00
2	材料费	(1)+(2)	19035.19	14	施工队伍调遣费	单程调遣费定额×调遣人数×2	
(1)	主要材料费	由表四材料表	18940.49	15	大型施工机械调遣费	调遣用车运价×调遣运距×2	
(2)	辅助材料费	主要材料费×0.5%	94.70	二	间接费	（一）+（二）	5620.62
3	机械使用费	由表三乙	158.93	（一）	规费	1.+2.+3.+4.	3189.37
4	仪表使用费	由表三丙	66.24	1	工程排污费	按规定	200.00
（二）	措施项目费	1～15项之和	5965.42	2	社会保障费	人工费×28.5%	2528.85
1	文明施工费	人工费×1.5%	133.10	3	住房公积金	人工费×4.19%	371.79
2	工地器材搬运费	人工费×1.2%	106.48	4	危险作业意外伤害保险费	人工费×1.00%	88.73
3	工程干扰费	人工费×工程干扰费系数×6%	532.39	（二）	企业管理费	人工费×27.4%	2431.25
4	工程点交、场地清理费	人工费×1.4%	124.22	三	利润	人工费×20%	1774.63
5	临时设施费	人工费×6.1%	541.26	四	销项税额	(一+二+三-主要材料费)×9%+所有材料销项税额	3734.48
6	工程车辆使用费	人工费×2.2%	195.21				

设计负责人：　　　　审核：　　　　编制：　　　　编制日期：2019年3月1日

表 7-49 建筑安装工程量 预 算 表（表三甲）

建设项目名称：××路通信管道工程
单项工程名称：××路通信管道工程
建设单位名称：××省××市电信分公司
表格编号：TGD-3甲　第1页

序号	定额编号	项目名称	单位	数量	单位定额值 技工	单位定额值 普工	合计值 技工	合计值 普工
I	II	III	IV	V	VI	VII	VIII	IX
1	TGD1-001	施工测量	百米	1.200	0.88	0.22	1.06	0.26
2	TGD1-002	人工开挖路面混凝土100以下	百平方米	0.140	3.33	24.25	0.47	3.40
3	TGD1-003	人工开挖路面混凝土每增加10	百平方米	2.100	0.33	1.75	0.69	3.68
4	TGD1-009	人工开挖路面水泥花砖	百平方米	0.927	0.31	2.88	0.29	2.67
5	TGD1-018	人工开挖管道沟及人(手)孔坑硬土	百立方米	0.865		42.92		37.13
6	TGD1-028	回填土石方夯填原土	百立方米	0.674		21.25		14.32
7	TGD2-042	塑料管道基础宽490C15	百米	1.000	5.17	6.67	5.17	6.67
8	TGD2-087	铺设塑料管道3孔(3×1)	百米	1.000	1.03	1.57	1.03	1.57
9	TGD2-105	敷设镀锌钢管管道3孔(3×1)	百米	0.200	1.30	1.83	0.26	0.37
10	TGD2-129	管道混凝土包封C15	m³	6.577	1.25	1.25	8.22	8.22
11	TGD3-093	砖砌配线一号手孔(SK1)	个	1.000	1.48	1.95	1.48	1.95
12	TGD3-094	砖砌配线二号手孔(SK2)	个	2.000	2.65	3.60	5.30	7.20
		小计（新建）					23.97	87.44
		合计					23.97	87.44
		总工日在250以下调整（总工日×10.00%）					2.40	8.74
		总计					26.37	96.18

设计负责人：　　　　　审核：　　　　　编制：　　　　　编制日期：2019年3月1日

表 7-50　建筑安装工程机械使用费 预 算 表（表三乙）

建设项目名称：××路通信管道工程　　　　建设单位名称：×××省××市电信分公司　　　　表格编号：TGD-3乙　　第 1 页

工程名称：××路通信管道工程

序号	定额编号	项目名称	单位	数量	机械名称	单位定额值		合计值	
						数量/台班	单价/元	数量/台班	合价/元
I	II	III	IV	V	VI	VII	VIII	IX	X
1	TGD1-002	人工开挖路面混凝土 100 以下	百平方米	0.140	燃油式路面切割机	0.500	210.00	0.070	14.70
2	TGD1-002	人工开挖路面混凝土 100 以下	百平方米	0.140	燃油式空气压缩机（含风镐）(6m³/min)	0.850	372.00	0.119	44.27
3	TGD1-002	人工开挖路面混凝土每增加 10	百平方米	2.100	燃油式空气压缩机（含风镐）(6m³/min)	0.100	372.00	0.210	78.12
4	TGD2-105	敷设镀锌钢管道 3 孔(3×1)	百米	0.200	交流弧焊机	0.910	120.00	0.182	21.84
		合计							158.93

设计负责人：　　　　　　　　　　　　审核：　　　　　　　　　　　　编制：　　　　　　　　　　　　编制日期：2019 年 3 月 1 日

表 7-51 建筑安装工程仪器仪表使用费 预 算 表（表三丙）

建设项目名称：××路通信管道工程
工程名称：××路通信管道工程
建设单位名称：××省××市电信分公司
表格编号：TGD-3 丙
第 1 页

序号	定额编号	项目名称	单位	数量	仪表名称	单位定额值		合计值	
						数量/台班	单价/元	数量/台班	合价/元
I	II	III	IV	V	VI	VII	VIII	IX	X
1	TGD1-001	施工测量	百米	1.200	地下管线探测仪	0.200	157.00	0.240	37.68
2	TGD1-001	施工测量	百米	1.200	激光测距仪	0.200	119.00	0.240	28.56
		合计							66.24

设计负责人：　　　　　　　　　审核：　　　　　　　　　编制：　　　　　　　　　编制日期：2019 年 3 月 1 日

表 7-52 国内器材预算表（表四甲）
（主要材料表）

建设项目名称：××路通信管道工程
工程名称：××路通信管道工程
建设单位名称：××省××市电信分公司
表格编号：TGD-4甲A 第1页

序号	名称	规格程式	单位	数量	单价/元		合计/元			备注
					除税价	含税价	除税价	增值税	含税价	
I	II	III	IV	V	VI		VII	VIII	IX	X
1	镀锌焊接钢管	φ100	m	60.000	60.000		3600.00	324.00	3924.00	
2	镀锌钢管箍	φ100	个	12.000	5.000		60.00	5.40	65.40	
3	电缆托架	乙式(600mm)	根	10.100	8.000		80.80	7.27	88.07	
4	电缆托架穿钉	M16mm	副	20.200	4.000		80.80	7.27	88.07	
5	机制砖	240mm×115mm×53mm(甲级)	千块	1.370	370.000		506.90	45.62	552.52	
6	粗砂		t	9.780	107.000		1046.46	94.18	1140.64	
7	碎石	0.5～3.2cm	t	15.290	107.000		1636.03	147.24	1783.27	
	(1)小计						7010.99	630.98	7641.97	
	(2)其他类运杂费:(1)×3.60%						252.40	22.72	275.12	
	(3)采购及保管费:(1)×3.00%						210.33	18.93	229.26	
	(4)运输保险费:(1)×0.10%						7.01	0.63	7.64	
	合计(I):[(1)～(4)之和]	增值税率:9.00%					7480.73	673.26	8153.99	

建设项目名称：××路通信管道工程 建设单位名称：×××省×××市电信分公司 表格编号：TGD-4 甲 B 第 2 页

工程名称：×××路通信管道工程

序号	名称	规格程式	单位	数量	单价/元 除税价	合计/元 除税价	合计/元 增值税	合计/元 含税价	备注
Ⅰ	Ⅱ	Ⅲ	Ⅳ	Ⅴ	Ⅵ	Ⅶ	Ⅷ	Ⅸ	Ⅹ
8	2#手孔口圈盖板		套	2.020	750.000	1515.00	136.35	1651.35	
9	1#手孔口圈盖板	方形	套	1.010	450.000	454.50	40.91	495.41	
10	聚氯乙烯硬塑料管	PVC φ102mm	m	303.000	20.000	6060.00	545.40	6605.40	
	(5)小计					8029.50	722.66	8752.16	
	(6)塑料类运杂费：(5)×4.30%					345.27	31.07	376.34	
	(7)采购及保管费：(5)×3.00%					240.89	21.68	262.57	
	(8)运输保险费：(5)×0.10%					8.03	0.72	8.75	
	合计(Ⅱ)：[(5)~(8)之和]	增值税率:9.00%				8623.69	776.13	9399.82	
11	红白松板方材Ⅲ等	3~3.8m 厚25~30mm	m³	0.540	1453.000	784.62	70.62	855.24	
	(9)小计					784.62	70.62	855.24	
	(10)木材类运杂费：(9)×8.40%					65.91	5.93	71.84	
	(11)采购及保管费：(9)×3.00%					23.54	2.12	25.66	
	(12)运输保险费：(9)×0.10%					0.78	0.07	0.85	
	合计(Ⅲ)：[(9)~(12)之和]	增值税率:9.00%				874.85	78.74	953.59	

建设项目名称：××路通信管道工程
工程名称：××路通信管道工程
建设单位名称：××省××市电信分公司
表格编号：TGD-4甲A 第3页

序号	名称	规格程式	单位	数量	单价/元 除税价	合计/元 除税价	合计/元 增值税	合计/元 含税价	备注
I	II	III	IV	V	VI	VII	VIII	IX	X
12	硅酸盐水泥	C32.5	t	3.950	410.000	1619.50	145.76	1765.26	
	(13)小计					1619.50	145.76	1765.26	
	(14)水泥类运杂费:(13)×18.00%					291.51	26.24	317.75	
	(15)采购及保管费:(13)×3.00%					48.59	4.37	52.96	
	(16)运输保险费:(13)×0.10%					1.62	0.15	1.77	
	合计(Ⅳ):[(13)～(16)之和]	增值税率:9.00%				1961.22	176.52	2137.74	
	总计(Ⅰ)～(Ⅳ)之和]					18940.49	1704.65	20645.14	

设计负责人： 审核： 编制： 编制日期：2019年3月1日

表7-53 工程建设其他费 预 算 表（表五甲）

建设项目名称：××路通信管道工程
工程名称：××路通信管道工程
建设单位名称：××省××市电信分公司
表格编号：TGD-5 甲
第 1 页

序号	费用名称	计算依据及方法	金额/元			备注
			除税价	增值税	含税价	
I	II	III	IV	V	XI	XII
1	建设用地及综合赔补费	按规定				
2	项目建设管理费					
3	可行性研究费					
4	研究试验费					
5	勘察设计费		2000.00	180.00	2180.00	
6	环境影响评价费					
7	建设工程监理费					
8	安全生产费		300.00	27.00	327.00	
9	引进技术及引进设备其他费	建安工程费（除税价）×1.50%	622.41	56.02	678.43	
10	工程保险费					
11	工程招标代理费					
12	专利及专利技术使用费					
13	其他费用					
	总计		2622.41	236.02	2858.43	
14	生产准备及开办费（运营费）					

设计负责人：　　　　　审核：　　　　　编制：　　　　　编制日期：2019 年 3 月 1 日

案例六 通信线路PDS工程设计预算案例

一、已知条件

（一）工程概况：本工程为浙江地区××楼PDS工程，其中安装光缆接线箱1只，安装光分路箱1只，布放单芯皮线光缆21m，布放4对对绞电缆20m。

（二）本工程施工企业驻地距施工现场30km，工程所在地为城区。

（三）本工程勘察设计费为200元（除税价），建设工程监理费为100元（除税价）。本工程增值税税率为10%。

（四）本工程预算内不计列施工用水电蒸汽费、特殊地区施工增加费、运土费、施工队伍调遣费、建设用地及综合赔补费、项目建设管理费、可行性研究费、研究试验费、环境影响评价费、工程保险费、工程招标代理费、专利及专用技术使用费、其他费用。

（五）设计图纸及说明

1. ××楼PDS工程平面图见图7-19和图7-20。
2. 施工图纸说明：本工程金属软管直径20mm，PVC管直径20mm，线槽规格20mm×10mm。

（六）主材运距：本工程主材运距为100km，均由施工单位提供，主材单价见表7-54。

表7-54 主材单价表

序号	主材名称	规格程式	单位	主材单价(除税)/元	增值税税率
1	单芯皮线光缆		m	0.700	11%
2	五类非屏蔽双绞线	4对	m	1.200	11%
3	固定材料		套	10.000	11%
4	五类双绞线接线箱		个	700.000	11%
5	8位模块式信息插座(非屏蔽)	单口	个	8.000	11%
6	光缆信息插座	双口	个	30.000	11%
7	金属软管		m	2.000	11%
8	镀锌铁线	ϕ1.5mm	kg	6.000	11%
9	钢丝	ϕ1.5mm	kg	6.000	11%
10	金属过线(路)盒	200mm	个	5.000	11%
11	钢质信息插座底盒		个	10.000	11%
12	光分纤箱(光分路箱)		个	600.000	11%
13	RJ45端头		个	1.000	11%
14	硬质PVC管	ϕ20mm	m	2.000	11%
15	塑料线槽	20mm×10mm	m	1.500	11%

二、计算工程量

工程量汇总见表7-55。

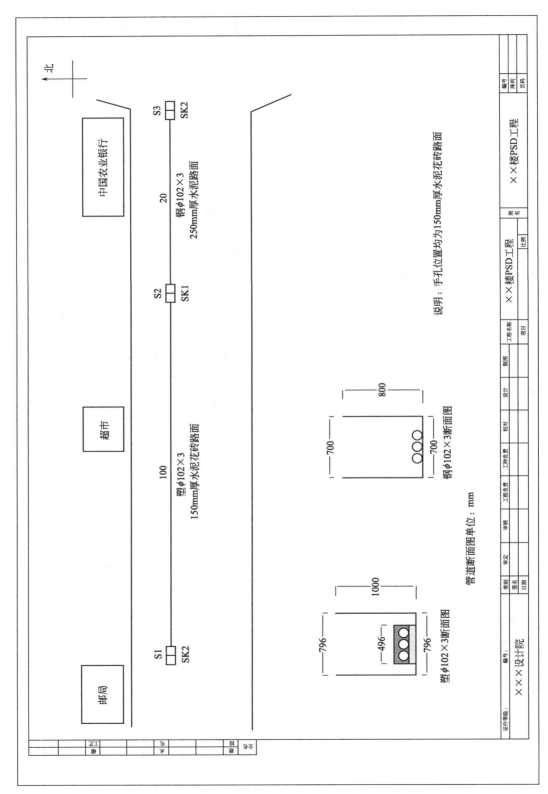

图 7-19 ××楼 PDS 工程平面图 (1)

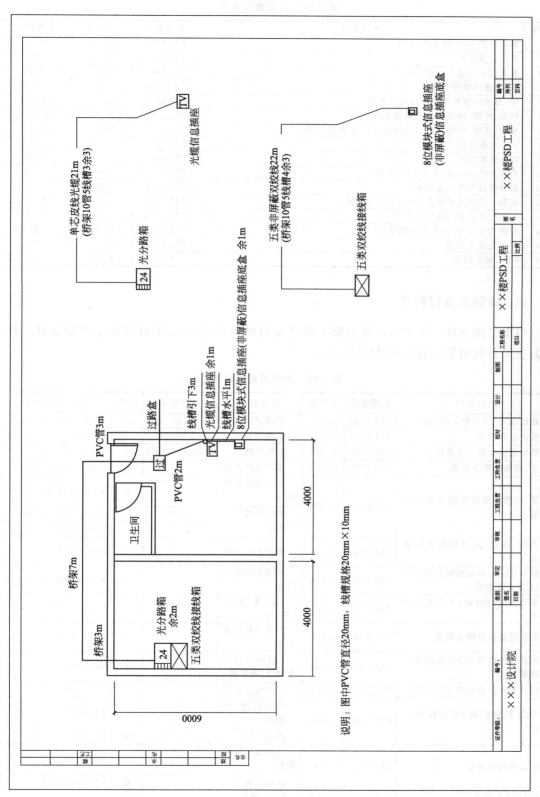

图 7-20 ××楼 PDS 工程平面图（2）

表 7-55 工程量汇总表

序号	项目名称	定额编号	工程量	定额单位
1	敷设硬质 PVC 管 ϕ25 以内	TXL5-051	0.050	百米
2	敷设金属软管	TXL5-053	2.000	根
3	敷设塑料线槽 100 宽以下	TXL5-057	0.040	百米
4	管、暗槽内穿放光缆	TXL5-068	0.050	百米条
5	管、暗槽内穿放电缆 4 对对绞电缆	TXL5-069	0.050	百米条
6	桥架、线槽、网络地板内明布光缆	TXL5-074	0.160	百米条
7	桥架、线槽、网络地板内明布电缆(4 对对绞电缆)	TXL5-075	0.150	百米条
8	用户光缆测试 2 芯以下	TXL6-101	1.000	段
9	电缆链路测试	TXL6-210	1.000	链路
10	安装过线(路)盒(半周长)200 以下	TXL7-007	0.100	10 个
11	安装信息插座底盒明装	TXL7-009	0.100	10 个
12	安装 8 位模块式信息插座(单口非屏蔽)	TXL7-014	0.100	10 个
13	安装光纤信息插座双口以下	TXL7-018	0.100	10 个
14	安装光分纤箱、光分路箱墙壁式	TXL7-024	1.000	套
15	安装光缆接线箱	TXL7-026	1.000	套
16	RJ45 端头制作	估 1	1.000	头

三、计算主要材料量

根据已知条件、各子目预算定额中的主要材料量及表 7-63 中计算的工程量分别统计、汇总主要材料用量（表 7-56 和表 7-57）。

表 7-56 主材用量统计表

项目名称	定额编号	工程量	主材名称	规格型号	单位	主材用量统计
敷设硬质 PVC 管 ϕ25 以内	TXL5-051	0.050	硬质 PVC 管	ϕ20	m	$0.05 \times 105 = 5.25$
敷设金属软管	TXL5-053	2.000	金属软管		m	$2 \times 1 = 2$
敷设塑料线槽 100 宽以下	TXL5-057	0.040	塑料线槽	20mm×10mm	m	$0.04 \times 105 = 4.2$
管、暗槽内穿放光缆	TXL5-068	0.050	单芯皮线光缆		m	$0.05 \times 102 = 5.1$
管、暗槽内穿放电缆 4 对对绞电缆	TXL5-069	0.050	五类非屏蔽双绞线		m	$0.05 \times 102.5 = 5.125$
			镀锌铁线	ϕ1.5		$0.05 \times 0.12 = 0.006$
			钢丝	ϕ1.5		$0.05 \times 0.25 = 0.0125$
桥架、线槽、网络地板内明布光缆	TXL5-074	0.160	单芯皮线光缆		m	$0.16 \times 102 = 16.32$
桥架、线槽、网络地板内明布电缆(4 对对绞电缆)	TXL5-075	0.150	五类非屏蔽双绞线		m	$0.15 \times 102.5 = 15.375$
安装过线(路)盒(半周长)200 以下	TXL7-007	0.100	金属过线(路)盒		个	$0.1 \times 10 = 1$
安装信息插座底盒明装	TXL7-009	0.100	钢质信息插座底盒		个	$0.1 \times 10 = 1$
安装 8 位模块式信息插座单口非屏蔽	TXL7-014	0.100	8 位模块式信息插座(非屏蔽)		个	$0.1 \times 10 = 1$
安装光纤信息插座双口以下	TXL7-018	0.100	光纤信息插座		个	$0.1 \times 10 = 1$
安装光分纤箱、光分路箱墙壁式	TXL7-024	1.000	光分纤箱(光分路箱)		个	$1 \times 1 = 1$
			固定材料		套	$1 \times 1.01 = 1.01$
安装光缆接线箱	TXL7-026	1.000	五类双绞线接线箱		个	$1 \times 1 = 1$
			固定材料		套	$1 \times 1.01 = 1.01$
RJ45 端头制作	估 1	1.000	RJ45 端头		个	1

表 7-57 主材用量汇总表

主材名称	规格型号	材料单位	主材用量汇总	主材用量
硬质 PVC 管	φ20	m	5.25	5.25
金属软管		m	2	2
塑料线槽	20mm×10mm	m	4.2	4.2
单芯皮线光缆		m	5.1+16.32	21.42
五类非屏蔽双绞线		m	5.125+15.375	20.5
镀锌铁线	φ1.5		0.006	0.006
钢丝	φ1.5		0.0125	0.0125
金属过线(路)盒		个	1	1
钢质信息插座底盒		个	1	1
8位模块式信息插座(非屏蔽)		个	1	1
光纤信息插座		个	1	1
光分纤箱(光分路箱)		个	1	1
固定材料		套	1.01+1.01	2.02
五类双绞线接线箱		个	1	1
RJ45 端头		个	1	1

四、一阶段施工图预算的编制

(一) 预算编制说明

1. 工程概况：本工程为××楼 PDS 工程，其中安装光缆接线箱 1 只，安装光分路箱 1 只，布放单芯皮线光缆 21m，布放 4 对对绞电缆 20m。

2. 编制依据及采用的取费标准和计算方法

(1) 编制依据

① 施工图设计图纸及说明。

② 工信部通信 [2016] 451 号《工业和信息化部关于印发信息通信建设工程预算定额、工程费用定额及工程概预算编制规程的通知》。

③《××建设工程概算、预算常用电信器材基础价格目录》。

④《××市造价信息》。

(2) 有关费用及费率的取定

① 本工程为一阶段设计，预算中计列预备费，费率为 4%。

② 主材运杂费费率取定：光缆运杂费费率按 100km 以内取定为 1.3%；电缆运杂费费率按 100km 以内取定为 1%，其他运杂费费率按 100km 以内取定为 3.6%；塑料及塑料制品按运距 100km 以内取定为 4.3%。

③ 主材不计采购代理服务费。

④ 已知条件不具备的相关项目费用不计取。

3. 工程技术经济指标分析

本设计为一阶段施工图设计，预算总价值为 3037.59 元。其中建安费 2319.62 元，工程建设其他费 334.79 元，预备费 106.18 元。技工 2.12 工日，普工 2.13 工日。

(二) 预算表格

根据工程实际情况和相关规定，本工程的预算表格如表 7-58~表 7-63 所示。

表 7-58 工程 预 算 总 表（表一）

建设项目名称：××楼 PDS 工程
工程名称：××楼 PDS 工程
建设单位名称：××省××市电信分公司
表格编号：PDS-1　第 1 页

序号	表格编号	费用名称	小型建筑工程费	需要安装的设备费	不需要安装的设备、器具费	建筑安装工程费	其他费用	预备费	除税价	增值税	含税价	其中外币（ ）
Ⅰ	Ⅱ	Ⅲ	Ⅳ	Ⅴ	Ⅵ	Ⅶ	Ⅷ	Ⅸ	Ⅹ	Ⅺ	Ⅻ	ⅩⅢ
1		工程费				2292.01			2292.01	229.21	2521.22	
2	TXL-5甲	工程建设其他费					334.38		334.38	33.44	367.82	
3		合计				2292.01	334.38		2626.39	262.65	2889.04	
4		预备费[合计×4%]						105.06	105.06		105.06	
5		总计				2292.01	334.38	105.06	2731.45	262.65	2994.10	

设计负责人：　　　　　审核：　　　　　编制：　　　　　编制日期：2018 年 11 月 30 日

表 7-59　建筑安装工程费用预算表（表二）

建设项目名称：××楼 PDS 工程
单项工程名称：××楼 PDS 工程
建设单位名称：××省××市电信分公司
表格编号：PDS-2
第 1 页

序号	费用名称	依据和计算方法	合计/元	序号	费用名称	依据和计算方法	合计/元
I	II	III	IV	I	II	III	IV
	建安工程费（含税价）	一+二+三+四	2521.22	7	夜间施工增加费	人工费×2.5%	8.98
	建安工程费（除税价）	一+二+三	2292.01	8	冬雨季施工增加费	人工费×2.5%	8.98
一	直接费	（一）+（二）	2000.62	9	生产工具用具使用费	人工费×1.5%	5.39
（一）	直接工程费	1.+2.+3.+4.	1891.74	10	施工用水电蒸汽费	按规定	
1	人工费	（1）+（2）	359.33	11	特殊地区施工增加费		
（1）	技工费	技工工日×114元	242.82	12	已完工程及设备保护费	人工费×2%	7.19
（2）	普工费	普工工日×61元	116.51	13	运土费	按要求	
2	材料费	（1）+（2）	1505.31	14	施工队伍调遣费	单程调遣定额×调遣人数×2	
（1）	主要材料费	由表四材料表	1500.81	15	大型施工机械调遣费	调遣用车运价×调遣运距×2	
（2）	辅助材料费	主要材料费×0.3%	4.50	二	间接费	（一）+（二）	219.52
3	机械使用费	由表三乙		（一）	规费	1.+2.+3.+4.	121.06
4	仪表使用费	由表三丙	27.10	1	工程排污费	按规定	
（二）	措施项目费	1~15项之和	108.88	2	社会保障费	人工费×28.5%	102.41
1	文明施工费	人工费×1.5%	5.39	3	住房公积金	人工费×4.19%	15.06
2	工地器材搬运费	人工费×3.4%	12.22	4	危险作业意外伤害保险费	人工费×1.00%	3.59
3	工程干扰费	人工费×6%	21.56	（二）	企业管理费	人工费×27.4%	98.46
4	工程点交、场地清理费	人工费×3.3%	11.86	三	利润	人工费×20%	71.87
5	临时设施费	人工费×2.6%	9.34	四	销项税额	（一+二+三-主要材料费）×10%+所有材料销项税额	229.21
6	工程车辆使用费	人工费×5%	17.97				

设计负责人：　　　　　　审核：　　　　　　编制：　　　　　　编制日期：2018 年 11 月 30 日

表 7-60 建筑安装工程量 预 算 表（表三甲）

建设项目名称：××楼 PDS 工程
工程名称：××楼 PDS 工程
建设单位名称：××省××市电信分公司
表格编号：PDS-3 甲
第 1 页

序号	定额编号	项目名称	单位	数量	单位定额值			合计值		
					技工		普工	技工		普工
Ⅰ	Ⅱ	Ⅲ	Ⅳ	Ⅴ	Ⅵ		Ⅶ	Ⅷ		Ⅸ
1	TXL5-051	敷设硬质 PVC 管 φ25 以内	百米	0.050	0.94		3.00	0.05		0.15
2	TXL5-057	敷设塑料线槽 100 宽以下	百米	0.040	2.45		4.99	0.10		0.20
3	TXL5-068	管、暗槽内穿放光缆	百米条	0.050	0.49		0.49	0.02		0.02
4	TXL5-069	管、暗槽内穿放电缆 4 对对绞电缆	百米条	0.050	0.45		0.45	0.02		0.02
5	TXL5-074	拆架、线槽、网络地板内明布光缆	百米条	0.160	0.40		0.40	0.06		0.06
6	TXL5-075	拆架、线槽、网络地板内明布电缆 4 对对绞电缆	百米条	0.170	0.40		0.40	0.07		0.07
7	TXL6-101	用户光缆测试 2 芯以下	段	1.000	0.26			0.26		
8	TXL6-210	电缆链路测试	链路	1.000	0.10			0.10		
9	TXL7-007	安装过线（路）盒（半周长）200 以下	10 个	0.100	0.45		0.40	0.05		0.04
10	TXL7-009	安装信息插座底盒明装	10 个	0.100	0.30		0.40	0.03		0.04
11	TXL7-014	安装 8 位模块式信息插座单口非屏蔽	10 个	0.100	0.45		0.07	0.05		0.01
12	TXL7-018	安装光纤信息插座双口以下	10 个	0.100	0.30			0.03		
13	TXL7-024	安装光分纤箱 光分路箱墙壁式	套	1.000	0.50		0.50	0.50		0.50
14	TXL7-026	安装光缆接续箱	套	1.000	0.55		0.55	0.55		0.55
15	估 1	R J45 端头制作	头	1.000	0.04			0.04		
		小计（新建）						1.85		1.66
		合计						1.85		1.66
		总工日在 100 以下调整（总工日×15.00%）						0.28		0.25
		总计						2.13		1.91

设计负责人：　　　　　　审核：　　　　　　编制：　　　　　　编制日期：2018 年 11 月 30 日

表 7-61 建筑安装工程仪器仪表使用费 预 算 表（表三丙）

建设项目名称：××楼 PDS 工程
工程名称：××楼 PDS 工程
建设单位名称：××省××市电信分公司
表格编号：PDS-3 丙   第 1 页

序号	定额编号	项目名称	单位	数量	仪表名称	单位定额值		合计值	
						数量/台班	单价/元	数量/台班	合价/元
I	II	III	IV	V	VI	VII	VIII	IX	X
1	TXL6-101	用户光缆测试 2 芯以下	段	1.000	稳定光源	0.050	117.00	0.050	5.85
2	TXL6-101	用户光缆测试 2 芯以下	段	1.000	光功率计	0.050	116.00	0.050	5.80
3	TXL6-101	用户光缆测试 2 芯以下	段	1.000	光时域反射仪	0.050	153.00	0.050	7.65
4	TXL6-210	电缆链路测试	链路	1.000	综合布线线路分析仪	0.050	156.00	0.050	7.80
		合计							27.10

设计负责人：   审核：   编制：   编制日期：2018 年 11 月 30 日

表 7-62 国内器材预算表（表四甲）
（国内主要材料）

建设项目名称：×××楼 PDS 工程
建设单位名称：×××省×××市电信分公司　表格编号：PDS-4 甲 A
工程名称：×××楼 PDS 工程　第 1 页

序号	名称	规格程式	单位	数量	单价/元		合计/元			备注
					除税价		除税价	增值税	含税价	
I	II	III	IV	V	VI		VII	VIII	IX	X
1	单芯皮线光缆		m	21.420	0.700		14.99	1.50	16.49	
	(1)小计						14.99	1.50	16.49	
	(2)光缆类运杂费:(1)×1.30%						0.19	0.02	0.21	
	(3)采购及保管费:(1)×1.10%						0.16	0.02	0.18	
	(4)运输保险费:(1)×0.10%						0.01		0.01	
	合计(Ⅰ):[(1)~(4)之和]	增值税率:10.00%					15.35	1.54	16.89	
2	五类非屏蔽双绞线	4 对	m	22.550	1.200		27.06	2.71	29.77	
	(5)小计						27.06	2.71	29.77	
	(6)电缆类运杂费:(5)×1.00%						0.27	0.03	0.30	
	(7)采购及保管费:(5)×1.10%						0.30	0.03	0.33	
	(8)运输保险费:(5)×0.10%						0.03		0.03	
	合计(Ⅱ):[(5)~(8)之和]	增值税率:10.00%					27.66	2.77	30.43	

项目七　信息通信建设工程概预算编制案例　275

建设项目名称：××楼 PDS 工程
工程名称：××楼 PDS 工程
建设单位名称：××省××市电信分公司
表格编号：PDS-4 甲 A
第 2 页

序号	名称	规格程式	单位	数量	单价/元		合计/元			备注
					除税价		除税价	增值税	含税价	
I	II	III	IV	V	VI		VII	VIII	IX	X
3	固定材料		套	2.000	10.000		20.00	2.00	22.00	
4	五类双绞线接线箱		个	1.000	700.000		700.00	70.00	770.00	
5	8位模块式信息插座（非屏蔽）	单口	个	1.000	8.000		8.00	0.80	8.80	
6	光缆信息插座	双口	个	1.000	30.000		30.00	3.00	33.00	
7	镀锌铁线	φ1.5mm	kg	0.006	6.000		0.04	0.01	0.04	
8	钢丝	φ1.5mm	kg	0.013	6.000		0.08		0.09	
9	金属过线（路）盒	200mm	个	1.000	5.000		5.00	0.50	5.50	
10	钢质信息插座底盒		个	1.000	10.000		10.00	1.00	11.00	
11	光分纤箱（光分路箱）		个	1.000	600.000		600.00	60.00	660.00	
12	RJ45 端头		个	1.000	1.000		1.00	0.10	1.10	
	(9)小计						1374.12	137.41	1511.53	
	(10)其他类运杂费：(9)×3.60%						49.47	4.95	54.42	
	(11)采购及保管费：(9)×1.10%						15.12	1.51	16.63	
	(12)运输保险费：(9)×0.10%						1.37	0.14	1.51	
	合计(III)：[(9)～(12)之和]		增值税率:10.00%				1440.08	144.01	1584.09	

建设项目名称：××楼 PDS 工程
工程名称：××楼 PDS 工程
建设单位名称：×××省××市电信分公司
表格编号：PDS-4 甲 A 第 3 页

序号	名称	规格程式	单位	数量	单价/元		合计/元			备注
					除税价	除税价	除税价	增值税	含税价	
Ⅰ	Ⅱ	Ⅲ	Ⅳ	Ⅴ	Ⅵ	Ⅶ		Ⅷ	Ⅸ	Ⅹ
13	硬质 PVC 管	φ20mm	m	5.250	2.000	10.50		1.05	11.55	
14	塑料线槽	20mm×10mm	m	4.200	1.500	6.30		0.63	6.93	
	(13)小计					16.80		1.68	18.48	
	(14)塑料类运杂费:(13)×4.30%					0.72		0.07	0.79	
	(15)采购及保管费:(13)×1.10%					0.18		0.02	0.20	
	(16)运输保险费:(13)×0.10%					0.02		0.02	0.02	
	合计(Ⅳ):[(13)~(16)之和]	增值税率:10.00%				17.72		1.77	19.49	
	总计:[合计(Ⅰ)~(Ⅳ)之和]					1500.81		150.09	1650.90	

设计负责人： 审核： 编制： 编制日期：2018 年 11 月 30 日

表 7-63 工程建设其他费 预 算 表（表五甲）

建设项目名称：××楼 PDS 工程
工程名称：××楼 PDS 工程
建设单位名称：××省××市电信分公司
表格编号：PDS-5 甲 第 1 页

序号	费用名称	计算依据及方法	金额/元			备注
			除税价	增值税	含税价	
Ⅰ	Ⅱ	Ⅲ	Ⅳ	Ⅴ	Ⅺ	Ⅻ
1	建设用地及综合赔补费					
2	项目建设管理费					
3	可行性研究费					
4	研究试验费					
5	勘察设计费		200.00	20.00	220.00	增值税率:10%
6	环境影响评价费					
7	建设工程监理费		100.00	10.00	110.00	增值税率:10%
8	安全生产费		100.00	10.00	110.00	增值税率:10%
9	引进技术及引进设备其他费		34.38	3.44	37.82	
10	工程保险费					
11	工程招标代理费					
12	专利及专利技术使用费					
13	其他费用					
	总计		334.38	33.44	367.82	
14	生产准备及开办费（运营费）					

设计负责人： 编制： 审核： 编制日期：2018 年 11 月 30 日

附录一

信息通信建设工程费用定额

第一章 信息通信建设工程费用构成

第一条 信息通信建设工程项目总费用由各单项工程项目总费用构成,各单项工程总费用由工程费、工程建设其他费、预备费、建设期利息四部分构成,具体项目构成如下:

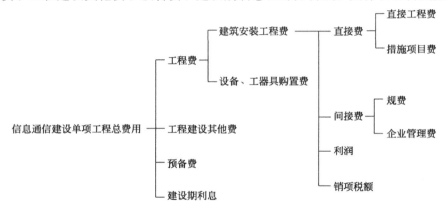

第二条 直接费由直接工程费、措施项目费构成,各项费用均为不包括增值税可抵扣进项税额的税前造价。具体内容如下。

(一)直接工程费:指施工过程中耗用的构成工程实体和有助于工程实体形成的各项费用,包括人工费、材料费、机械使用费、仪表使用费。

1. **人工费**:指直接从事建筑安装工程施工的生产人员开支的各项费用,内容包括以下方面。

(1) 基本工资:指发放给生产人员的岗位工资和技能工资。

(2) 工资性补贴:指规定标准的物价补贴,煤、燃气补贴,交通费补贴,住房补贴,流动施工津贴等。

(3) 辅助工资:指生产人员年平均有效施工天数以外非作业天数的工资,包括职工学习、培训期间的工资,调动工作、探亲、休假期间的工资,因气候影响的停工工资,女工哺乳期间的工资,病假在 6 个月以内的工资及产、婚、丧假期的工资。

(4) 职工福利费:指按规定标准计提的职工福利费。

(5) 劳动保护费:指规定标准的劳动保护用品的购置费及修理费、徒工服装补贴、防暑降温等保健费用。

2. **材料费**:指施工过程中实体消耗的直接材料费用与采备材料所发生的费用总和。内容包括以下方面。

(1) 材料原价：供应价或供货地点价。

(2) 材料运杂费：是指材料自来源地运至工地仓库（或指定堆放地点）所发生的费用。

(3) 运输保险费：指材料（或器材）自来源地运至工地仓库（或指定堆放地点）所发生的保险费用。

(4) 采购及保管费：指为组织材料采购及材料保管过程中所需要的各项费用。

(5) 采购代理服务费：指委托中介采购代理服务的费用。

(6) 辅助材料费：指对施工生产起辅助作用的材料。

3. 机械使用费：是指施工机械作业所发生的机械使用费以及机械安拆费。内容如下。

(1) 折旧费：指施工机械在规定的使用年限内，陆续收回其原值及购置资金的时间价值。

(2) 大修理费：指施工机械按规定的大修理间隔台班进行必要的大修理，以恢复其正常功能所需的费用。

(3) 经常修理费：指施工机械除大修理以外的各级保养和临时故障排除所需的费用。包括为保障机械正常运转所需替换设备与随机配备工具和附具的摊销、维护费用，机械运转中日常保养所需润滑与擦拭的材料费用及机械停滞期间的维护和保养费用等。

(4) 安拆费：指施工机械在现场进行安装与拆卸所需的人工、材料、机械和试运转费用以及机械辅助设施的折旧、搭设、拆除等费用。

(5) 人工费：指机上操作人员和其他操作人员的工作日人工费及上述人员在施工机械规定的年工作台班以外的人工费。

(6) 燃料动力费：指施工机械在运转作业中所消耗的固体燃料（煤、木柴）、液体燃料（汽油、柴油）及水、电等。

(7) 税费：指施工机械按照国家规定和有关部门规定应缴纳的车船使用税、保险费及年检费等。

4. 仪表使用费：是指施工作业所发生的属于固定资产的仪表使用费。内容如下。

(1) 折旧费：是指施工仪表在规定的年限内，陆续收回其原值及购置资金的时间价值。

(2) 经常修理费：指施工仪表的各级保养和临时故障排除所需的费用。包括为保证仪表正常使用所需备件（备品）的摊销和维护费用。

(3) 年检费：指施工仪表在使用寿命期间定期标定与年检费用。

(4) 人工费：指施工仪表操作人员在台班定额内的人工费。

（二）措施费：指为完成工程项目施工，发生于该工程前和施工过程中非工程实体项目的费用。内容包括以下方面。

1. 文明施工费：指施工现场为达到环保要求及文明施工所需要的各项费用。

2. 工地器材搬运费：指由工地仓库（或指定地点）至施工现场转运器材而发生的费用。

3. 工程干扰费：通信工程由于受市政管理、交通管制、人流密集、输配电设施等影响工效的补偿费用。

4. 工程点交、场地清理费：指按规定编制竣工图及资料、工程点交、施工场地清理等发生的费用。

5. 临时设施费：指施工企业为进行工程施工所必须设置的生活和生产用的临时建筑物、构筑物和其他临时设施费用等。临时设施费用包括：临时设施的租用或搭设、维修、拆除费或摊销费。

6. 工程车辆使用费：指工程施工中接送施工人员、生活用车等（含过路、过桥）费用。

7. 夜间施工增加费：指因夜间施工所发生的夜间补助费、夜间施工降效、夜间施工照明设备摊销及照明用电等费用。

8. 冬雨季施工增加费：指在冬雨季施工时所采取的防冻、保温、防雨等安全措施及工效降低所增加的费用。

9. 生产工具用具使用费：指施工所需的不属于固定资产的工具用具等的购置、摊销、维修费。

10. 施工用水电蒸汽费：指施工生产过程中使用水、电、蒸汽所发生的费用。

11. 特殊地区施工增加费：指在原始森林地区、海拔 2000m 以上高原地区、沙漠地区、山区无人值守站、化工区、核工业区等特殊地区施工所需增加的费用。

12. 已完工程及设备保护费：指竣工验收前，对已完工程及设备进行保护所需的费用。

13. 运土费：指施工过程中，需从远离施工地点取土或向外倒运出土方所发生的费用。

14. 施工队伍调遣费：指因建设工程的需要，应支付施工队伍的调遣费用。内容包括：调遣人员的差旅费、调遣期间的工资、施工工具与用具等的运费。

15. 大型施工机械调遣费：指大型施工机械调遣所发生的运输费用。

第三条　间接费由规费、企业管理费构成。各项费用均为不包括增值税可抵扣进项税额的税前造价。

（一）规费：指政府和有关部门规定必须缴纳的费用（简称规费）。内容如下。

1. 工程排污费：指施工现场按规定缴纳的工程排污费。

2. 社会保障费

（1）养老保险费：指企业按规定标准为职工缴纳的基本养老保险费。

（2）失业保险费：指企业按照规定标准为职工缴纳的失业保险费。

（3）医疗保险费：指企业按照规定标准为职工缴纳的基本医疗保险费。

（4）生育保险费：指企业按照规定标准为职工缴纳的生育保险费。

（5）工伤保险费：指企业按照规定标准为职工缴纳的工伤保险费。

3. 住房公积金：指企业按照规定标准为职工缴纳的住房公积金。

4. 危险作业意外伤害保险：指企业为从事危险作业的建筑安装施工人员支付的意外伤害保险费。

（二）企业管理费：指施工企业组织施工生产和经营管理所需费用。内容如下。

1. 管理人员工资：指管理人员的基本工资、工资性补贴、职工福利费、劳动保护费等。

2. 办公费：指企业管理办公用的文具、纸张、账表、印刷、邮电、书报、会议、水电、烧水和集体取暖（包括现场临时宿舍取暖）用煤等费用。

3. 差旅交通费：指职工因公出差、调动工作的差旅费、住勤补助费，市内交通费和误餐补助费，职工探亲路费，劳动力招募费，职工离退休、退职一次性路费，工伤人员就医路费，工地转移费以及管理部门使用的交通工具的油料、燃料、养路费及牌照费。

4. 固定资产使用费：指管理和试验部门及附属生产单位使用的属于固定资产的房屋、设备仪器等的折旧、大修、维修或租赁费。

5. 工具用具使用费：指管理使用的不属于固定资产的生产工具、器具、家具、交通工具和检验、测绘、消防用具等的购置、维修和摊销费。

6. 劳动保险费：指由企业支付离退休职工的异地安家补助费、职工退职金、六个月以上的病假人员工资、按规定支付给离退休干部的各项经费。

7. 工会经费：指企业按职工工资总额计提的工会经费。

8. 职工教育经费：指按职工工资总额的规定比例计提，企业为职工进行专业技术和专业技能培训，专业技术人员继续教育、职工职业技能鉴定、职业资格认定以及根据需要企业对职工进行各类文化教育所发生的费用。

9. 财产保险费：指施工管理用财产、车辆保险费用。

10. 财务费：指企业为施工生产筹集资金或提供预付款担保、履约担保、职工工资支付担保等所发生的各种费用。

11. 税金：指企业按规定缴纳的城市维护建设税、教育费附加、地方教育费附加、房产税、车船使用税、土地使用税、印花税等。

12. 其他：包括技术转让费、技术开发费、业务招待费、绿化费、广告费、公证费、法律顾问费、审计费、咨询费等。

第四条 利润：指施工企业完成所承包工程获得的盈利。

第五条 销项税额：指按国家税法规定应计入建筑安装工程造价的增值税销项税额。

第六条 设备、工器具购置费：指根据设计提出的设备（包括必需的备品备件）、仪表、工器具清单，按设备原价、运杂费、采购及保管费、运输保险费和采购代理服务费计算的费用。

第七条 工程建设其他费：指应在建设项目的建设投资中开支的固定资产其他费用、无形资产费用和其他资产费用。

（一）建设用地及综合赔补费：指按照《中华人民共和国土地管理法》等规定，建设项目征用土地或租用土地应支付的费用。内容包括以下方面。

1. 土地征用及迁移补偿费：经营性建设项目通过出让方式购置的土地使用权（或建设项目通过划拨方式取得无限期的土地使用权）而支付的土地补偿费、安置补偿费、地上附着物和青苗补偿费、余物迁建补偿费、土地登记管理费等；行政事业单位的建设项目通过出让方式取得土地使用权而支付的出让金；建设单位在建设过程中发生的土地复垦费用和土地损失补偿费用；建设期间临时占地补偿费。

2. 征用耕地按规定一次性缴纳的耕地占用税；征用城镇土地在建设期间按规定每年缴纳的城镇土地使用税；征用城市郊区菜地按规定缴纳的新菜地开发建设基金。

3. 建设单位租用建设项目土地使用权而支付的租地费用。

4. 建设单位因建设项目期间租用建筑设施、场地费用；以及因项目施工造成所在地企事业单位或居民的生产、生活干扰而支付的补偿费用。

（二）项目建设管理费：指建设单位自项目筹建之日起至办理竣工财务决算之日止发生的管理性质的支出。包括：不在原单位发工资的工作人员工资及相关费用、办公费、办公场地租赁费、差旅交通费、劳动保护费、工具用具使用费、固定资产使用费、技术图书资料费、业务招待费、施工现场津贴、竣工验收费和其他管理性质开支。

实行代建制管理的项目，代建管理费按照不高于项目建设管理费标准核定。一般不得同时列支代建管理费和项目建设管理费，确需同时发生的，两项费用之和不得高于项目建设管理费限额。

（三）可行性研究费：指在建设项目前期工作中，编制和评估项目建议书（或预可行性研究报告）、可行性研究报告所需的费用。

（四）研究试验费：指为本建设项目提供或验证设计数据、资料等进行必要的研究试验及按照设计规定在建设过程中必须进行试验、验证所需的费用。

（五）勘察设计费：指委托勘察设计单位进行工程勘察、工程设计所发生的各项费用。

（六）环境影响评价费：指按照《中华人民共和国环境保护法》《中华人民共和国环境影响评价法》等规定，为全面、详细评价本建设项目对环境可能产生的污染或造成的重大影响所需的费用，包括编制环境影响报告书（含大纲）、环境影响报告表和评估环境影响报告书（含大纲）、评估环境影响报告表等所需的费用。

（七）建设工程监理费：指建设单位委托工程监理单位实施工程监理的费用。

（八）安全生产费：指施工企业按照国家有关规定和建筑施工安全标准，购置施工防护用具、落实安全施工措施以及改善安全生产条件所需要的各项费用。

（九）引进技术及进口设备其他费。费用内容如下。

1. 引进项目图纸资料翻译复制费、备品备件测绘费。

2. 出国人员费用：包括买方人员出国设计联络、出国考察、联合设计、监造、培训等所发生的差旅费、生活费、制装费等。

3. 来华人员费用：包括卖方来华工程技术人员的现场办公费用、往返现场交通费用、工资、食宿费用、接待费用等。

4. 银行担保及承诺费：指引进项目由国内外金融机构出面承担风险和责任担保所发生的费用，以及支付贷款机构的承诺费用。

（十）工程保险费：指建设项目在建设期间根据需要对建筑工程、安装工程及机器设备进行投保而发生的保险费用。包括建筑安装工程一切险、引进设备财产和人身意外伤害险等。

（十一）工程招标代理费：指招标人委托代理机构编制招标文件、编制标底、审查投标人资格、组织投标人踏勘现场并答疑，组织开标、评标、定标，以及提供招标前期咨询、协调合同的签订等业务所收取的费用。

（十二）专利及专用技术使用费。费用内容包括以下方面。

1. 国外设计及技术资料费、引进有效专利、专有技术使用费和技术保密费；

2. 国内有效专利、专有技术使用费用；

3. 商标使用费、特许经营权费等。

（十三）其他费用。根据建设任务的需要，必须在建设项目中列支的其他费用，如中介机构审查费等。

（十四）生产准备及开办费：指建设项目为保证正常生产（或营业、使用）而发生的人员培训费、提前进场费以及投产使用初期必备的生产生活用具、工器具等购置费用。

1. 人员培训费及提前进厂费：自行组织培训或委托其他单位培训的人员工资、工资性补贴、职工福利费、差旅交通费、劳动保护费、学习资料费等；

2. 为保证初期正常生产、生活（或营业、使用）所必需的生产办公、生活家具用具购置费；

3. 为保证初期正常生产（或营业、使用）必需的第一套不够固定资产标准的生产工具、器具、用具购置费（不包括备品备件费）。

第八条 预备费：是指在初步设计阶段编制概算时难以预料的工程费用。预备费包括基本预备费和价差预备费。

1. 基本预备费：

（1）进行技术设计、施工图设计和施工过程中，在批准的初步设计和概算范围内所增加的工程费用；

（2）由一般自然灾害所造成的损失和预防自然灾害所采取的措施费用；

（3）竣工验收为鉴定工程质量，必须开挖和修复隐蔽工程的费用。

2. 价差预备费：设备、材料的价差。

第九条 建设期利息：指建设项目贷款在建设期内发生并应计入固定资产的贷款利息等财务费用。

第二章 信息通信建设工程费用定额及计算规则

第十条 直接费

（一）直接工程费

1. 人工费

（1）信息通信建设工程不分专业和地区工资类别，综合取定人工费。人工费单价为：技工为 114 元/工日；普工为 61 元/工日。

（2）概（预）算人工费＝技工费＋普工费。

（3）概（预）算技工费＝技工单价×概（预）算技工总工日

概（预）算普工费＝普工单价×概（预）算普工总工日

2. 材料费

材料费＝主要材料费＋辅助材料费

（1）主要材料费＝材料原价＋运杂费＋运输保险费＋采购及保管费＋采购代理服务费。

式中：

① 材料原价：供应价或供货地点价；

② 运杂费：编制概算时，除水泥及水泥制品的运输距离按 500km 计算，其他类型的材料运输距离按 1500km 计算（附表 1-1）。

运杂费＝材料原价×器材运杂费费率

附表 1-1 器材运杂费费率表

费率/%　　　器材名称 运距 L/km	光缆	电缆	塑料及塑料制品	木材及木制品	水泥及水泥构件	其他
L≤100	1.3	1.0	4.3	8.4	18.0	3.6
100＜L≤200	1.5	1.1	4.8	9.4	20.0	4.0
200＜L≤300	1.7	1.3	5.4	10.5	23.0	4.5
300＜L≤400	1.8	1.3	5.8	11.5	24.5	4.8

续表

费率/% 器材名称 运距 L/km	光缆	电缆	塑料及 塑料制品	木材及 木制品	水泥及 水泥构件	其他
400＜L≤500	2.0	1.5	6.5	12.5	27.0	5.4
500＜L≤750	2.1	1.6	6.7	14.7	—	6.3
750＜L≤1000	2.2	1.7	6.9	16.8	—	7.2
1000＜L≤1250	2.3	1.8	7.2	18.9	—	8.1
1250＜L≤1500	2.4	1.9	7.5	21.0	—	9.0
1500＜L≤1750	2.6	2.0	—	22.4	—	9.6
1750＜L≤2000	2.8	2.3	—	23.8	—	10.2
L＞2000km 每增 250km 增加	0.3	0.2	—	1.5	—	0.6

③ 运输保险费：

运输保险费＝材料原价×保险费率0.1%

④ 采购及保管费（附表1-2）：

采购及保管费＝材料原价×采购及保管费费率

附表 1-2　材料采购及保管费费率表

工程名称	计算基础	费率/%
通信设备安装工程	材料原价	1.0
通信线路工程		1.1
通信管道工程		3.0

⑤ 采购代理服务费按实计列。

（2）辅助材料费＝主要材料费×辅助材料费费率（附表1-3）

附表 1-3　辅助材料费费率表

工程名称	计算基础	费率/%
通信设备安装工程	主要材料费	3.0
电源设备安装工程		5.0
通信线路工程		0.3
通信管道工程		0.5

凡由建设单位提供的利旧材料，其材料费不计入工程成本，但作为计算辅助材料费的基础。

3. 机械使用费

机械使用费＝机械台班单价×概算、预算的机械台班量

4. 仪表使用费

仪表使用费＝仪表台班单价×概算、预算的仪表台班量

(二) 项目措施费

1. 文明施工费（附表 1-4）

附表 1-4　文明施工费费率表

工程名称	计算基础	费率/%
无线通信设备安装工程	人工费	1.1
通信线路工程、通信管道工程	人工费	1.50
有线通信设备安装工程、电源设备安装工程	人工费	0.8

2. 工地器材搬运费（附表 1-5）

工地器材搬运费＝人工费×相关费率

附表 1-5　工地器材搬运费费率表

工程名称	计算基础	费率/%
通信设备安装工程	人工费	1.1
通信线路工程	人工费	3.4
通信管道工程	人工费	1.2

注：因施工场地条件限制造成一次运输不能到达施工场地仓库时，可在此费用中按实计列二次搬运费用。

3. 工程干扰费（附表 1-6）

工程干扰费＝人工费×相关费率

附表 1-6　工程干扰费费率表

工程名称	计算基础	费率/%
通信线路工程（干扰地区）、通信管道工程（干扰地区）	人工费	6.0
无线通信设备安装工程（干扰地区）	人工费	4.0

注：干扰地区指城区、高速公路隔离带、铁路路基边缘等施工地带。城区的界定以当地规划部门规划文件为准。

4. 工程点交、场地清理费（附表 1-7）

工程点交、场地清理费＝人工费×相关费率

附表 1-7　工程点交、场地清理费费率表

工程名称	计算基础	费率/%
通信设备安装工程	人工费	2.5
通信线路工程	人工费	3.3
通信管道工程	人工费	1.4

5. 临时设施费（附表 1-8）

临时设施费按施工现场与企业的距离划分为 35km 以内、35km 以外两类。

临时设施费＝人工费×相关费率

附表 1-8　临时设施费费率表

工程名称	计算基础	费率/% 距离≤35km	费率/% 距离>35km
通信设备	人工费	3.8	7.6
通信线路	人工费	2.6	5.0
通信管道	人工费	6.1	7.6

6. 工程车辆使用费（附表 1-9）

$$工程车辆使用费 = 人工费 \times 相关费率$$

附表 1-9　工程车辆使用费费率表

工程名称	计算基础	费率/%
无线通信设备安装工程、通信线路工程	人工费	6.0
有线通信设备安装工程、通信电源设备安装工程、通信管道工程		2.6

7. 夜间施工增加费（附表 1-10）

$$夜间施工增加费 = 人工费 \times 相关费率$$

附表 1-10　夜间施工增加费费率表

工程名称	计算基础	费率/%
通信设备安装工程	人工费	2.1
通信线路工程（城区部分）、通信管道工程		2.5

注：此项费用不考虑施工时段均按相应费率计取。

8. 冬雨季施工增加费（附表 1-11、附表 1-12）

$$冬雨季施工增加费 = 人工费 \times 相关费率$$

附表 1-11　冬雨季施工增加费费率表

工程名称	计算基础	费率/%		
		Ⅰ	Ⅱ	Ⅲ
通信设备安装工程（室外部分）	人工费	3.6	2.5	1.8
通信线路工程、通信管道工程				

附表 1-12　冬雨季施工地区分类表

地区分类	省、自治区、直辖市名称
Ⅰ	黑龙江、新疆、青海、西藏、辽宁、内蒙古、吉林、甘肃
Ⅱ	陕西、广东、广西、海南、浙江、福建、四川、宁夏、云南
Ⅲ	其他地区

注：此项费用在编制预算时不考虑施工所处季节均按相应费率计取。如工程跨越多个地区分类，按高档计取该项费用。综合布线工程不计取该项费用。

9. 生产工具用具使用费（附表 1-13）

$$生产工具用具使用费 = 人工费 \times 相关费率$$

附表 1-13　生产工具用具使用费费率表

工程名称	计算基础	费率/%
通信设备安装工程	人工费	0.8
通信线路工程、通信管道工程		1.5

10. 施工用水电蒸汽费

信息通信建设工程依照施工工艺要求按实计列施工用水电蒸汽费。

11. 特殊地区施工增加费（附表 1-14）

特殊地区施工增加费＝特殊地区补贴金额×总工日

附表 1-14　特殊地区分类及补贴表

地区分类	高海拔地区		原始森林、沙漠、化工、核工业、山区无人值守地区
	4000m 以下	4000m 以上	
补贴金额/(元/天)	8	25	17

注：如工程所在地同时存在上述多种情况，按高档计取该项费用。

12. 已完工程及设备保护费（附表 1-15）

附表 1-15　已完工程及设备保护费表

工程专业	计费基础	费率/%
通信线路工程	人工费	2.0
通信管道工程		1.8
无线通信设备安装工程		1.5
有线通信及电源设备安装工程（室外部分）		1.8

13. 运土费

运土费＝工程量(t·km)×运费单价(元/t·km)

工程量有设计按实计列，运费单价按照工程所在地运价计算。

14. 施工队伍调遣费

施工队伍调遣费按调遣费定额计算（附表 1-16）。

施工现场与企业的距离在 35km 以内时，不计取此项费用。

施工队伍调遣费＝单程调遣费定额×调遣人数×2（附表 1-17）

附表 1-16　施工队伍单程调遣费定额表

调遣里程 L/km	调遣费/元	调遣里程 L/km	调遣费/元
35＜L≤100	141	1600＜L≤1800	634
100＜L≤200	174	1800＜L≤2000	675
200＜L≤400	240	2000＜L≤2400	746
400＜L≤600	295	2400＜L≤2800	918
600＜L≤800	356	2800＜L≤3200	979
800＜L≤1000	372	3200＜L≤3600	1040
1000＜L≤1200	417	3600＜L≤4000	1203
1200＜L≤1400	565	4000＜L≤4400	1271
1400＜L≤1600	598	L＞4400km 时，每增加 200km 增加	48

注：调遣里程依据铁路里程计算，铁路无法到达的里程部分，依据公路、水路里程计算。

附表 1-17　施工队伍调遣人数表

通信设备安装工程

概(预)算技工总工日	调遣人数/人	概(预)算技工(总工日)	调遣人数/人
500 工日以下	5	4000 工日以下	30
1000 工日以下	10	5000 工日以下	35
2000 工日以下	17	5000 工日以上,每增加 1000 工日增加调遣人数	3
3000 工日以下	24		

通信线路、通信管道工程

概(预)算技工总工日	调遣人数/人	概(预)算技工总工日	调遣人数/人
500 工日以下	5	9000 工日以下	55
1000 工日以下	10	10000 工日以下	60
2000 工日以下	17	15000 工日以下	80
3000 工日以下	24	20000 工日以下	95
4000 工日以下	30	25000 工日以下	105
5000 工日以下	35	30000 工日以下	120
6000 工日以下	40	30000 工日以上,每增加 5000 工日增加调遣人数	3
7000 工日以下	45		
8000 工日以下	50		

15. 大型施工机械调遣费（附表 1-18、附表 1-19）

大型施工机械调遣费＝调遣用车运价×调遣运距×2

附表 1-18　大型施工机械调遣吨位表

机械名称	吨位	机械名称	吨位
混凝土搅拌机	2	水下光(电)缆沟挖冲机	6
电缆拖车	5	液压顶管机	5
微管微缆气吹设备	6	微控钻孔敷管设备(25t 以下)	8
气流敷设吹缆设备	8	微控钻孔敷管设备(25t 以上)	12
回旋钻机	11	液压钻机	15
型钢剪断机	4.2	磨钻机	0.5

附表 1-19　调遣用车吨位及运价表

名称	吨位	运价/(元/km)	
		单程运距＜100km	单程运距＞100km
工程机械运输车	5	10.8	7.2
工程机械运输车	8	13.7	9.1
工程机械运输车	15	17.8	12.5

第十一条　间接费

(一) 规费

1. 工程排污费

根据施工所在地政府部门相关规定。

2. 社会保障费

$$社会保障费＝人工费×社会保障费率$$

3. 住房公积金

$$住房公积金＝人工费×住房公积金费率$$

4. 危险作业意外伤害保险费（附表 1-20）

$$危险作业意外伤害保险费＝人工费×危险作业意外伤害保险费费率$$

附表 1-20　规费费率表

费用名称	工程名称	计算基础	费率/%
社会保障费	各类信息通信工程	人工费	28.5
住房公积金			4.19
危险作业意外伤害保险费			1.00

(二) 企业管理费（附表 1-21）

$$企业管理费＝人工费×相关费率$$

附表 1-21　企业管理费费率表

工程名称	计算基础	费率/%
各类通信工程	人工费	27.4

第十二条　利润（附表 1-22）

$$利润＝人工费×利润率$$

附表 1-22　利润率表

工程名称	计算基础	费率/%
各类通信工程	人工费	30.0

第十三条　销项税额

销项税额＝(人工费＋乙供主材费＋辅材费＋机械使用费＋仪表使用费＋措施费＋规费＋企业管理费＋利润)×11％＋甲供主材费×适用税率

（注：甲供主材适用税率为材料采购税率，乙供主材指建筑服务方提供的材料）

第十四条　设备、工器具购置费

设备、工器具购置费＝设备原价＋运杂费＋运输保险费＋采购及保管费＋采购代理服务费

式中：

(一) 设备原价为供应价或供货地点价。

(二) 运杂费＝设备原价×设备运杂费费率（附表 1-23）。

附表 1-23 设备运杂费费率表

运输里程 L/km	取费基础	费率/%	运输里程 L/km	取费基础	费率/%
$L \leqslant 100$	设备原价	0.8	$1000 < L \leqslant 1250$	设备原价	2.0
$100 < L \leqslant 200$	设备原价	0.9	$1250 < L \leqslant 1500$	设备原价	2.2
$200 < L \leqslant 300$	设备原价	1.0	$1500 < L \leqslant 1750$	设备原价	2.4
$300 < L \leqslant 400$	设备原价	1.1	$1750 < L \leqslant 2000$	设备原价	2.6
$400 < L \leqslant 500$	设备原价	1.2	$L > 2000$km 时，每增 250km 增加	设备原价	0.1
$500 < L \leqslant 750$	设备原价	1.5			
$750 < L \leqslant 1000$	设备原价	1.7			

（三）运输保险费＝设备原价×保险费费率 0.4％。

（四）采购及保管费＝设备原价×采购及保管费费率（附表 1-24）。

附表 1-24 采购及保管费费率表

项目名称	计算基础	费率/%
需要安装的设备	设备原价	0.82
不需要安装的设备（仪表、工器具）		0.41

（五）采购代理服务费按实计列。

（六）引进设备（材料）的国外运输费、国外运输保险费、关税、增值税、外贸手续费、银行财务费、国内运杂费、国内运输保险费、引进设备（材料）国内检验费、海关监管手续费等按引进货价计算后进入相应的设备材料费中。单独引进软件不计关税只计增值税。

第十五条 工程建设其他费

（一）建设用地及综合赔补费

1. 根据应征建设用地面积、临时用地面积，按建设项目所在省、自治区、直辖市人民政府制定颁发的土地征用补偿费、安置补助费标准和耕地占用税、城镇土地使用税标准计算。

2. 建设用地上的建（构）筑物如需迁建，其迁建补偿费应按迁建补偿协议计列或按新建同类工程造价计算。

（二）项目建设管理费

建设单位可根据《关于印发〈基本建设项目建设成本管理规定〉的通知》（财建 [2016] 504 号）结合自身实际情况制定项目建设管理费取费规则。

如建设项目采用工程总承包方式，其总包管理费由建设单位与总包单位根据总包工作范围在合同中商定、从项目建设管理费中列支。

（三）可行性研究费

根据《国家发展改革委关于进一步放开建设项目专业服务价格的通知》（发改价格 [2015] 299 号）文件的要求，可行性研究服务收费实行市场调节价。

（四）研究试验费

1. 根据建设项目研究试验内容和要求进行编制。

2. 研究试验费不包括以下项目：

（1）应由科技三项费用（即新产品试制费、中间试验费和重要科学研究补助费）开支的项目；

（2）应由建筑安装费用中列支的施工企业对材料、构件进行一般鉴定、检查所发生的费用及技术革新的研究试验费；

（3）应由勘察设计费或工程费中开支的项目。

（五）勘察设计费

根据《国家发展改革委关于进一步放开建设项目专业服务价格的通知》（发改价格〔2015〕299号）文件的要求，勘察设计服务实行市场调节价。

（六）环境影响评价费

根据《国家发展改革委关于进一步放开建设项目专业服务价格的通知》（发改价格〔2015〕299号）文件的要求，环境影响评价服务收费实行市场调节价。

（七）建设工程监理费

根据《国家发展改革委关于进一步放开建设项目专业服务价格的通知》（发改价格〔2015〕299号）文件的要求，建设工程监理服务收费实行市场调节价。可参照相关标准作为计价基础。

（八）安全生产费

参照《关于印发〈企业安全生产费用提取和使用管理办法〉的通知》（财企〔2012〕16号）文件规定执行。

（九）引进技术和引进设备其他费

1. 引进项目图纸资料翻译复制费：根据引进项目的具体情况计列或按引进设备到岸价的比例估列。

2. 出国人员费用：依据合同规定的出国人次、期限和费用标准计算。生活费及制装费按照财政部、外交部规定的现行标准计算，旅费按中国民航公布的国际航线票价计算。

3. 来华人员费用：应依据引进合同有关条款规定计算。引进合同价款中已包括的费用内容不得重复计算。来华人员接待费用可按每人次费用指标计算。

4. 银行担保及承诺费：应按担保或承诺协议计取。

（十）工程保险费

1. 不投保的工程不计取此项费用。

2. 不同的建设项目可根据工程特点选择投保险种，根据投保合同计列保险费用。

（十一）工程招标代理费

根据《国家发展改革委关于进一步放开建设项目专业服务价格的通知》（发改价格〔2015〕299号）文件的要求，工程招标代理费实行市场调节价。

（十二）专利及专用技术使用费

1. 按专利使用许可协议和专有技术使用合同的规定计列。

2. 专有技术的界定应以省、部级鉴定机构的批准为依据。

3. 项目投资中只计取需要在建设期支付的专利及专有技术使用费。协议或合同规定在生产期支付的使用费应在成本中核算。

（十三）生产准备及开办费

新建项目按设计定员为基数计算，改扩建项目按新增设计定员为基数计算：

$$生产准备费＝设计定员×生产准备费指标（元/人）$$

生产准备费指标由投资企业自行测算。

第十六条 预备费（附表1-25）

$$预备费＝（工程费＋工程建设其他费）×相关费率$$

附表1-25 预备费费率表

工程名称	计算基础	费率/%
通信设备安装工程	工程费＋工程建设其他费	3.0
通信线路工程		4.0
通信管道工程		5.0

第十七条 建设期利息

按银行当期利率计算。

附录二 2016版定额和2008版定额的比较

由于2016版信息通信建设工程预算定额发布和施行的时间还较短，对于通信工程概预算编制的初学者而言，在学习信息通信工程概预算的编制过程中，可能会遇到查阅和学习使用2008版通信建设工程预算定额编制的概预算案例，因此，下面介绍一下2016版定额和2008版定额的主要不同，供大家学习通信工程概预算编制过程中作为参考（详见二维码）。

参 考 文 献

［1］ 国家工业和信息化部. 信息通信建设工程概预算定额，信息通信建设工程费用定额 信息通信建设工程概预算编制规程.

［2］ 工业和信息化部通信工程定额质监中心. 信息通信建设工程概预算管理与实务. 北京：人民邮电出版社，2017.